中等专业学校试用教材

起 重 机 械

窦汝伦 编

中国建筑工业出版社

本书是根据建设部教育司颁布的有关"业务规格"、"教学计划"和"课程大纲",为普通中等专业学校建筑机械专业编写的教材。

全书分为绪论、起重零部件、起重机性能参数及工作机构、起重桅杆及施工升降机、建筑工程起重机等五章,并附有复习题和习题。

本书采用最新规范和标准,突出了中专层次以实用为主的特色,在一定程度上反映了起重机领域内的最新成就和发展动向。

本书可作为有关专业的教学参考书,也可供从事土建施工的技术人员参考。同时也可作为建筑工人和管理人员的培训教材及相近专业的代用教材。

中等专业学校试用教材

起 重 机 械

窦汝伦 编

*

中国建筑工业出版社出版(北京西郊百万庄)

新华书店总店科技发行所发行

北京市兴顺印刷厂印刷

*

开本:787×1092毫米 1/16 印张:12⅝ 字数:307千字

1992年9月第一版 2001年6月第三次印刷

印数:6,001—8,000册 定价:13.00元

ISBN 7-112-01648-7

G·151 (6681)

版权所有 翻印必究

如有印装质量问题,可寄本社退换

(邮政编码 100037)

前　言

本书是根据1989年12月制订的全国建筑类中等专业学校"建筑机械"专业的"业务规格"、"教学计划"和"起重机械课程大纲"编写的。

在编写中采用了我国最新颁布的规范和标准,如《起重机设计规范》(GB3811—83)、《钢丝绳术语和钢丝绳标记、代号》(GB8706~8707—88)、《优质钢丝绳》(GB8918—88)、《建筑机械与设备分类》(ZBJ04007—88)、《建筑机械与设备产品型号编制方法》(ZBJ04008—88)等。在编写风格上力求理论联系实际,突出中专层次以实用为主的特色。在内容安排上着重于工作原理、构造和使用及一些必要的设计计算。在一定程度上反映了起重机械领域内的最新成就和发展动向。

全书分为绪论、起重零部件、起重机性能参数及工作机构、起重桅杆及施工升降机、建筑工程起重机五章和一些维护、保养、使用等方面的内容,并附有复习题、习题以及大纲要求的作业题和必需的表格。

本书以讲述新定型的产品为主,但对于某些虽已技术落后而施工现场仍大量使用的机型(如QT60/80塔式起重机)也作适当介绍。

本书适用于初中毕业生四年制、三年制和高中毕业生二年制普通中专及成人中专建筑机械专业,也可作建筑工人和管理人员的培训教材及相近专业的代用教材,也可供从事建筑施工的技术人员参考。

本书根据专家对初稿评审的意见,经建设部中等专业学校建筑机电与设备安装专业教学指导委员会认真讨论推荐出版。

在初稿的评审过程中,太原重型机械学院徐克晋教授、山西建筑工程学校张锡璋高级讲师对本书初稿进行了认真的审阅,提出了许多宝贵意见,经过修改,提高了本书的质量。在此谨表示衷心感谢。

本书中的第五章第二节由内蒙古建筑学校格日勒编写,其余部分均由窦汝伦编写。由山西建筑工程学校张锡璋担任主审。由内蒙古地质局张永红、内蒙建校格日勒绘制插图。

在编写过程中还得到了济南建机厂华克萍、连云港机械厂苏德新、西安冶金建筑学院樊超然等同志的大力支持,在此表示衷心感谢。

由于编者水平有限,缺点和错误之处难免,望使用本书的教师和读者批评指正。

目 录

第一章　绪　论

第一节　起重机械的用途和在建筑工程中的作用

起重机械是现代化生产建设的重要机械设备。它对减轻劳动强度，提高劳动生产率，降低建设成本，加快建设速度，实现建筑机械化起着十分重要的作用。

起重机械主要用作垂直运输，有行走机构的还可兼做短距离的水平运输。它是一种循环作业的机械，在建筑施工中，特别是在高层建筑、大型厂房日益增多的情况下，起重机已成为垂直运输与结构吊装必不可少的重要设备。并且建筑工程用起重机在我国已经形成了独立的体系。因此，广泛运用起重机械是建筑工业现代化生产的重要标志之一。

第二节　建筑工程用起重机的类型及特点

建筑工程起重机主要适用于工业建筑、民用建筑和工业设备安装等工程中的结构与设备的安装工作以及建筑材料、建筑构件的垂直运输与装卸工作。同时也广泛应用于交通、农业、油田、水电和军工等部门的装卸与安装工作。为了能够方便地了解各种建筑工程用起重机的主要特性及其使用场所以便于选型，根据其结构、用途和特点分类如下：

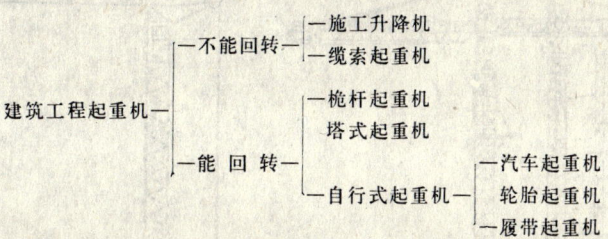

下面就建筑工程中常用的起重机的主要机种作概略介绍。

一、塔式起重机

如图1-1所示，塔式起重机的结构特点是有一直立的塔身，起重臂连接在垂直塔身的上部，故塔式起重机起升高度和工作幅度都很大。塔式起重机在房屋建筑、电站建设以及料场、混凝土预制构件厂等地用的最广。

塔式起重机由于塔身是直立的，起重臂与塔身组成"Γ"字型，其幅度利用率比轮式起重机或履带式起重机大的多，故可使起重机靠近所施工的建筑物。一般情况下，塔式起重机的幅度利用率可达80％。同样情况下，若选用轮式或履带式起重机，其幅度利用率则不超过50％。并随着建筑物的增高而急剧减少。特别是在高层建筑中其优越性更为明显。

塔式起重机的动力装置是用外接电源的电动机，一般施工现场可以很方便地接通动力电源，是比较经济的。但是通常使用的轨道式塔式起重机（如图1-1所示），需要在专用的轨道上运行，故需专门平整场地，铺设轨道，增加铺轨费用。近年来为适应高层建筑或超高层建筑施工的需要，一种能自行升高的自升塔式起重机的研制和应用日益增多。这种自升塔式起重机无需铺设轨道，如图1-2所示。它可安装在施工的建筑物内部（一般是安装在电梯井或楼梯间结构上）或附着于建筑物上（图1-3a）。在其底架上安装行走台车后，也可作为在轨道上运行的轨道式自升塔式起重机（图1-3b）。目前生产的塔式起重机一般可以具有固定式、轨道式、内爬式和附着式中的三种或四种性能。

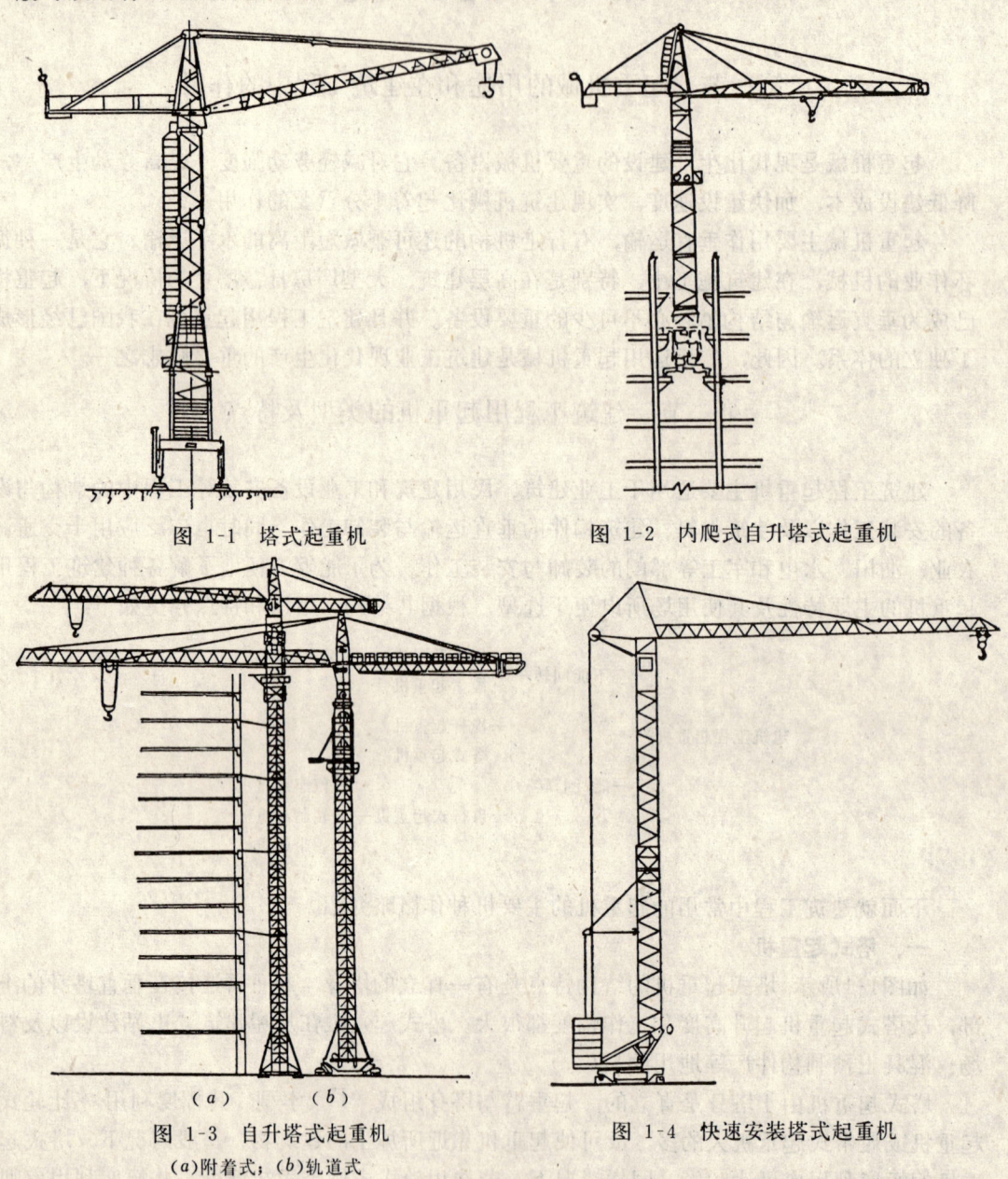

图 1-1 塔式起重机

图 1-2 内爬式自升塔式起重机

（a）   （b）

图 1-3 自升塔式起重机

（a）附着式；（b）轨道式

图 1-4 快速安装塔式起重机

从70年代以后我国又开始研制、发展快速安装塔式起重机，目前已可生产从16t·m～80t·m十余种型号。

快速安装塔式起重机（图1-4）是一种下回转、能快速自行架设及整体拖运的建筑用塔式起重机。此机现已发展成为一个独立的品种系列，它与自升式塔式起重机已成为现代建筑用塔式起重机的两个主要品种。

　　快速安装塔式起重机的基本特点，一是整体拖运外形尺寸小，二是依靠塔机本身所具有的机构或装置，快速实现运输状态与工作状态的相互转换，包括上、下轨（即拆卸道路拖运轮组）、竖立（或倒下）塔身、装卸平衡重、伸缩塔身、拉臂（或折臂）、增减塔身节等环节。不需要其它专用起重设备，一般只需二、三个人在几小时内，甚至几十分钟内完成。

　　目前，也有把塔式起重机的底盘部分制成轮胎式或履带式的，并称其为汽车塔式起重机、轮胎塔式起重机和履带塔式起重机，其型式如图1-5所示。

二、汽车起重机

　　汽车起重机如图1-6所示，由上车和下车两部分组成。下车采用通用或专用的载重汽车底盘。上车包括臂架、转台和操作室。臂架、转台和操作室由回转 支承 装置 支承在下车上。转台上有起升机构、回转机构、变幅机构和平衡重。臂架有桁架臂和箱形臂两种结构，目前多采用箱形伸缩臂架。

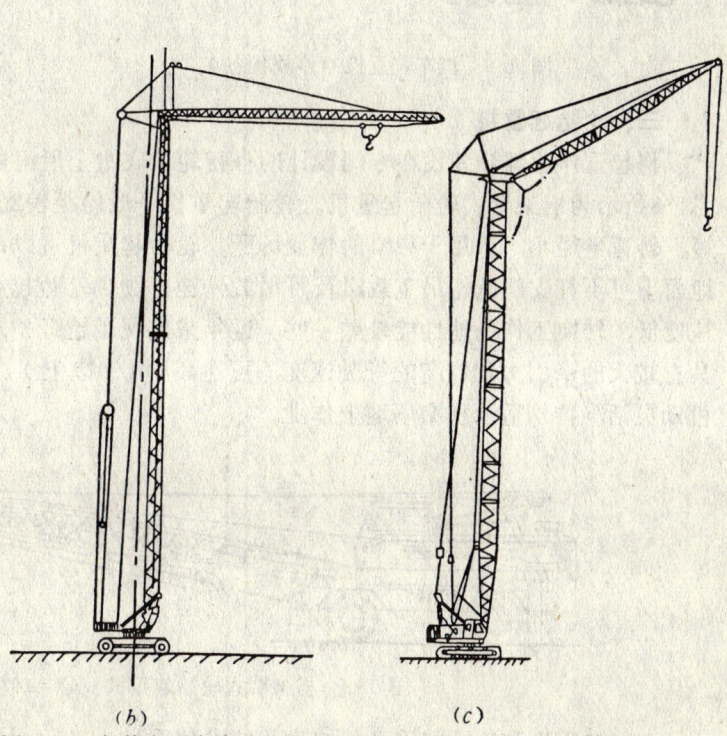

图 1-5　各种类型底盘的塔式起重机

(a)汽车塔式起重机；(b)轮胎塔式起重机；(c)履带塔式起重机

　　图1-6为液压式伸缩臂汽车起重机，除运行部分采用机械传动装置外，起升、回转、变幅和吊臂伸缩都采用液压传动，为了增加工作稳定性，还设有四个支腿。它可以70km/h的速度在公路上与汽车编队行驶，到工地后只要扳动手柄，液压支腿即可自动伸出、找平，多节伸缩臂可以在几分钟内由停放状态而伸出几十米高，立即参加吊装工作（图1-

7），因此特别适用于流动性大、不固定的作业场所。但汽车起重机也有其缺点，主要是它只能在起重机的左右两侧和后方作业。

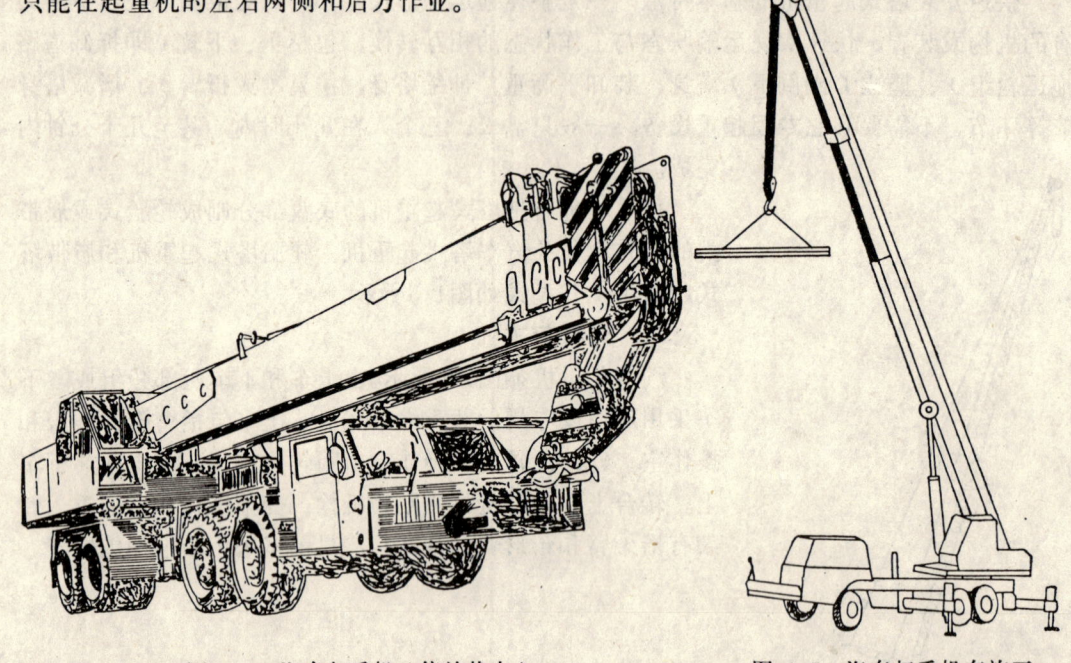

图 1-6　汽车起重机（停放状态）　　　　图 1-7　汽车起重机在施工

三、轮胎起重机

将起重作业部分装设在专门设计的自行轮胎底盘上所组成的起重机称为轮胎起重机。图1-8所示为桁架臂式轮胎起重机。轮胎起重机一般轮距较宽，稳定性好；轴距小，车身短，转弯半径小，适用于狭窄的作业场所。轮胎起重机可以在前后左右四面作业。在平坦地面上可不打支腿就能吊重载以及可吊载慢速行驶。轮胎起重机与汽车起重机相比，行驶速度低，转换工作场地性能较差一些。近年来出现了越野型液压伸缩臂式轮胎起重机。它具有较大的牵引力和较高的行驶速度（可达40km/h以上），越野性好，并可全轮转向，机动灵活，特别适于狭窄场地上作业。

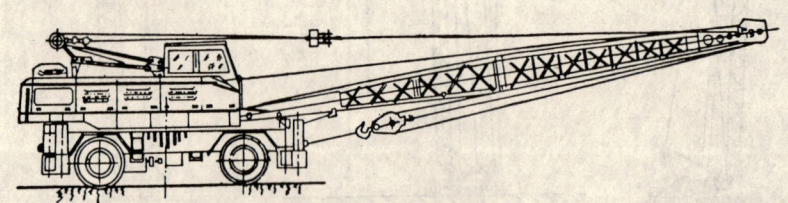

图 1-8　桁架臂式轮胎起重机（$Q = 16t$）

汽车起重机和轮胎起重机，统称为轮式起重机。

四、履带起重机

履带起重机如图1-9所示。它与轮胎起重机构造类似，只是行走支承装置换了履带运行装置，可以在松软的地面上行走和作业（接地压强约为0.05～0.15MPa），爬坡度大。由于履带支承面宽大，故稳定性好，不需装设支腿。但履带起重机行驶速度慢（1～5km/h），而且行驶过程要损坏路面，因此转移作业场地时需要载运。近来履带起重机也发展

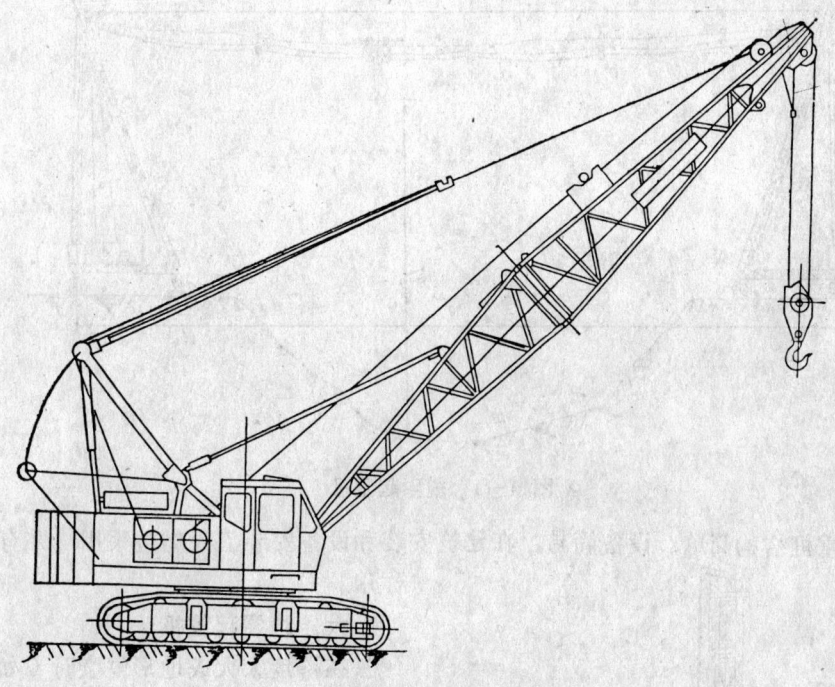

图 1-9 履带起重机

了液压式的，其构造原理与液压式汽车起重机相似。

五、桅杆起重机

桅杆起重机如图1-10所示。桅杆通过活动顶板被桅索牵引而直立于回转支座之上。起重臂架用变幅滑轮组悬吊，桅杆回转靠缠绕在转盘上的钢丝绳带动。起升、变幅和回转三个动作由三台卷扬机带动。

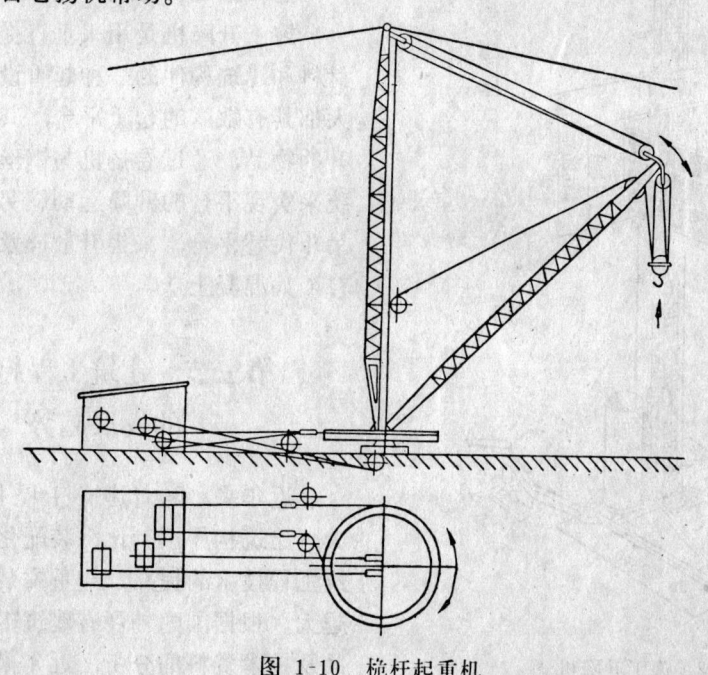

图 1-10 桅杆起重机

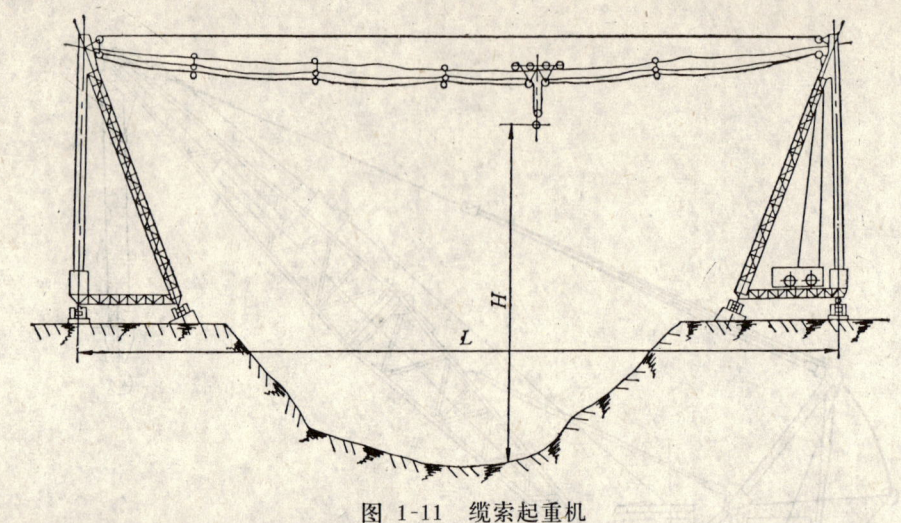

图 1-11 缆索起重机

桅杆起重机结构简单，设备简易，在建筑安装和设备安装工程仍被采用，并有其独特作用。

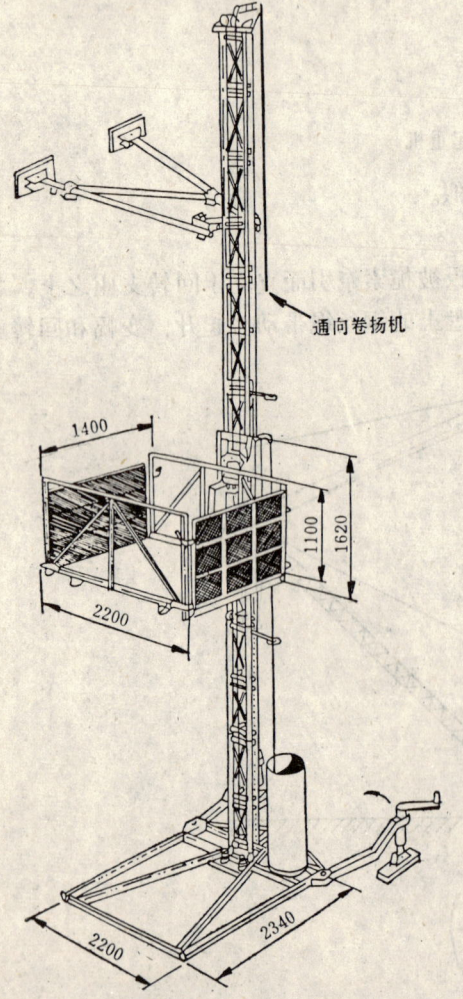

通向卷扬机

图 1-12 施工升降机

六、缆索起重机

在跨度太大或地形复杂时（如林场、煤场、山区、水库等），采用钢丝绳承载作为"桥梁"的起重机称为缆索起重机，如图1-11所示。取物装置有吊钩、吊罐和抓斗等，用于运输成件、散粒物料或抓取泥土、浇注混凝土等工程。

七、施工升降机

施工升降机是用来垂直提升各种建筑材料和建筑构件的一种起重设备。常用的大都具有敞露的起重平台，其上放置拟提升的物品，通过卷扬机与钢丝绳滑轮组系统来实现平台的升降运动。另外，也可用吊斗代替平台，来提升散碎及浆液状的物料（如混凝土）。

第三节　建筑工程起重机
的发展趋势

近年来，随着建筑工程规模不断扩大，建筑构件预制化、装配化的发展和建筑工程技术的提高，起重安装工程量越来越大。根据国内外现有建筑工程起重机产品及技术资料的分析，近年来建筑工程起重机的发展趋势主要体现在以下几个方面：

一、中小型起重机向自行架设、快速安装发展，专用起重机向大型发展

80年代初，国外重型塔式起重机的起重能力已达到10000t·m，其最大幅度为100m，该幅度下的起重量为94.5t。大型伸缩臂汽车起重机的起重量已达400t，最大起升高度为108m。桁架式吊臂汽车起重机其最大起重量已达1000t。

在国内，目前已能生产250t·m以上的塔式起重机。近几年，我国塔式起重机的发展大致趋向两个方面：一个是自重轻、能自立、多用途、拆装方便的中小型塔式起重机。随着我国商品房的出现，这类塔式起重机将会有更快的发展；另一个是力矩大、力臂长、多用、多速并能快速安装的大型塔式起重机。随着大中城市高层、超高层建筑的增加，大型板材、构件的安装工作量越来越大，因此，大型塔式起重机的发展仍会有上升趋势。

二、广泛采用液压技术

由于液压传动具有体积小、重量轻、结构紧凑、能无级调速、操作方便、轻巧、运转平稳和工作安全可靠等优点，因此，近年来国内外各种类型建筑工程起重机广泛采用液压传动。例如：下回转快速安装塔式起重机折曲式塔身的竖立、伸缩式塔身的立塔、顶升接高已普遍采用液压传动。上回转自升塔式起重机的顶升大多数采用的是液压方式。汽车起重机近年来的产品也多是液压起重机。我国现已研制成功的有3、5、8、12、16、32、40、865等吨位级的伸缩臂式液压起重机。

随着液压技术的不断发展，建筑工程起重机采用液压技术会更加广泛，并成为中小型起重机械的主要发展方向。

三、普遍采用组合设计、电子计算机广泛地用于起重机安全装置

目前，工业发达国家主要塔式起重机生产厂，都采用组合设计技术，如瑞典生产的000型组合式自升塔式起重机，由61种传动件和结构件相互组合，可装成100t·m到600t·m的41种不同型号的塔式起重机。组合设计的自升塔式起重机将塔身标准节设计成2～3种不同规格的塔身节，其断面外廓尺寸相同，但主弦杆截面积不同，腹杆规格也有所不同，故能根据不同需要加以组合，以适应在起升高度和起重能力方面的某些特定要求。

组合设计对设计、加工制造和使用三方面均有显著效益。我国迄今生产塔式起重机的单位已有100多家，产品型号130多种，因此，采用组合设计、统一基础件、统一机型，加强标准化、系列化将是今后几年我国塔式起重机的发展方向。

近年来由于采用了电子技术，从硬件到软件两方面把建筑工程起重机产品的功能、性能以及制造技术提高到一个新水平。

例如在汽车起重机中，电子计算机控制设备可将起重机工作时的起吊负荷、负荷极限、工作幅度、臂架长度、臂架角度、起重力矩、提升高度等七个主要参数的变化，通过光电数字显示反映到司机室的安全指示板上，从而保证了工作的可靠和安全。

随着电子计算机的普及，电子计算机在我国建筑工程起重机械中的应用也将越来越广。

四、采用新技术、新结构、新材料、新工艺

70年代末，国外出现的锤子式结构塔式起重机（图1-13）近年来得到推广应用。这种起重机起重臂和平衡臂形成一体，塔身和臂架组成锤子状结构，由于塔身和臂架均是伸缩式的，因而安装架设速度快，折叠运输时的外廓尺寸小，架设时所需的空间小，并便于在

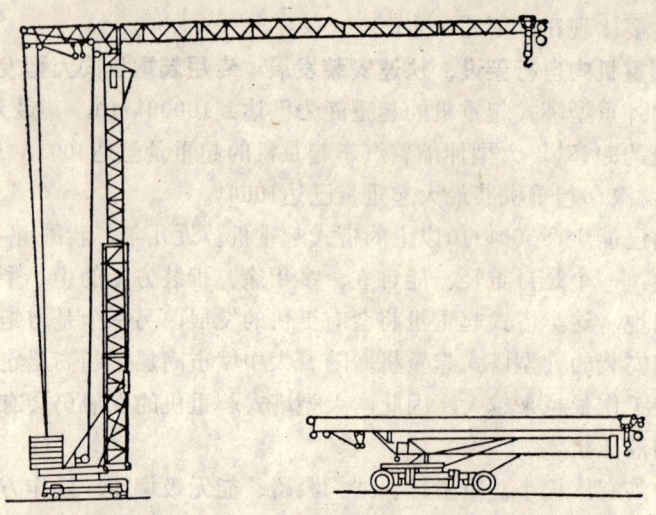

图 1-13 锤子式结构塔式起重机

市区运输转移工地。我国大部分城市，建筑拥挤，道路狭窄，为适应这种状况，开发40～80t·m级别，占地小，尾部半径小，安装运输方便的新结构城市型起重机是一个方向。

国外制造塔式起重机钢结构的材料一般为普通碳素结构钢和低合金钢。近年来采用钢管制作塔身结构日益增多，据资料，采用低合金钢管结构的自重可减轻15～17%。随着钢铁工业的发展，合金钢强度的不断提高，建筑工程起重机的自重，特别是吊臂自重，将会继续减轻。

新材料、新结构、新技术的应用，促使采用各种新的加工工艺，为了扩大高强度钢材的应用，将会更加重视高强度钢的焊接工艺等。

第四节 起重机工作类型

起重机工作类型是指起重机工作忙闲程度和载荷变化程度的参数。

工作忙闲程度，对整个起重机来说，就是指在一年总时间约8700小时内，起重机的实际运转时数与总时数的比；对机构来说，则是指一个机构在一年时间内运转时数与总时数的比。在起重机的一个工作循环中，机构运转时间所占的百分比，称为该机构的接电持续率，用JC表示。在起重机中要根据各个机构不同的接电持续率选择电动机。

$$JC\% = \frac{t}{T} \times 100\% \tag{1-1}$$

式中　t——起重机一个工作循环中机构的运转时间；

　　　T——起重机一个工作循环的总时间。

载荷变化程度，按额定起重量设计的起重机在实际作业中，起重机所起吊的载荷往往小于额定起重量。这种载荷的变化程度用起重量利用系数$K = \frac{Q_1}{Q_e}$表示。Q_1为起重机在全年实际起重量的平均值；Q_e为起重机的额定起重量。

根据起重机的工作忙闲程度和载荷变化程度把起重机的工作类型划分为：轻级、中级重级和特重级四种工作类型。

整个起重机及其金属结构的工作类型是按其主起升机构的工作类型而定的，同一台起重机各机构的工作类型可以各不相同。

起重机的工作类型和起重量是两个不同的概念，起重量大，不一定是重级，起重量小，也不一定是轻级。如水电站用的起重机起重量达数百吨，但使用机会却很少，只有在安装机组、修理机组时才使用，其余时间都停歇在那里，所以尽管起重量很大，但还是属于轻级。又如货场用的起重机，起重量一般为10～20t，虽然起重量不大，但非常繁忙，所以属于重级。表1-1所列是起重机工作类型主要指标的平均值。

起重机工作类型表 表 1-1

工作类型	工作忙闲程度		载荷变化程度	
	起重机年工作小时数	机构运转时间率（JC%）	机构载荷变化范围	每小时工作循环数 n
轻级	1000	15	经常起吊(1/3)额定载荷	5
中级	2000	25	经常起吊(1/3～1/2)额定载荷	10
重级	4000	40	经常起吊额定载荷	20
特重级	7000	60	起吊额定载荷机会较多	40

从以上情况可知，如果把轻级工作类型的起重机用在重级工作类型的场所，起重机就会经常出故障，影响安全生产。所以，要注意起重机的工作类型必须与工作条件相符合。

第五节　起重机的工作级别和机构工作级别

一、起重机工作级别

从1984年5月1日开始实施的《起重机设计规范》（GB3811—83）按起重机利用等级和载荷状态划分为A1～A8级，8个工作级别。

1.起重机利用等级

利用等级是表征起重机在其有效寿命期间的使用频繁程度，用总的工作循环次数 N 表示。根据总的循环次数 N，把起重机利用等级分为 U_0～U_9 10级。表1-2所列是起重机利用等级表。

起 重 机 利 用 等 级 表 1-2

利用等级	总的工作循环次数 N	附　　　注	利用等级	总的工作循环次数 N	附　　　注
U_0	1.6×10^4		U_5	5×10^5	经常中等地使用
U_1	3.2×10^4	不经常使用	U_6	1×10^6	不经常繁忙地使用
U_2	6.3×10^4		U_7	2×10^6	
U_3	1.25×10^5		U_8	4×10^6	繁忙地使用
U_4	2.5×10^5	轻闲使用	U_9	$>4 \times 10^6$	

2.起重机的载荷状态

起重机的载荷状态与两个因素有关。一个是，实际起升载荷与最大载荷的比$\left(\dfrac{P_i}{P_{\max}}\right)$有关，另一个是起升载荷作用次数与总的工作循环次数比$\left(\dfrac{n_i}{N}\right)$有关。表示$\left(\dfrac{P_i}{P_{\max}}\right)$和$\left(\dfrac{n_i}{N}\right)$关系的值称载荷谱系数$K_p$。其表达式如下：

$$K_p = \Sigma \left[\frac{n_i}{N} \left(\frac{P_i}{P_{\max}} \right)^m \right] \tag{1-2}$$

式中　P_i——第i个起升载荷，$P_i = P_1,\ P_2,\ P_3 \cdots\cdots P_n$；

　　　n_i——载荷P_i的作用次数；

　　　N——总的工作循环次数，$N = \Sigma n_i$；

　　　$P_{\max}$——最大起升载荷；

　　　m——指数，$m = 3$。

表1-3所列是起重机的载荷状态及其名义载荷谱系数表。

起重机的载荷状态及其名义载荷谱系数K_p　　　　　表 1-3

载 荷 状 态	名义载荷谱系数K_p	说　　　　　明
Q1—轻	0.125	很少起升额定载荷，一般起升轻微载荷
Q2—中	0.25	有时起升额定载荷，一般起升中等载荷
Q3—重	0.5	经常起升额定载荷，一般起升较重的载荷
Q4—特重	1.0	频繁地起升额定载荷

3.起重机工作级别

是根据利用等级和载荷状态把起重机分为 8 种工作级别A1～A8。

表1-4所列是起重机工作级别的划分表。

起重机工作级别的划分　　　　　表 1-4

载荷状态	名义载荷谱系数K_p	利　　　　用　　　　等　　　　级									
		U_0	U_1	U_2	U_3	U_4	U_5	U_6	U_7	U_8	U_9
Q1—轻	0.125			A1	A2	A3	A4	A5	A6	A7	A8
Q2—中	0.25		A1	A2	A3	A4	A5	A6	A7	A8	
Q3—重	0.5	A1	A2	A3	A4	A5	A6	A7	A8		
Q4—特重	1.0	A2	A3	A4	A5	A6	A7	A8			

从上述分类中可知，起重机工作级别是依金属结构受力状态为根据的。它与起重机工作类型的分类根据是不同的。尽管如此，还是可以找出两者的相当关系。即：A1～A4相当轻型；A5～A6相当中型；A7相当重型；A8相当特重型。建筑工程用起重机工作级别举例见表1-5所列。

起　重　机　型　式		工　作　级　别
塔式起重机	用吊罐装卸混凝土	A4~A6
	一般建筑安装用	A2~A4
汽车、轮胎履带起重机	安装及装卸用吊钩式	A1~A4
	装卸用抓斗式	A4~A6
缆索起重机	安装用吊钩式	A3~A5
	装卸或施工用吊钩式	A6~A7
	装卸或施工用抓斗式	A7~A8

二、机构工作级别

起重机机构工作级别是根据机构的利用等级和载荷状态分为 8 级 M1~M8。

1.机构利用等级

机构利用等级是按机构使用寿命分为10级，见表1-6所列。总的使用寿命 规 定 为机构在设计的使用年数内处于运转的总小时数，它仅作为机构的设计基础，而 不 能 视 为保用期。

机　构　利　用　等　级　　　　　表 1-6

机 构 利 用 等 级	总 设 计 寿 命 h	说　　　　　明
T_0	200	
T_1	400	不经常使用
T_2	800	
T_3	1600	
T_4	3200	经常轻闲地使用
T_5	6300	经常中等地使用
T_6	12500	不经常繁忙地使用
T_7	25000	
T_8	50000	繁忙地使用
T_9	100000	

2.机构载荷状态

机构的载荷状态表明机构受载的轻重程度，它可用载荷谱系数 K_m 表征，K_m 用以下公式计算。

$$K_m = \Sigma \left[\frac{t_i}{t_T} \left(\frac{P_i}{P_{max}} \right)^m \right] \qquad (1-3)$$

式中　P_i——该机构在工作时间内所承受的各个不同的载荷，（$P_i = P_1, P_2, P_3 \cdots\cdots P_n$）；

　　　P_{max}——P_i 中的最大值；

　　　t_i——所有不同载荷作用时的持续时间总和，$t_T = \Sigma t_i$；

　　　m——指数，$m = 3$。

表1-7所列是机构载荷状态及其名义载荷谱系数 K_m 表。

机构载荷状态分级及其名义载荷谱系数K_m　　　　　　表 1-7

载荷状态	名义载荷谱系数K_m	说　　明
L1—轻	0.125	机构经常承受轻的载荷，偶尔承受最大的载荷
L2—中	0.25	机构经常承受中等的载荷，较少承受最大的载荷
L3—重	0.5	机构经常承受较重的载荷，也常承受最大的载荷
L4—特重	1.0	机构经常承受最大的载荷

3.机构工作级别

机构工作级别按机构的利用等级和载荷状态分 8 级，设计与安全标准都与机构的工作级别有关。见表1-8所列。

机　构　工　作　级　别　　　　　　表 1-8

载荷状态	名义载荷谱系数K_m	机　构　利　用　等　级									
		T_0	T_1	T_2	T_3	T_4	T_5	T_6	T_7	T_8	T_9
L1—轻	0.125			M_1	M_2	M_3	M_4	M_5	M_6	M_7	M_8
L2—中	0.25		M_1	M_2	M_3	M_4	M_5	M_6	M_7	M_8	
L3—重	0.5	M_1	M_2	M_3	M_4	M_5	M_6	M_7	M_8		
L4—特重	1.0	M_2	M_3	M_4	M_5	M_6	M_7	M_8			

起重机机构工作级别举例见表1-9所列。

建筑工程用起重机机构工作级别举例　　　　　　表 1-9

起重机型式			主　起　升　机　构			小　车　运　行　机　构		
			利用等级	载荷状态	工作级别	利用等级	载荷状态	工作级别
塔式起重机	建筑施工安装用	$H<60m$	$T_2 \sim T_4$	L2	$M_2 \sim M_4$	T_3	$L_1 \sim L_2$	M_3
		$H>60m$	$T_4 \sim T_5$	L2	$M_4 \sim M_5$	$T_3 \sim T_5$	L2	M_3
	输送混凝土用	$H<60m$	$T_3 \sim T_4$	$L_2 \sim L_3$	$M_4 \sim M_5$	T_5	L_3	$M_5 \sim M_6$
		$H>60m$	$T_4 \sim T_5$	$L_2 \sim L_3$	$M_4 \sim M_6$	T_5	L_3	M_6
汽车轮胎履带起重机	安装及装卸用吊钩式		$T_4 \sim T_5$	$L_1 \sim L_2$	$M_3 \sim M_4$			
	装卸用抓斗式		$T_5 \sim T_6$	$L_2 \sim L_3$	$M_5 \sim M_7$			
缆索起重机	安装用吊钩式		$T_3 \sim T_5$	L2	$M_3 \sim M_5$	$T_3 \sim T_4$	L2	$M_3 \sim M_4$
	装卸用吊钩式		$T_5 \sim T_6$	L3	$M_6 \sim M_7$	$T_5 \sim T_6$	$L_2 \sim L_3$	$M_5 \sim M_6$
	装卸用抓斗式或输送混凝土用		$T_6 \sim T_7$	$L_3 \sim L_4$	$M_7 \sim M_8$	T_6	L_3	M_7

起重机型式			大车运行机构			回转机构			变幅机构		
			利用等级	载荷状态	工作级别	利用等级	载荷状态	工作级别	利用等级	载荷状态	工作级别
塔式起重机	建筑施工安装用	H<60m	T2	L3	M3	T2~T4	L3	M3~M5	T2~T3	L3	M2~M3
		H>60m	T3	L2	M3	T2~T4	L3	M3~M5	T2~T3	L3	M2~M3
	输送混凝土用	H<60m	T2~T5	L3	M3~M6	T4~T5	L3	M5~M6	T3~T4	L3	M4~M5
		H>60m	T3	L2	M3	T4~T5	L3	M5~M6	T3~T4	L3	M4~M5
汽车轮胎履带起重机	安装及装卸用吊钩式		T3~T4	L1~L2	M2~M4	T4	L2	M4	T4	L2	M4~M5
	装卸用抓斗式		T4~T5	L2	M4~M5	T5	L2~L3	M5~M6	T4~T5	L2~L3	M4~M5
缆索起重机	安装用吊钩式		T3~T4	L2	M3~M4						
	装卸用吊钩式		T4~T5	L2	M4~M5						
	装卸用抓斗式或输送混凝土用		T4~T5	L2	M4~M5						

第二章 起重零部件

第一节 起重机械的基本组成

各种类型起重机械通常是由工作机构、金属结构、动力装置与控制系统四部分组成。

一、工作机构

工作机构是为实现起重机不同的运动要求而设置的。要使货物从某一工作位置运动到空间的任一位置，不外乎要做垂直运动和沿两个水平方向运动。起重机为了实现这些要求，必须设置工作机构。不同类型的起重机，其工作机构稍有差异。例如桥式类型起重机，要使货物实现三个方向的运动，则设有起升机构（实现货物垂直运动）、小车和大车运行机构（实现货物沿两个水平方向运动）。而对于塔式起重机、汽车起重机和轮胎起重机，设有起升机构、变幅机构、回转机构和运行机构。依靠起升机构实现货物垂直运动；依靠变幅机构、回转机构和运行机构的配合动作实现货物在两个水平方向移动。

建筑起重机的四个基本工作机构主要类型如下：

（一）起升机构

起升机构的主要型式，如图2-1所示。它由原动机、减速器、卷筒、钢丝绳、滑轮组、制动器和吊钩等组成。把原动机带动卷筒的回转运动通过钢丝绳—滑轮组变为吊钩的垂直上下直线运动。当原动机为电动机或高速液压马达时，通过减速器改变原动机的转速和扭矩带动卷筒，以适应吊钩起升速度。有时为了提高下降速度，起升机构往往设置离合器，使卷筒脱开原动机动力，在重物自重作用下反向旋转，让重物或空钩自由下降。下降速度可由操纵制动器控制。制动器还可将货物停止在空中任一位置。

（二）变幅机构

起重机变幅是指改变吊钩中心与起重机回转中心线之间的距离，这个距离称为幅度。起重机由于改变幅度，扩大了作业范围，把起升货物由直线作业扩大为一个面的作业。

变幅机构的方式分为臂架仰俯式和小车式变幅两类。臂架仰俯变幅，可由钢丝绳滑轮组或用变幅油缸来实现。轮式起重机一般都采用臂架仰俯式变幅方式，塔式起重机常采用钢丝绳滑轮组变幅和小车式变幅两种。

钢丝绳滑轮组变幅机构，如图2-2所示，与起升机构类似，从变幅卷筒上引出的钢丝绳联接在滑轮组上，滑轮组与臂架端部相联。

液压油缸变幅机构，如图2-3所示，依靠活塞伸缩实现臂架的仰俯。

小车式变幅机构，如图2-4所示，依靠钢丝绳牵引起重小车沿臂架上的轨道运行，以改变幅度。

有的塔式起重机采用两种变幅方式，既可使小车沿臂架水平移动，又可将小车固定在臂架端部然后实现仰俯变幅。

（三）回转机构

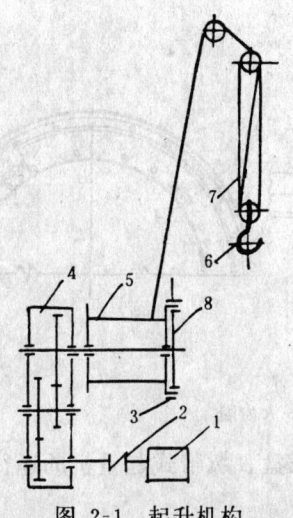

图 2-1 起升机构

1—原动机；2—联轴器；3—制动器；4—减速器；5—卷筒；6—吊钩；7—滑轮组；8—离合器

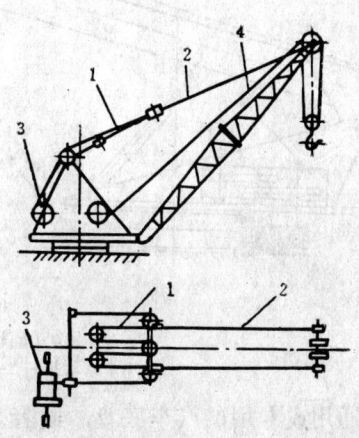

图 2-2 钢丝绳变幅

1—吊臂变幅绳；2—悬挂吊臂绳；3—变幅卷筒；4—起升绳

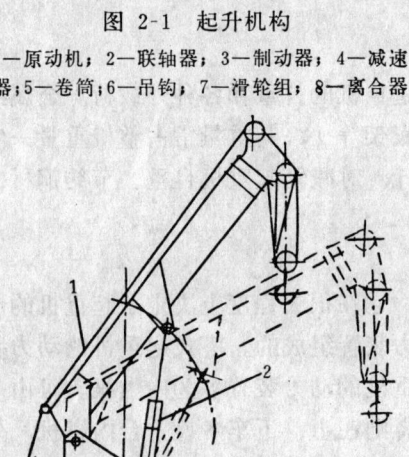

图 2-3 液压缸变幅

1—起升绳；2—变幅液压油缸

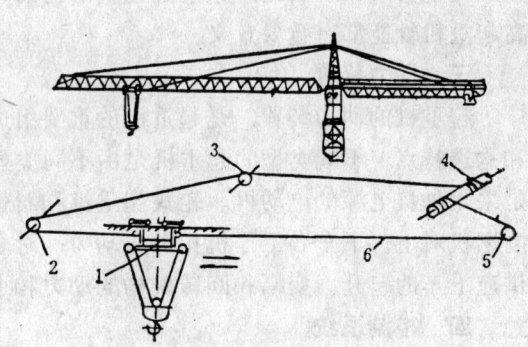

图 2-4 塔式起重机小车牵引变幅

1—小车；2—吊臂端部导向轮；3—张紧轮；4—卷筒；5—吊臂根部导向轮；6—钢丝绳

为实现起重机的一部分（指回转部分或上车）对于另一部分（指非回转部分或下车）作相对回转运动的机构称为回转机构。起重机有了回转运动，使作业范围由线、面而扩大到一定空间。回转的范围分为全回转（回转360°以上）和部分回转，塔式起重机和轮式起重机均装设全回转的回转机构。

图2-5所示，为具有滚动轴承式回转支承的回转机构。由原动机经减速器将动力传递到小齿轮上，小齿轮既作自转又沿固定在底架上的大齿圈公转，从而带动整个上车部分回转。

（四）运行机构

运行机构的作用是驱动起重机沿路面或轨道上行驶，作水平运输扩大起重机的作业范围。有轨运行机构包括：电动机、减速器、制动器、台车和行走轮等。轮式起重机的运行

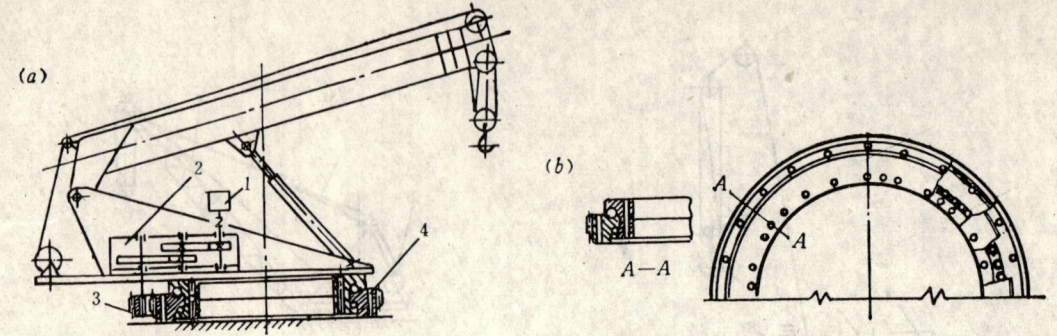

图 2-5 回转机构

（a）回转机构；（b）回转支承装置

1—原动机；2—减速器；3—小齿轮；4—大齿圈

机构是通用或专用的汽车底盘，或者是专门设计的轮胎底盘。履带式起重机的运行机构是履带底盘。

二、金属结构

起重机的金属结构，是起重机的骨架，它承受起重机的自重和各种外载荷。金属结构的构件较多（如塔身、臂架、回转平台、人字架和底架等），其重量常占整机重量一半以上，耗钢材量大。因此，起重机金属结构的合理设计，对减轻起重机自重、节约钢材、提高起重机性能都有重要意义。

三、动力装置

起重机的动力装置，是起重机的重要组成部分，它在很大程度上决定了起重机的性能和构造特点。不同类型的起重机是由不同类型的动力装置组成的。塔式起重机的动力装置是采用外接电源的电动机。轮式起重机和履带式起重机的动力装置多为内燃机。可由一台内燃机对上、下车各工作机构供应动力；对于大型者则在上、下车各设一台内燃机，分别供应上车的起升、变幅和回转桃构的动力和下车的运行机构动力。

四、控制系统

起重机的控制系统，包括操纵装置和安全装置。控制系统中有离合器、制动器、停止器、液压传动中的各种操纵阀以及各种类型的调速装置和专用的安全装置等部件。通过这些控制系统，改变起重机的运动特性，以实现起动、调速、改向、制动停止，从而达到起重机安全作业所要求的各种动作。

综上所述，所有的起重机都是由工作机构、金属结构、动力装置和控制系统组成的，而每个工作机构又是由许多的专用零部件（如钢丝绳、卷筒、滑轮及滑轮组、吊钩组、制动器和停止器等）和通用零部件（如原动机、传动齿轮、联轴器等）所组成。本章主要介绍起重机械专用零件与部件的知识。

第二节 钢 丝 绳

一、概述

（一）钢丝绳的用途

钢丝绳是起重机械的重要零件之一，它具有强度高、自重轻、挠性好、运行平稳，适用于高速、弹性较好、极少突然断裂等优点，而被广泛用在起重机的起升机构，也用于变幅机构、牵引机构中，有时也用于回转机构。此外，钢丝绳还用作桅杆起重机的桅杆张紧绳、缆索起重机与架空索道的支承绳以及捆扎物品。

（二）钢丝绳的材料与制造方法

钢丝绳的钢丝要求有很高的强度与韧性，通常由含碳量0.5%～0.8%的优质碳素钢制成，含硫、磷量都不大于0.03%。

优质钢锭通过热轧制成直径约为6mm的圆钢，然后经过冷拔工艺将直径减到所需尺寸（通常为0.5～2mm）。在拔丝过程中还要经过若干次热处理。热处理及冷拔过程中的变形强化使钢丝达到很高的强度，约为1400～2000N/mm²（普通3号钢的强度只有380N/mm²）。

钢丝首先捻成股，然后将若干股围绕着绳芯捻制成绳。

股是由一定形状和大小的多根钢丝、拧成一层或多层螺旋状而形成的结构，是构成钢丝绳的基本元件。

绳芯的作用是：增加挠性、弹性与润滑。一般在绳中心布置一绳芯，有时为了更多地增加钢丝绳的挠性与弹性，在每一股的中央也布置绳芯。绳芯的种类有：

1.天然纤维芯：通常用浸透润滑油的麻绳做成，不能用于高温环境；

2.合成纤维芯：由聚合物（合成高分子化合物）制成的纤维，如聚乙烯、聚丙烯等。

3.金属芯：用软钢丝或钢丝股做芯子，用于高温或多层卷绕的地方。

近年来有用螺旋金属管作为绳芯的，管中储以润滑油。

二、钢丝绳的构造、类型及标记代号

（一）根据钢丝绳的捻制次数分类

1.单捻绳：由若干断面相同或不同的钢丝一次捻绕而成。圆形断面的钢丝捻制成的钢丝绳（如图2-6a所示），僵性大、挠性差、强度高，适用于不绕过滑轮的情况，如张紧绳。异形断面的钢丝捻绕成的钢丝绳，称为封闭绳。虽然僵性大，但表面光滑，承受横向载荷能力强，常用作缆索起重机的承载绳（如图2-6b所示）。

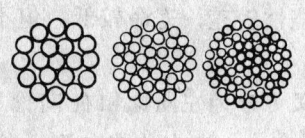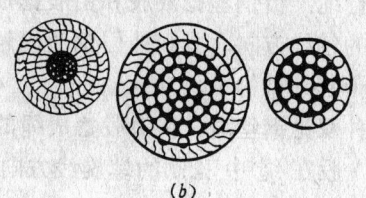

图 2-6　单捻钢丝绳

（a）张紧绳；（b）承载绳

2.双捻绳：先由钢丝捻成股，再用股捻成绳（如图2-7所示）。由于它强度高，挠性好，制造又不复杂，因此所有起重机都广泛采用。

3.三捻绳：把双捻绳作为股，再用这种股捻成绳（如图2-8所示）。它的挠性最好，但制造复杂，外层钢丝细，易磨损断裂，起重机很少采用。

（二）根据钢丝绳的捻法和捻向分类

1.同向捻：由钢丝捻成股和由股捻成绳的捻向相同。（如图2-9a，c所示）。它的挠

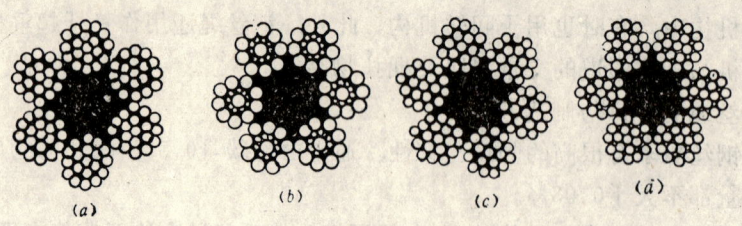

图 2-7　双捻钢丝绳

（a）点接触钢丝绳；（b）外粗式（西鲁型）；（c）粗细式（瓦林吞型）；（d）填充型

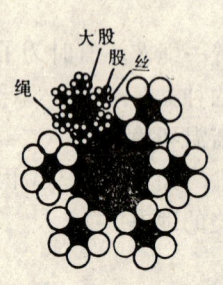

图 2-8　三捻钢丝绳

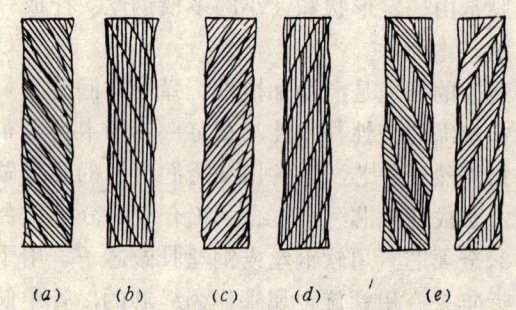

图 2-9　钢丝绳的捻向

（a）左同向捻；（b）左交互捻；（c）右同向捻；
（d）右交互捻；（e）混合捻

性好，寿命长，但容易自行松散，扭转，打结，适用于有刚性导轨（如电梯）和经常保持张紧的地方，如牵引小车的牵引绳。

2.交互捻：由钢丝捻成股和由股捻成绳的捻向相反（如图2-9b，d所示）。钢丝基本上顺着绳的轴线方向，股间外层钢丝接触不良，挠性较差，寿命较低，但不易松散和扭转，普遍用于起升机构中。

上述两种双捻钢丝绳，按由股捻成绳的方向，又可分为左向捻和右向捻两种。左向捻：（或S）股在绳中捻制的螺旋线方向是自右、向上、向左为左向捻；右向捻：（或Z）股在绳中捻制的螺旋线方向是自左、向上、向右为右向捻。没有特殊要求者一般多用右向捻绳。

近年来，在制绳工艺上采用预变形的方法，在成绳之前，用几个导轮使绳股得到弯曲，使之成为在绳中应有的形状，成绳之后，内应力极小，消除了扭转松散打结的趋势，因此又称为不松散的钢丝绳，这种预变形不松散的同向捻钢丝绳，既能发挥同向捻的优点，又免除了扭转打结的缺点。寿命长（约提高50%）。国内已有很多工厂采用这项工艺。

3.混捻绳：半数股为右向捻半数股为左向捻的绳，称为混捻绳（如图2-9e所示）。其性能介于同向捻，交互捻绳之间，但制造复杂，很少采用。

（三）按捻制特性（钢丝在股中的互相接触状态）分类：（如图2-10所示）

（a）　　　　　　　　　　　　（b）

图 2-10　钢丝绳中钢丝接触情况
（a）点接触；（b）线接触

　　1.点接触钢丝绳（非平行捻）（如图2-7a所示）：绳股中各层钢丝直径相同。股中相邻两层具有近似相等的捻角（捻制时钢丝或股中心线与股或绳中心线的夹角），而捻距不同，因此相股两层钢丝之间呈点接触状态。点接触钢丝绳接触应力较高，在反复弯曲的工作过程中钢丝绳内钢丝易于磨损折断，寿命降低。点接触钢丝绳的优点是制造工艺简单，价廉，过去广泛用于起重机中，现多被线接触钢丝绳代替。

　　2.线接触钢丝绳（平行捻）（如图2-7b，c，d；图2-10b所示）：股中所有钢丝具有相同的捻距，外层钢丝位于内层各钢丝之间沟槽里，内外层钢丝互相接触在一条螺旋线上形成线接触。为了达到线接触，需要采用不同直径的钢丝。这种绳的优点是：（1）由于相邻钢丝之间为线接触，当钢丝绳在滑轮和卷筒上时，钢丝间的接触应力降低，从而挠性较好；（2）粗细钢丝的分布合理，外层用粗钢丝可以提高耐磨性，内层用细钢丝可以增加绳的挠性，故寿命较长；（3）由于采用不同直径的钢丝，使绳的横截面内充填较满，故较之点接触钢丝绳承载能力大，而且防尘和抗潮性能好；（4）在相同载荷下，采用线接触钢丝绳时，可以选用较小的直径，从而减小了滑轮和卷筒的直径，减小了减速器的输出轴力矩，可以使起升机构尺寸紧凑。

　　从国外生产的起重机中看到，一般都采用线接触钢丝绳。从试验台中，也明显地表明线接触钢丝绳要比点接触钢丝绳的寿命高一倍以上。因此，为了提高起重机上使用的钢丝绳寿命，《起重机设计规范》（GB3811—83）中建议优先采用线接触钢丝绳。

　　线接触钢丝绳，根据绳股断面的结构分为以下三种：

　　（1）外粗型又称西鲁型（S型）钢丝绳：如图2-7b所示，股中间一层钢丝的直径相同，不同层钢丝直径不同，内层细外层粗，外层耐磨。

　　（2）粗细型又称瓦林吞型（W型）钢丝绳：如图2-7c所示，外层采用粗细两种钢丝，粗钢丝位于内层钢丝的沟槽中，细钢丝位于粗钢丝之间，断面充填系数高，挠性好，承载能力大。

　　（3）填充型（Fi型）钢丝绳：如图2-7d所示，在股中内、外层钢丝沟槽中，填充细钢丝，增加了股中钢丝的数量，断面充填系数更高，挠性好，承载能力更大。

　　3.面接触钢丝绳（图2-11中的（2）（12））：面接触钢丝绳常做成密封绳，为达到面接触，钢丝必须制成异形断面（如"T"型、"Z"型等），其优点与线接触钢丝绳相同，但效果更为显著，缺点是制造工艺复杂，价格昂贵。面接触（密封）钢丝绳适用于架空索道、塔式起重机主索、吊桥主索等场合。

钢丝绳股的断面形状除圆形外，还有三角形、椭圆形、扁形等。异型股钢丝绳与卷绕装置接触好，寿命长，但制造复杂，较少采用。

钢丝绳一般由6股绕成，也有8股，18股或更多股的。股愈多与卷绕装置接触愈好，不仅钢丝绳寿命长，也减少了卷绕装置的磨损。如果内外层的钢丝捻向相反，还可制成不扭转钢丝绳。

（四）钢丝绳标记代号（GB8707—88）

1.钢丝绳标记代号：

钢丝绳标记代号采用英文字母与数字相结合的方法表示。

（1）钢丝的表面状态用下列代号标记：

a.光面钢丝：NAT；

b.A级镀锌钢丝：ZAA；

c.B级镀锌钢丝：ZBB；

（2）钢丝绳（股）芯用下列代号标记：

a.纤维芯（天然或合成的）：FC；

b.天然纤维芯：NF；

c.合成纤维芯：SF；

d.金属丝绳芯：IWR；

e.金属丝股芯：IWS。

（3）钢丝绳中钢丝的横截面用下列代号标记：

a.圆形钢丝：无代号；

b.三角形钢丝：V；

c.梯形钢丝：T；

d.Z形钢丝：Z；

e.半密封钢丝（或钢轨形钢丝）与圆形钢丝搭配：H。

（4）股的横截面用下列代号标记：

a.圆形股：无代号；

b.三角形股：V；

c.扁形股：R；

d.椭圆形股：Q。

（5）钢丝绳的横截面用下列代号标记：

a.圆形钢丝绳：无代号；

b.编织钢丝绳：Y；

c.扁形钢丝绳：P。

2.钢丝绳的全称标记方法：

（1）单捻钢丝绳及密封钢丝绳的全称标记方法（参见图2-11）：

由钢绳的外部向中心进行标记，标出钢绳的逐层钢丝根数，包括中心钢丝在内，用"＋"号隔开，如图例①单股钢丝绳：12＋6＋1。

对于非圆形截面的钢丝则用（3）条所示钢丝横截面的相应代号加到钢丝数后面。如图例②密封钢丝绳：23Z＋9H＋12＋6＋1。

（2）双捻钢丝绳的全称标记方法：

由钢丝绳外部向中心进行标记，按层次逐层标明总股数，其后在括弧内标明股的结构；每股的结构由外向中心进行标记，标明该股的逐层钢丝根数。股的每层丝数（包括中心丝或纤维芯）用"＋"号隔开；绳的每层股数也用"＋"号隔开。对于纤维芯钢丝绳也用"＋"号将股与纤维芯的标记隔开。如图例⑨天然纤维芯的多股绳：12（6＋1）＋6（6＋1）＋NF。

对于金属股芯钢绳，在IWS之前用"＋"号隔开，其后在括弧内标明股的结构。如图例④金属股芯钢丝绳：6（6＋1）＋IWS（6＋1）。

对于金属绳芯钢绳，在IWR之前用"＋"号隔开，其后在括弧内标明绳芯的股绳结构。如图例⑤金属绳芯西鲁绳：6（10＋10＋1）＋IWR[6（6＋1）＋IWS（6＋1）]。

对于填充式钢丝绳，其填充丝用字母"F"注明，并用"＋"号与相应层次隔开。如图例⑥金属绳芯填充：6（12＋6F＋6＋1）＋IWR[6（6＋1）＋IWS（6＋1）]。

对于瓦林吞式钢丝绳，同一层中的不同直径的钢丝用"/"符号隔开。如图例⑦天然纤维芯瓦林吞钢丝绳：6（6/6＋6＋1）＋NF。

对于异形股，则用股的横截面相应代号加到股数后面。如图例⑩天然纤维芯三角股钢丝绳：6V（9＋12＋1V）＋NF。

（3）三捻钢丝绳的全称标记方法：

由钢绳外部向中心进行标记，标明子绳的总数，其后在小括弧内标明子绳的结构（参见双捻钢绳标记方法）。如图例⑪三捻钢丝绳全称标记：6[6（6＋1）＋NF]＋NF，其简称标记为：6×6×7＋7NF。

3.钢丝绳的简称标记方法：

钢丝绳的简化标记是将其全称标记中股的总数与每股的钢丝总数用"×"号隔开，其后再用"＋"号与芯的代号隔开。如图例③简称标记为：6×7＋NF。

对于线接触钢丝绳，如西鲁钢丝绳其简称代号为S，瓦林吞钢丝绳简称代号为W，填充钢丝绳简称代号为Fi；或者由它们组成的混合式以及复合结构钢丝绳，则在每股的总丝数后面标注其结构的简称代号。如图例⑧金属绳芯瓦林吞西鲁绳简称标记：6×41WS＋IWR。

4.面接触钢丝绳的标记方法：

面接触钢丝绳与其相应结构的双捻钢丝绳标记方法相同，仅在股的总数后面加上代号T。如图例⑫纤维芯面接触钢丝绳6T（6＋1）＋NF，简称标记为：6T×7。

5.捻向：

根据捻制方向用两个字母（Z或S）表示；第一个字母表示钢丝绳的捻向，第二个字母表示股的捻向；字母"Z"表示右向捻，字母"S"表示左向捻。"ZZ"或"SS"表示右同向捻或左同向捻，"ZS"或"SZ"表示右交互捻或左交互捻。

钢丝公称抗拉强度用N/mm^2作单位表示；

钢丝绳最小破断拉力用kN作单位表示。

钢丝绳单位长度重量按每100m计算重量，用kg/100m作单位表示。

（五）钢丝绳标记举例

1.全称标记示例：

【例 1】

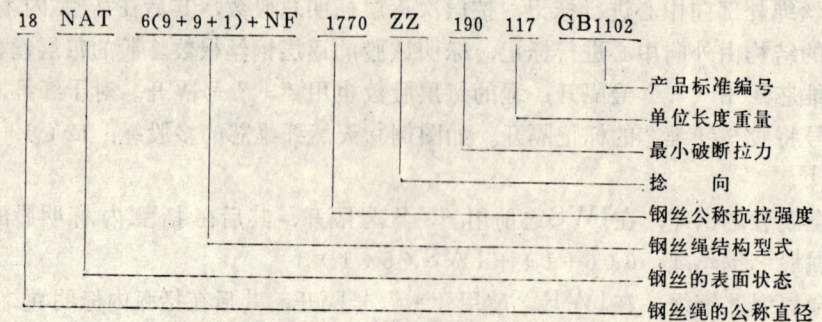

```
18  NAT  6(9+9+1)+NF  1770  ZZ  190  117  GB1102
```
————产品标准编号
————单位长度重量
————最小破断拉力
————捻 向
————钢丝公称抗拉强度
————钢丝绳结构型式
————钢丝的表面状态
————钢丝绳的公称直径

【例 2】

$$18ZAA6(9+9+1)+SF\ 1770ZS\ GB1102$$

2.简化标记示例:

$$18NAT6×19S+NF\ 1770\ ZZ\ 190$$
$$18ZBB6×19W+NF\ 1170\ ZZ$$
$$18NAT6×19Fi+IWR\ 1770$$
$$18ZAA6×19S+NF$$

3.不同结构类型钢丝绳图例和标记（如图2-11所示）

了解了钢丝绳的标准标记方法，可以减化描述钢丝绳特征的大量文字叙述，便于按照提供的标记代号来直接选择所需的钢丝绳，这就给设计、制造和使用单位带来许多方便。

三、钢丝绳的破坏及报废标准

钢丝绳极少突然断裂，都是由于外层钢丝反复弯曲、磨损、断丝数逐渐增多，使钢丝绳报废或破坏。

在实际工作中，钢丝绳受力极其复杂，有钢丝绳受拉时，使钢丝产生的拉应力；钢丝绳绕过卷筒或滑轮时，钢丝受到弯曲产生的弯曲应力；钢丝绳与卷筒或滑轮表面接触产生的挤压应力；钢丝在钢丝绳中呈螺旋形，钢丝绳的拉伸载荷位于轴线上，有将钢丝拉直的趋势，因此，使钢丝受扭，产生扭转剪切应力等。实践证明，由于钢丝反复弯曲与反复挤压所造成的金属疲劳是钢丝破坏的主要原因。反复弯曲挤压达到一定次数，加上磨损，钢丝就会断折。断折的钢丝达到一定数值，钢丝绳就报废，应更换新绳。

钢丝绳的报废标准，主要由一个捻距范围内的断丝数决定。一根钢丝绳只要是在任何部位于一个捻距内断丝数达到标准值，就应报废。

断丝数的报废标准:

交互捻钢丝绳断丝数达到总丝数的10%；

同向捻钢丝绳断丝数达到总丝数的5%；

对于外层钢丝直径不同的钢丝绳，如瓦林吞型，细丝按1计算，粗丝按1.7计算。

当有一股折断时，钢丝绳即予报废；

对于运送人或危险物的钢丝绳，报废断丝数减半；

外层钢丝磨损达40%或绳径磨损减小达15%时，不论断丝多少都应立即报废。如果外层钢丝有严重磨损，但尚低于钢丝直径的40%时，应当根据磨损程度适当降低报废的断丝标准。见表2-1所列。

结构型式	标记	结构型式	标记

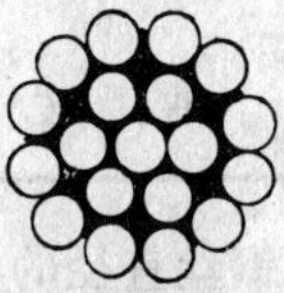

结构型式 / **标记**

单股钢丝绳
全称：$12+6+1$
简称：1×19

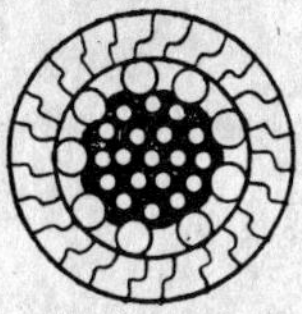

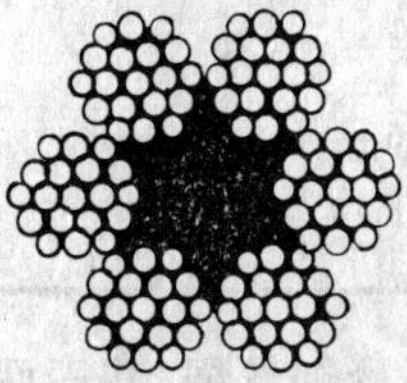

天然纤维芯瓦林吞钢丝绳
全称：$6(6/6+6+1)+NF$
简称：$6 \times 19W+NF$

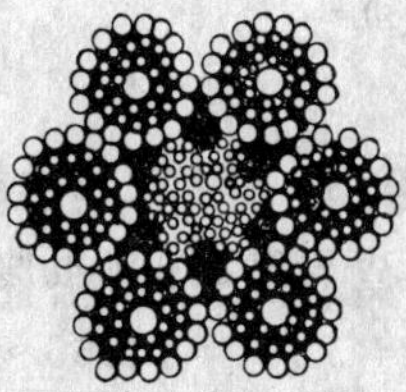

密封钢丝绳
全称：$23Z+9H+12+6+1$

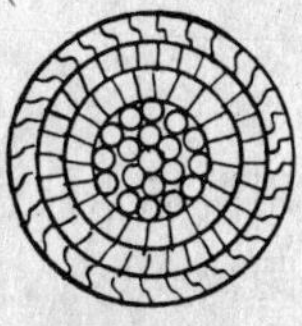

(a)

金属绳芯(IWR)瓦林吞——
西鲁钢丝绳
全称：$6(16+8/8+8+1)+IWR$
$[6(6+1)+IWS(6+1)]$
简称：$6 \times 41WS+IWR$

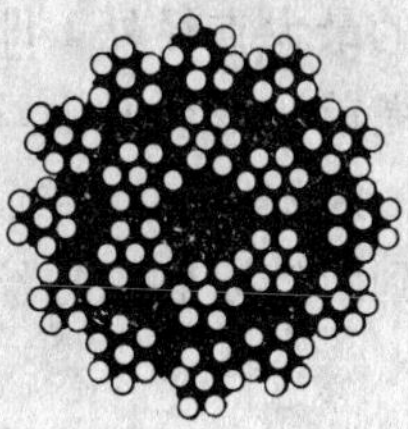

密封钢丝绳
全称：$32Z+28T+20T$
$+12+6+1$

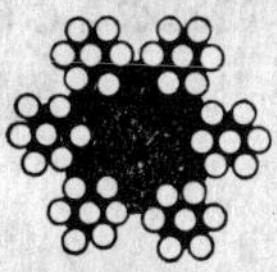

(b)

天然：纤维芯钢丝绳
全称：$6(6+1)+NF$
简称：$6 \times 7+NF$

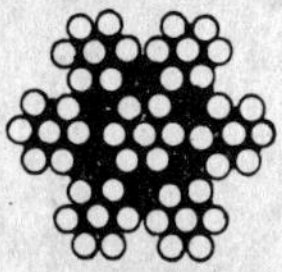

一个天然纤维芯的多层股钢丝绳
（两层圆股）
全称：$12(6+1)+6(6+1)+NF$
简称：$18 \times 7+NF$

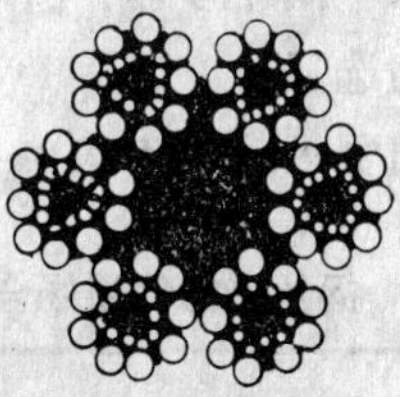

金属股芯钢丝绳
全称：$6(6+1)+IWS$
$(6+1)$
简称：$6 \times 7+IWS$

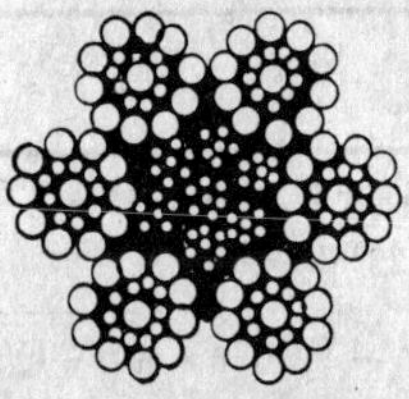

一个天然纤维芯的三角股
钢丝绳
全称：$6V(9+12+1V)+NF$
简称：$6V \times 22+NF$

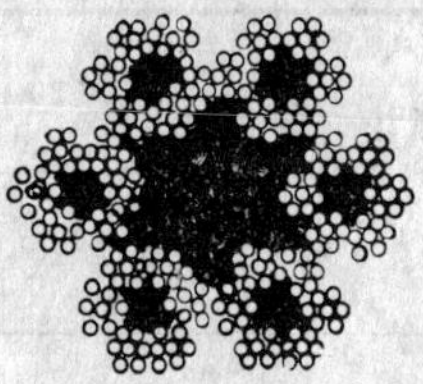

金属绳芯(IWR)
西鲁钢丝绳
全称：$6(10+10+1)+$
$IWR[6(6+1)+$
$IWS(6+1)]$
简称：$6 \times 21S+IWR$

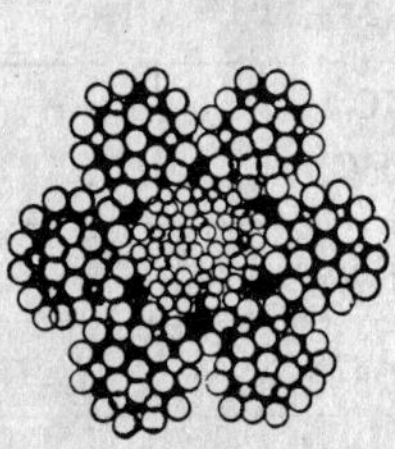

三捻钢丝绳（缆绳）
全称：$6[6(6+1)+NF]+NF$
简称：$6 \times 6 \times 7+7NF$

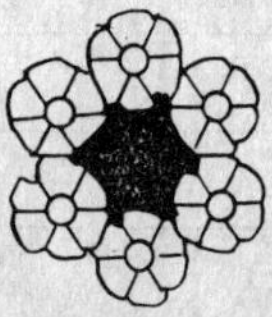

金属绳芯填充钢丝绳
全称：$6(12+6F+6+1)$
$+IWR[6(6+1)+$
$IWS(6+1)]$
简称：$6 \times 19Fi+IWR$

面接触钢丝绳
全称：$6T(6+1)+NF$
简称：$6T \times 7$

图 2-11　不同结构类型钢丝绳图例和标记

23

钢丝直径磨损%	报废断丝数标准折减为%	钢丝直径磨损%	报废断丝数标准折减为%
10	85	25	60
15	75	30	50
20	70	40	报　废

【例如】 有一根6×37型交互捻钢丝绳,其表面钢丝的磨损量已达到钢丝直径的15%,求在这种情况下钢丝绳的断丝数报废标准是多少?

【解】 已知6×37＝222(丝)

按原报废标准应为:

$$222×10\%＝22.2(根)$$

其表面钢丝已磨损达15%,查表2-1知其报废断丝标准应折减为75%,即:

$$22.2×75\%＝16.65≈17(根)$$

也就是说,此时若在一个捻距内钢丝绳中有17根断丝即应宣布报废。

对钢丝绳直径的测量是现场检查钢丝绳安全性能的主要手段,一般用游标卡尺进行测量。测量的部位必须是钢丝绳的最大直径处(即相对180°两绳股的顶部距离)。

起重机在使用,安装钢丝绳前,必须对钢丝绳进行全面的检查。从外观上看钢丝绳不得有严重的砸伤、压扁、硬结、硬弯等永久性变形,不得有整股钢丝绳断裂或绳芯被挤出绳外,不得有严重的生锈或达到断丝标准的断丝现象,凡有以上情况之一者,此绳一定要更换。

四、钢丝绳的计算与选择

选择钢丝绳的方法分为以下两个步骤:

(一)钢丝绳结构型式的选择

根据钢丝绳使用的场合和要求,参考表2-2选择钢丝绳。

钢丝绳的使用场合及其结构型式　　　　　表 2-2

使　　用　　场　　合			常　　用　　型　　号
起升或变幅用	单层卷绕	吊钩及抓斗起重机 h <20	6×31S＋FC、6×37S＋FC、6×36W＋FC、6×25Fi＋FC、8×25Fi＋FC
		≥20	6×19S＋FC、6×19W＋FC、8×19S＋FC、8×19W＋FC、6V×21＋7FC
		起升高度大的起重机	多股不扭转 18×7＋FC 18×19＋FC
	多层卷绕		6×19W＋IWR
牵引用	无导绕系统(不绕过滑轮)		1×19、6×19＋FC、6×37＋FC
	有导绕系统(绕过滑轮)		与起升绳或变幅绳同

注:h——与机构工作级别和钢丝绳结构有关的系数,具体数值的确定见后面的表2-5中的h_1,h_2。

为了提高钢丝绳的使用寿命,在选择钢丝绳的结构型式时,《起重机设计规范》(GB 3811-83)建议优先采用线接触钢丝绳。在腐蚀较大的环境采用镀锌钢丝绳。

(二)钢丝绳直径的计算与选择

在我国颁布的《起重机设计规范》(GB3811-83)中提出了两种选择钢丝绳直径的方法:

1.公式法:

钢丝绳直径可由钢丝绳最大工作静拉力按式(2-1)确定:

$$d = C \sqrt{S_{max}} \qquad (2-1)$$

式中　d——钢丝绳最小直径(mm);

　　　C——选择系数($mm/\sqrt{N}$);

　　　S_{max}——钢丝绳最大工作静拉力(N)。

钢丝绳最大静拉力:

在起升机构中,钢丝绳最大工作静拉力是由起升载荷考虑滑轮组效率和承载分支数后确定的。

起升载荷是指起升质量的重力。起升质量包括允许起升的最大有效物品、取物装置(下滑轮组、吊钩、吊梁、容器、抓斗、起重电磁铁等)、悬挂挠性件及其它在升降中的设备的质量。起升高度小于50m的起升钢丝绳的重量可以不计。

选择系数C:

选择系数C的取值与机构工作级别有关,按表2-3选取。表中数值是在钢丝充满系数ω为0.46,折减系数φ为0.82时的选择系数C值。

当钢丝绳的ω、φ和σ_b值与表中不同时,则可根据工作级别从表2-3中选择K值并根据新选择钢丝绳的ω、φ和σ_b值按式(2-2)换算选择系数C,然后再按公式(2-1)选择绳径。

$$C = \sqrt{\frac{K}{\varphi \cdot \omega \cdot \frac{\pi}{4} \sigma_b}} \qquad (2-2)$$

式中　K——安全系数,按表2-3选取;

　　　φ——钢丝绳捻制折减系数;

　　　ω——钢丝绳充满系数,按下式求得:

$$\omega = \frac{钢丝断面面积之总和}{绳横断面毛面积};$$

　　　σ_b——钢丝的公称抗拉强度(N/mm^2)。

2.安全系数法

按钢丝绳所在机构工作级别有关的安全系数选择钢丝绳直径。所选钢丝绳的破断拉力应满足式(2-3)

$$F_0 \geqslant K \cdot S_{max} \qquad (2-3)$$

式中　F_0——所选用钢丝绳的破断拉力(kN);

　　　K——钢丝绳最小安全系数,按表2-3选取;

　　　S_{max}——钢丝绳最大工作静拉力(kN)。

选择系数C值和安全系数K值

表 2-3

机构工作级别	选 择 系 数 C 值			安 全 系 数
	钢丝公称抗拉强度 σ_b（N/mm²）			
	1550	1700	1850	K
M1~M3	0.093	0.089	0.085	4
M4	0.099	0.095	0.091	4.5
M5	0.104	0.100	0.096	5
M6	0.114	0.109	0.106	6
M7	0.123	0.118	0.113	7
M8	0.140	0.134	0.128	9

注：1.对于运搬危险物品的起重用钢丝绳，一般应按比设计工作级别高一级的工作级别选择表中的C值或K值，对起升机构工作级别为M7、M8的某些冶金起重机，在保证一定寿命的前提下允许按低的工作级别选择，但最低安全系数不得小于6；

2.对缆索起重机的起升绳和牵引绳可作类似处理，但起升绳的最低安全系数不得低于5，牵引绳的最低安全系数不得小于4；

3.臂架伸缩用的钢丝绳，安全系数不得小于4。

以上两种方法，在设计时，根据具体情况可任选一种方法。

为了保证钢丝绳具有一定的使用寿命，必须对影响其寿命的钢丝绳卷绕直径即按钢丝绳中心计算的卷筒和滑轮卷绕直径作出规定。钢丝绳的使用寿命总是随着滑轮和卷筒的卷绕直径的减小逐渐降低的。因此，卷筒、滑轮的直径与钢丝绳直径之间应有一定的比例。根据《起重机设计规范》（GB3811—83）的规定，按钢丝绳中心计算的卷筒和滑轮的最小缠绕直径按式（2-4）计算：

$$D_{omin} = h \cdot d \tag{2-4}$$

式中　D_{omin}——按钢丝绳中心计算的滑轮和卷筒的最小卷绕直径（mm）；

　　　h——与机构工作级别和钢丝绳结构有关的系数，按表2-4选取；

　　　d——钢丝绳的直径（mm）。

系 数 h

表 2-4

机 构 工 作 级 别	卷 筒 h_1	滑 轮 h_2
M1—M3	14	16
M4	16	18
M5	18	20
M6	20	22.4
M7	22.4	25
M8	25	28

注：1.采用不旋转钢丝绳时，h值应按比机构工作级别高一级的值选取；

2.对于流动式起重机，建议取 $h_1 = 16$ 及 $h_2 = 18$，与工作级别无关。

平衡滑轮的直径，对于桥式类型起重机取与 D_{omin} 相同；对于臂架起重机，根据结构需要，取为不小于 D_{omin} 的0.6倍。

从表2-4中可见，机构工作级别相同时，h_1 小于 h_2，这是因考虑钢丝绳在卷筒上卷绕时只弯折一次（收钢丝绳时由直变弯；放钢丝绳时由弯变直）。而在滑轮上绕过时一进一出要弯折两次。并且在多层卷绕时钢丝绳在卷筒上的弯曲半径实际已经加大。这些都是对钢丝绳寿命的有利因素。

五、钢丝绳的使用、维护和保养

钢丝绳的使用和维护保养得当与否，直接影响到钢丝绳的使用寿命及起重作业的安全，因此正确的使用和维护保养钢丝绳是很重要的工作，下面介绍钢丝绳的正确使用和维护方法。

1.钢丝绳的开卷。钢丝绳的出厂长度一般都是250米、500米或1000米，并且总是绕成绳卷或绕在木卷筒上，在使用前必须将钢丝绳从绳卷上或卷筒上解下来。在解开钢丝绳时必须要按照正确的方法进行，不要使钢丝绳形成绳环，因为形成绳环后，很容易使钢丝绳磨损，甚至断裂，直接影响钢丝绳的使用。在把钢丝绳绕入和绕出起重机工作卷筒时同样要注意采取正确的绕法，在绕入卷筒时应让钢丝绳一圈一圈排列紧密整齐，绝不可有乱绕现象，以免发生过早的损坏。

2.钢丝绳在使用过程中必须经常检查其强度，一般至少六个月就要做一次强度试验。

3.钢丝绳应该根据其使用场合恰当地选用其构造、型式，并按静力计算合理地确定钢丝绳直径。

4.钢丝绳在使用过程中，最好不要超负荷使用，不应受冲击力，在捆绑或吊运重物时，要注意不要使钢丝绳直接和物件的尖棱锐角相接触，在它们的接触处要垫以木板，麻片或其它衬垫物，以免物件的尖棱损坏钢丝绳，特别是在运动中不要和其它物件摩擦，以免直接降低钢丝绳的寿命。

5.钢丝绳穿绕的滑轮其边缘不应有破裂或缺陷，滑轮及卷筒的直径在条件允许的情况下尽量选较大的直径，尽量减少钢丝绳的过分弯曲。滑轮槽底的尺寸与材料对钢丝绳的使用寿命也有很大影响。滑轮槽底半径太大使钢丝绳与滑轮槽接触面积减少，太小又会卡紧钢丝绳，由于钢丝绳绕过滑轮时要产生横向变形，故滑轮槽底半径应稍大于钢丝绳半径，常取的滑轮槽底半径为 $R \approx (0.54 \sim 0.6)d$，钢丝绳直径小时 R 取大些。滑轮及卷筒的材料太硬，对钢丝绳的磨损大。试验证明，以铸铁滑轮代替钢滑轮能提高钢丝绳寿命 $10 \sim 20\%$。但材料太软，滑轮及卷筒极容易磨损，而且磨损落下的粉末对钢丝绳有研磨作用，也会缩短钢丝绳的使用寿命。

6.为了延长钢丝绳的使用寿命，在使用中尽量减少弯折次数，并且尽量避免反向弯折。因为，多次弯折会增加绳的疲劳，而反向弯折则更加剧钢丝绳的疲劳，其强度的影响较同向弯折成倍增加。

7.在高温的物体上使用钢丝绳时必须要采取隔热措施，因为钢丝绳在受高温后强度会降低。

8.钢丝绳在使用一段时间后，必须加润滑油，一方面可以防止钢丝绳的生锈，另一方面，钢丝绳在使用过程中，它的各股绳间或每一股中的钢丝与钢丝之间都会相互产生滑动摩擦，特别是在钢丝绳受弯时，这种摩擦更加激烈，加了润滑油后就可以减小这种摩擦。

新钢丝绳的绳芯（麻芯）在出厂前都是浸透润滑油的，当钢丝绳受力后，特别是受弯时，储存在绳芯内的润滑油一点一点地被挤出，并沿着钢丝绳的缝隙渗出来，当钢丝绳使用一段时间后，绳芯内的润滑油已逐渐挤干，不能再起到润滑作用，所以使用一段时间之后，必须加润滑油。对于其它材料绳芯的钢丝绳更要注意润滑问题。

在加润滑油之前，用钢丝刷子和柴油（或煤油）把钢丝绳上粘附的泥土，铁锈或其它脏东西消除干净，然后用毛刷或棉团把润滑油涂在钢丝绳上。润滑时要将油加热到80℃以上，使油容易渗到钢丝绳内部。润滑周期一般为15天～30天，也可根据具体的使用和绳的润滑情况确定。目前我国的工程起重机用钢丝绳一般要求每400小时必须进行一次润滑；日本起重机械对钢丝绳的润滑一般要求一个月进行一次。润滑油可选用钢丝绳油脂（例如我国常用的石墨钙基润滑脂ZG-5等）或无水而且不含酸性或碱性的其它油脂。在使用时如找不到合适的润滑脂和润滑油液时可根据如下配方自行配制（见表2-5所列）。

钢丝绳用润滑脂、油液配方　　　　　　　　　　表 2-5

油脂	1 号	煤焦油68%	石油沥青10%	松香10%	凡士林7%	石墨3%	石蜡2%
	2 号	黄干油90%	牛　　油10%	—	—	—	—
油　液		黄干油90%	石油沥青10%	—	—	—	—

9.钢丝绳在切断时，一定要在切断处的两端先用细软钢丝把它扎紧，扎捆的距离约为（3～5）d，（d为钢丝绳直径）否则钢丝绳一但被切断，绳头就会松散开来。

10.钢丝绳存放时，要先按上述方法将钢丝绳上的脏物清除干净后上好润滑油，然后盘好，存放在干燥的地方，在钢丝绳的下面垫以木板或枕木，并要定期进行检查，以防锈蚀。

六、钢丝绳端头的固定

为了便于与其它承载零件连接，钢丝绳端部常用的固定方法有：

（一）末端捆扎（如图2-12a所示）

钢绳一端绕过套环后与自身编结在一起，并用细钢丝扎紧。捆扎长度 $l = (20～25d)$，（d为钢丝绳直径）但不应小于300毫米。固定处的强度，约为钢丝绳自身强度的75～90%。

（二）楔形套筒固定（如图2-12b所示）

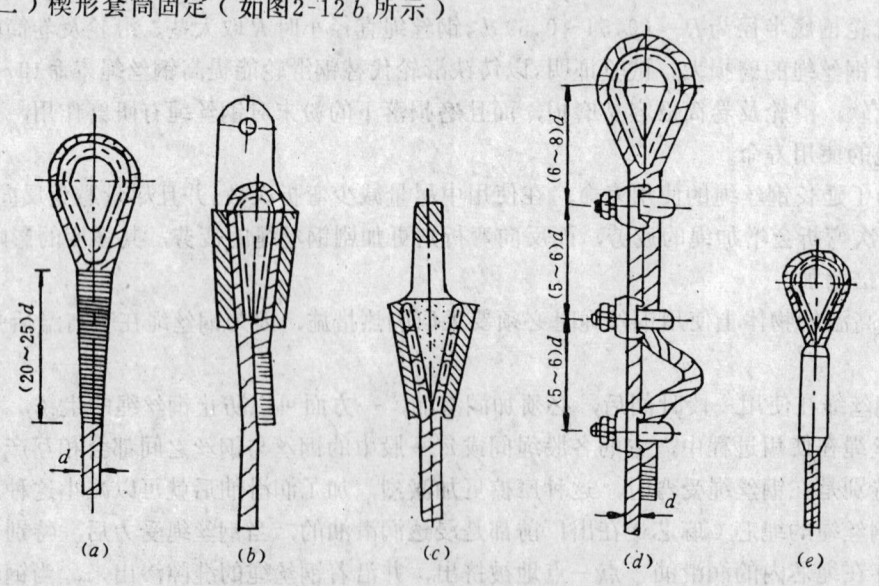

图 2-12　钢丝绳端部的固定方法

(a)末端捆扎；(b)楔形套筒固定；(c)锥形套筒灌铅；(d)绳卡固定；(e)铝合金压头

钢丝绳一端绕过楔块，连同楔块一起放入套筒内，利用楔块在套筒内的锁紧作用，使钢丝绳与套筒固定一体。固定处的强度约为钢丝绳自身强度的75～85％。

（三）锥形套筒灌铅固定（如图2-12 c 所示）

钢丝绳末端穿过锥形套筒后将钢丝松散，把钢丝末端弯成钩状，浇入铅或锌液，凝固后即成。固定强度与钢丝绳强度大致相等。

（四）绳卡固定（如图2-12 d 所示）

此法简单、可靠，并能预报松劲信号，故被广泛应用。但应注意：

1.绳卡数量根据钢丝绳直径而定，但不能少于三个（见表2-6所列）。

钢丝绳直径与绳卡数　　表 2-6

钢丝绳直径d(mm)	7～16	17～27	28～37	38～45
绳 卡 数	3	4	5	6

2.绳卡底板扣在承载分支上，U形螺栓扣在无载分支上。固定处强度约为钢丝绳自身强度的80～90％，如果装反，强度下降到75％以下。

3.最后一个绳卡前，放松无载分支，用以预报绳长松劲情况，以便及时采取措施。

4.绳卡型号应与钢丝绳直径相对应（见表2-7所列）。

绳卡型号与对应的钢丝绳直径　　表 2-7

绳 卡 型 号	钢丝绳最大直径d (mm)	绳 卡 型 号	钢丝绳最大直径d (mm)
Y1-6	6	Y8-25	25
Y2-8	8	Y9-28	28
Y3-8	10	Y10-32	32
Y4-12	12	Y11-40	40
Y5-15	15	Y12-45	45
Y6-20	20	Y13-50	50
Y7-22	22		

（五）铝合金压头固定（如图2-12 e 所示）

将钢丝绳端头拆散后分为六股，各股留头错开，留头最长不超过铝套长度，并切去绳芯，弯转180°后用钎子分别插入主索中，然后套入铝套，用压力机压紧即可。此法加工工艺性好，重量轻，安装方便，一般常作起重机固定拉索用，目前国外引进的起重机上已见广泛应用。

第三节　滑轮和滑轮组

一、滑轮的构造

在起重机的起升机构中，钢丝绳经常要先绕过若干滑轮，然后固接到卷筒上。滑轮是支持钢丝绳的零件，是一个圆形的轮，轮周上有防止绳索脱落的绳槽。直径小的滑轮一般做成实体的，直径较大时，在轮缘与轮缘间或者是做成带刚性筋的或者是做成带孔的圆盘，如图2-13所示。滑轮活套在轴上，滑轮转动，轴不转动，滑轮和心轴间装有滚动轴承，少数的采用滑动轴承。

在轻级和中级工作级别的起重机中，滑轮可用牌号为 HT20-40的灰铸铁或 QT40-10 球墨铸铁铸造；在重级以上的起重机中，滑轮用铸钢ZG25Ⅱ或ZG35Ⅱ制造；对于大直径（$D>800$毫米）的滑轮可用 A_3 钢焊接。

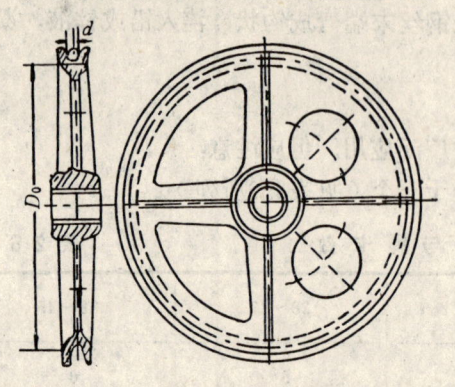

图 2-13 绳索滑轮

滑轮几何尺寸的确定：

1.滑轮直径D_0：为了保证钢丝绳具有足够的使用寿命，必须降低钢绳经过滑轮时的弯曲应力和挤压应力，因此滑轮直径不能过小，应按前面讲过的2-4式计算滑轮的最小缠绕直径：即

$$D_{0\min} = h \cdot d$$

式中　　$D_{0\min}$——按钢丝绳中心计算的滑轮的最小卷绕直径（mm）；

　　　　h——与机构工作级别和钢丝绳结构有关的系数，按表2-5选取；

　　　　d——钢丝绳的直径（mm）。

为了简化制造工艺，降低成本，便于使用，滑轮已成为系列产品。在设计时，钢绳卷绕直径$D_0 = D + d$要进行圆整，尽量取下列标准值（D为轮槽底部直径）：

$D_0 = 250, 300, 350, 400, 500, 600, 700, 800$（mm）

均衡滑轮　　$D_f = (0.6 \sim 0.8)D_0$

2.滑轮绳槽形状和尺寸如图（2-14）所示，绳槽应保证：

（1）钢绳与绳槽有足够的接触面积；

（2）钢绳偏斜一定角度（每度的正切约为$\frac{1}{10}$），不脱槽，不磨边，能正常工作。

根据实践经验，绳槽半径：

$$R \approx (0.53 \sim 0.6)d;$$

$$a \approx 35° \sim 40°$$

若滑轮绳槽需要通过钢绳接头时，绳槽尺寸必须加大，如图2-15所示。

3.轮毂孔d_1：根据强度计算确定滑轮轴径d。选择轴承，由轴承外圈的结构尺寸决定d_1。

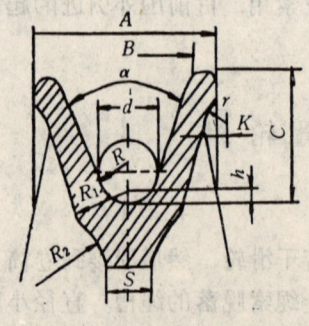

图 2-14 滑轮绳槽

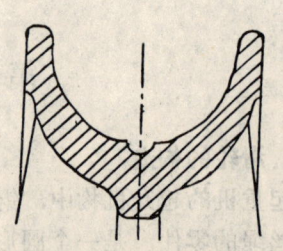

图 2-15 过接头的滑轮绳槽

二、滑轮的类型及其应用

滑轮根据其作用特点分成定滑轮和动滑轮两种。

（一）定滑轮：位置固定的滑轮叫定滑轮，如图2-16（a）所示。定滑轮用于支持钢丝绳的运动，并改变其运动方向。这时

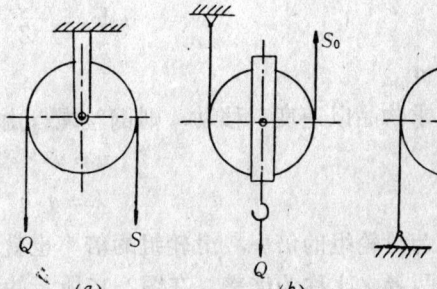

$$S_0 = Q \qquad (2\text{-}5)$$
$$L = h \qquad (2\text{-}6)$$
$$v = V \qquad (2\text{-}7)$$

式中　S_0——钢绳自由端的理论拉力
　　　　　（不计摩擦阻力）；
　　　Q——被起升物品的重量；
　　　L——钢绳自由端的行程；
　　　h——物品的行程；
　　　v——钢绳自由端的速度；
　　　V——物品的速度。

图 2-16

（二）动滑轮：位置可以移动的滑轮叫动滑轮。动滑轮分为省力动滑轮与省时动滑轮两种。

1.省力动滑轮：如图2-16（b）所示。拉力作用在钢绳的自由端上，出端拉力为物品重量的一半，因此可用以减少钢丝绳上的拉力。这时：

$$S_0 = \frac{Q}{2} \qquad (2\text{-}8)$$
$$L = 2h \qquad (2\text{-}9)$$
$$v = 2V \qquad (2\text{-}10)$$

2.省时动滑轮：如图2-16（c）所示，作用力是加在滑轮的心轴上，可用以提高物品的起升速度。如用于叉车门架上和轮胎式起重机的吊臂伸缩机构中，可以达到多节伸缩臂同步伸缩的目的。这时：

$$P_0 = 2Q \qquad (2\text{-}11)$$
$$L = \frac{h}{2} \qquad (2\text{-}12)$$
$$v = \frac{V}{2} \qquad (2\text{-}13)$$

式中　P_0——作用在滑轮心轴上的理论拉力；
　　　L——滑轮心轴的行程；
　　　v——滑轮心轴的速度。

三、滑轮组的类型及其应用

将钢丝绳绕过一定数量的定滑轮及动滑轮所组成的装置叫滑轮组。滑轮组分为省力滑轮组与省时滑轮组两种。在起重机械中一般只用省力滑轮组。

在滑轮组中，绕过滑轮的钢丝绳，一端为固定，另一端为自由端的叫单联滑轮组。在单联滑轮组中，按照钢丝绳自由端绕出情况分为从定滑轮绕出和从动滑轮绕出两种。

由两个并列对称单联滑轮组所组成的滑轮组叫做双联滑轮组。

（一）钢绳从定滑轮绕出的单联滑轮组（如图2-17）。

在滑轮组中，物品重量Q是由几段钢绳来承担的。钢丝绳的分担段数称为滑轮组的承载分支数。这样就减小了钢绳中的拉力，并使物品的上升速度降低。例如在图2-17中，如承载分支数为Z，则钢绳自由端的出端理论拉力为：

$$S_0 = \frac{Q}{Z} = \frac{Q}{a} \qquad (2-14)$$

式中　$Z = a$

如果要求物品以速度V移动，则钢丝绳自由端应有的牵出速度为：

$$v = a \cdot V \qquad (2-15)$$

同理：

$$L = a \cdot h \qquad (2-16)$$

式中　a 称为滑轮组的倍率，滑轮组的倍率也就是它的传动比，即钢绳自由端的速度和重物起升速度两者之比称为倍率。在图2-17所示的情况，滑轮组的倍率a，就等于悬挂物品的钢绳承载分支数。显然，滑轮组的倍率愈大，起重物品也愈省力。因此倍率a是表征滑轮组的重要特性。

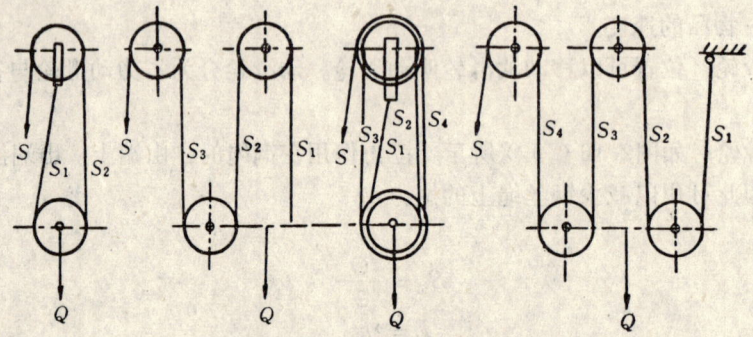

图 2-17　钢绳从定滑轮绕出的单联滑轮组

这种滑轮组一般用在动臂起重机中。

（二）钢绳从动滑轮绕出的滑轮组（图2-18）

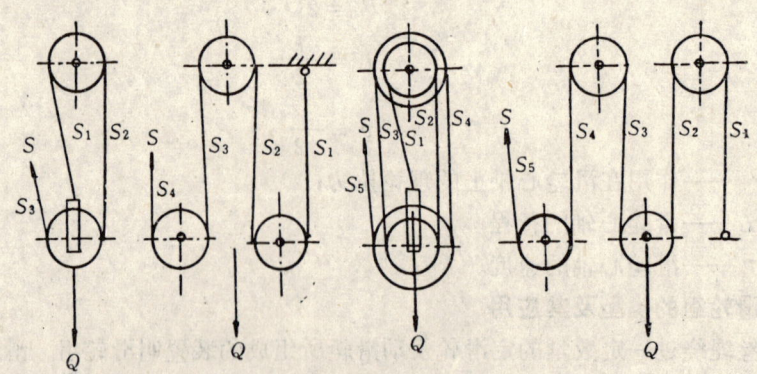

图 2-18　钢绳从动滑轮绕出的单联滑轮组

在这种滑轮组中，滑轮组倍率等于所有承载分支的数目，包括出端钢丝绳。可以用同样公式进行计算，即：

钢绳出端拉力
$$S_0 = \frac{Q}{a} \qquad (2-17)$$

钢绳出端行程	$L = a \cdot h$	（2-18）
钢绳出端速度	$v = a \cdot V$	（2-19）

单联滑轮组的缺点是当物品升降的同时货物会产生水平位移，如图2-19a所示，使我们不容易对准放货的位置，如升降速度很快，物品常会在空中摇晃，威胁起重工的安全，使起重机操作不方便。起重量愈大，起升高度愈大（卷筒越长）的起重机，这个问题愈严重。为了消除这种影响，在钢丝绳绕入卷筒之前，可先经过一个固定的导向滑轮，如图2-19b所示。

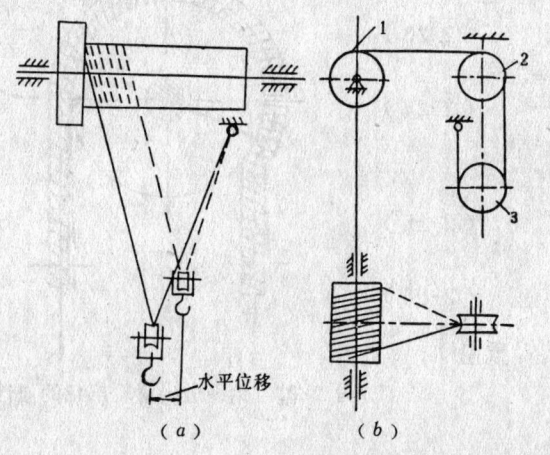

（a） （b）

图 2-19 单联滑轮组
1—卷筒；2—导向滑轮；3—动滑轮

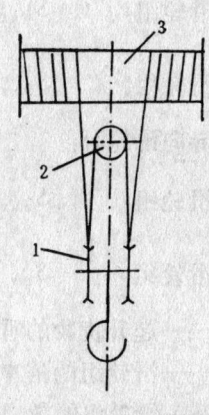

图 2-20 双联滑轮组
1—动滑轮；2—均衡滑轮；3—卷筒

（三）双联滑轮组（图2-20）

双联滑轮组用于桥式类型起重机中，在建筑工程起重机中则主要是采用带有导向滑轮的单联滑轮组。

对于双联滑轮组，倍率 a 等于承载分支数 Z 的一半，即：

$$a = \frac{Z}{2} \qquad （2-20）$$

四、滑轮组的效率

（一）滑轮的效率

从理论上讲，加在绕过滑轮的钢丝绳两边的作用力，只是方向不同，而大小是相等的。但实际上出端拉力 S_2 除了要平衡入端拉力 S_1 外，还要克服钢绳绕过滑轮所产生的阻力，这种阻力是由于钢绳的僵性和滑轮轴承上的摩擦阻力所造成的。

由于钢绳的僵性使钢绳的进端不能立即沿着滑轮的圆周而弯曲，出端不能立即伸直，如图2-21所示，因而使进端拉力和出端拉力对滑轮回转轴线的力臂不等，造成出端拉力大于入端拉力，其差值即为钢绳的僵性阻力，同时，滑轮旋转时轴承中还存在摩擦阻力，钢绳出端拉力还由于克服轴承阻力而加大一些，这样，出端拉力总是大于入端拉力：

$$S_2 > S_1 \qquad （2-21）$$

通常，钢绳入端拉力与实际出端拉力之比称为滑轮的效率，即：

$$\eta = \frac{S_1}{S_2} \qquad （2-22）$$

滑轮效率η的值，由实验决定，根据滑轮支承的不同， 滑动轴承 $\eta = 0.94 \sim 0.96$；
滚动轴承 $\eta = 0.97 \sim 0.98$。

（二）滑轮组的效率

累计滑轮组中各个滑轮摩擦阻力和钢绳僵性的影响，即可求得滑轮组的效率。现将钢绳从动滑轮绕出的单联滑轮组以及双联滑轮组的效率列于表2-8中，供计算时选用。

这样，当考虑滑轮组的效率后，滑轮组中钢绳实际出端最大拉力可按下式计算：

1．无导向滑轮时：

单联滑轮组： $S_{\max} = \dfrac{Q}{a \cdot \eta_z}$ （2-23）

双联滑轮组： $S_{\max} = \dfrac{Q}{2 \cdot a \cdot \eta_z}$ （2-24）

2．有导向滑轮时：

单联滑轮组： $S_{\max} = \dfrac{Q}{a \cdot \eta_z \cdot \eta_d^n}$ （2-25）

双联滑轮组： $S_{\max} = \dfrac{Q}{2 \cdot a \cdot \eta_z \cdot \eta_d^n}$ （2-26）

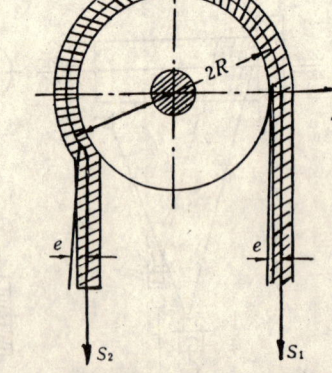

式中 Q——起升货物的重量（包括取物装置重量）；

a——滑轮组的倍率；

η_z——滑轮组的效率，由表2-8选取；

η_d——导向滑轮的效率，由滑轮组的动滑轮引上卷筒的钢绳分支中间经过的滑轮为导向滑轮，其效率等于滑轮效率η；

n——导向滑轮的个数。

图 2-21 钢绳进出滑轮部位的僵性

滑轮组效率η_z　　　　　　　表2-8

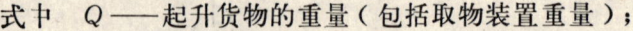

滑轮效率	轴　承	倍　　　　率　　　　a						
		2	3	4	5	6	7	8
0.98	滚动轴承	0.99	0.98	0.97	0.96	0.95	0.945	0.935
0.96	滑动轴承	0.98	0.96	0.94	0.92	0.905	0.89	0.87

第四节 卷 筒

一、卷筒的构造

卷筒的作用是卷绕、收存钢绳，以便把原动机的回转运动变为直线运动，并把原动机的驱动力传递给钢绳，用以起吊货物。

卷筒一般是中空的圆柱体，多用不低于HT20-40的铸铁铸成，只有在工作比较繁重的情况下应用铸钢卷筒（ZG25，ZG35），此外也有用钢板焊成的卷筒，但用的很少。

钢丝绳在卷筒上卷绕的层数可以是单层的或多层的。在多层卷绕时，内层的钢丝绳要受到外层钢丝绳的挤压，而在卷绕过程中互相摩擦，从而加速钢丝绳的磨损。此外由于卷绕层数的增加，必然使卷筒的计算直径增加，这时如果钢丝绳中的拉力不变，则卷筒轴所受的载重力矩就要发生变化，使得机构工作不稳定。因此，只有在绕绳量很大，或卷筒地位很窄时才采用。例如工程起重机中随着起升高度的增大，起升机构中卷筒的绕绳量相应增加，这时采用尺寸较小的多层卷绕卷筒对于减小机构尺寸是很有利的。多层绕卷筒的表面一般作成光面的，也可作成有螺旋绳槽的。卷筒两端必须有侧板以防止钢丝绳脱出。卷筒两侧边缘的高度应超过钢丝绳卷绕的最外层，超过的高度应不小于钢丝绳直径的2.5倍。如图2-22所示。

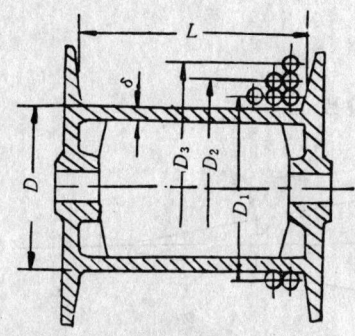

图 2-22　多层卷绕的卷筒（光面）

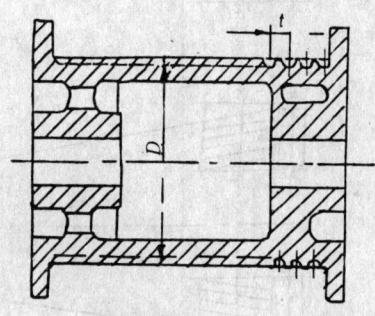

图 2-23　单层绕卷筒（切有螺旋槽）

单层卷绕卷筒表面通常切有螺旋形绳槽。有了绳槽，钢丝绳与卷筒的接触面积增加，减少它们之间的接触应力，同时也消除钢丝绳间在卷绕过程中可能产生的摩擦，从而延长了钢丝绳的使用期限。绳槽的尺寸已有标准，可参阅有关手册（如图2-23所示）。

机构工作时，如果钢绳绕上卷筒的偏斜角度太大时，在光面卷筒上，会使卷绕的钢绳发生疏密不匀或叠绕现象，在螺旋槽卷筒上会使钢绳与卷筒槽壁摩擦甚至有从槽中脱出的危险。因此，对钢绳的偏斜角度要有一定限制。

《起重机设计规范》（GB3811—83）中规定：

钢丝绳绕进或绕出滑轮槽时偏斜的最大角度（即钢丝绳中心线和与滑轮轴垂直的平面之间的角度）不大于5°（如图2-24所示）；

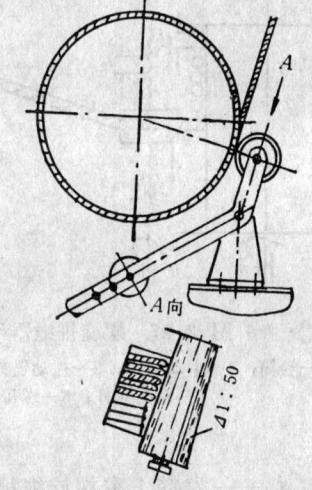

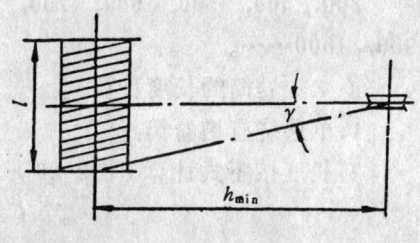

图 2-24　钢绳的偏斜角度

图 2-25　锥滚压绳器

钢丝绳绕进或绕出卷筒时钢丝绳偏离螺旋槽两侧的角度不大于3.5°；

对于光面卷筒和多层卷绕卷筒，钢丝绳偏离与卷筒轴垂直的平面的角度不大于2°。

为了使钢绳在卷筒上排列整齐，多层绕卷筒可采用排绳器，钢绳易掉槽的单层绕卷筒，可使用压绳器。多层绕卷筒使用压绳器，也能使钢绳在卷筒上整齐排列。

图2-25所示为常用的锥滚压绳器。辊子的锥度视卷筒相对于吊臂中线的位置而定，一

般为1:50，卷筒偏离吊臂中线时，锥滚大头放在卷筒靠近吊臂中线的一端，如图2-26所示。

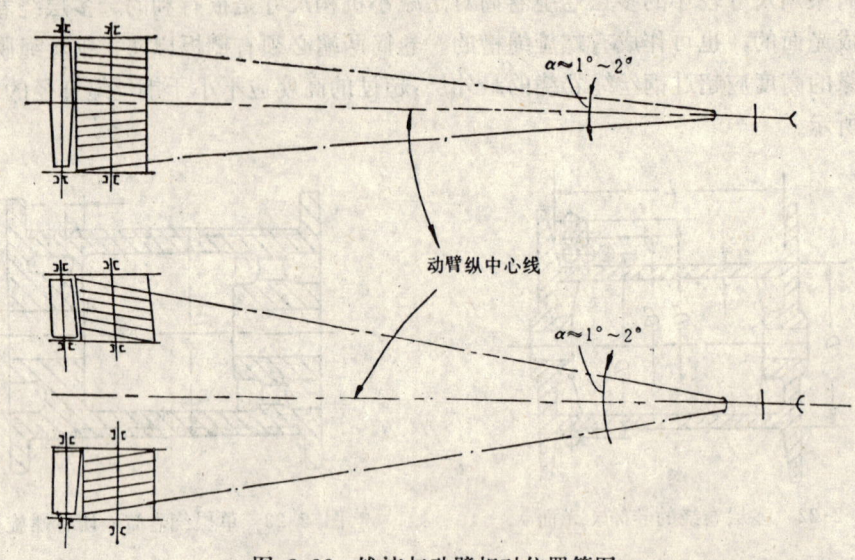

图 2-26　锥滚与动臂相对位置简图

图2-27为螺旋排绳器示意图，卷筒轴上装有主动链轮，通过链条和被动链轮带动螺杆旋转，使带有钢绳导向滚的螺母沿螺杆轴向移动，卷筒转一圈，螺母移动一个节距。

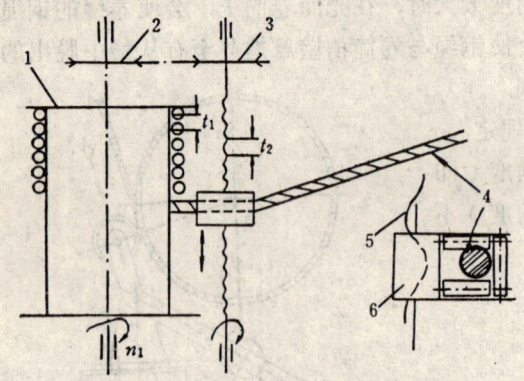

图 2-27　螺旋排绳器示意图

1—卷筒；2—主动链轮；3—被动链轮；4—钢丝绳；
5—双向螺杆；6—螺母

二、卷筒主要尺寸的计算

卷筒的主要尺寸包括：卷筒直径、卷筒长度和卷筒的筒壁厚度。

（一）卷筒的直径

卷筒的直径可按公式2-4（即$D_{0min} = h \cdot d$）和表2-5确定。卷筒直径确定后，应按卷筒系列最后圆整为下列数值（mm）：

300，400，500，650，700，800，900，1000……。

（二）卷筒的长度计算

1. 单层绕有槽卷筒：

其长度按下式计算（图2-28）

$$l = l_0 + l_1 + 2l_2 \tag{2-27}$$

式中　l_0——卷筒上车螺旋绳槽部分长度；

　　　l_1——固定钢丝绳端所需长度；

　　　l_2——卷筒两端多余部分长度，视工艺和结构需要而定。

l_0取决于起升高度、滑轮组倍率、卷筒计算直径和绳槽节距。按下式确定：

$$l_0 = \left(\frac{H \cdot a}{\pi \cdot D_1} + Z_0 \right) t \tag{2-28}$$

式中　H——起重机最大起升高度；

a ——滑轮组倍率；

Z_0 ——附加安全圈数，一般取1.5～3圈；

t ——绳槽节距；

D_1 ——卷筒的计算直径，$D_1 = D_{0\min}$（卷筒槽底直径＋钢绳直径）。

故卷筒总长度为：

$$l = \left(\frac{H \cdot a}{\pi D_1} + Z_0\right)t + l_1 + 2l_2 \tag{2-29}$$

对于伸缩臂式起重机，卷筒绕绳量还应包括伸缩臂行程S，即：

$$l = \left(\frac{H \cdot a + S}{\pi \cdot D_1} + Z_0\right)t + l_1 + 2l_2 \tag{2-30}$$

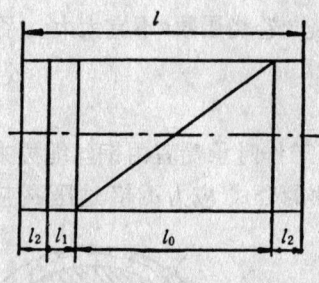

图 2-28 单层绕卷筒长度

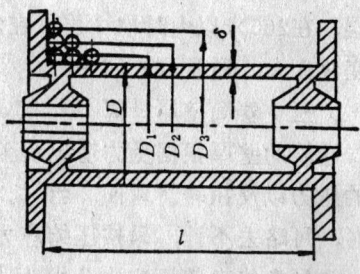

图 2-29 多层绕卷筒

2. 多层绕光面卷筒（图2-29）：

设多层卷绕的各层直径分别用D_1、D_2、D_3……D_n表示，总共绕n层，每层为Z圈，则卷筒的总绕绳量L为：

$$L = Z\pi(D_1 + D_2 + D_3 + \cdots\cdots + D_n)$$

已知：

$$D_1 = D_{0\min} = D + d$$

$$D_2 = D_1 + 2d = D + 3d$$

$$\cdots\cdots\cdots\cdots\cdots\cdots\cdots\cdots\cdots\cdots\cdots\cdots$$

$$D_n = D + (2n-1)d$$

代入上式得

$$L = Z \cdot \pi\{n \cdot D + d[1 + 3 + 5 + \cdots\cdots + (2n-1)]\}$$

上式中方括号内各项是一公差为2的等差数列，这一数列的总和为：

$$1 + 3 + 5 + \cdots + (2n-1) = \frac{[1 + (2n-1)]n}{2} = n^2$$

代入后

$$L = Z \cdot \pi\left\{n \cdot D + d \cdot \frac{n}{2}[1 + (2n-1)]\right\}$$

$$= Z \cdot \pi \cdot n\{D + dn\} \tag{2-31}$$

从而得出每层卷绕圈数为：

$$Z = \frac{L}{\pi \cdot n(D + dn)} \tag{2-32}$$

已知机构所需的绕绳量L'为：

$$L' = H \cdot a + Z_0 \pi \cdot D_1$$

将 $L = L'$ 代入公式（2-32）得：

$$Z = \frac{H \cdot a + Z_0 \pi \cdot D_1}{\pi \cdot n(D + dn)} \qquad (2\text{-}33)$$

则多层绕卷筒长度为：

$$l = 1.1 Zd = \frac{1.1(H \cdot a + Z_0 \pi D_1)d}{\pi n(D + dn)} \qquad (2\text{-}34)$$

式中 1.1——钢绳排列不均匀系数。

对于伸缩臂式起重机，绕绳量应加上伸缩臂行程 S，即：

$$l = \frac{1.1(Ha + S + Z_0 \pi D_1)d}{\pi n(D + dn)} \qquad (2\text{-}35)$$

层数 n 可根据卷筒的绕绳量大致的选择，当 L 在50米以内时取一层，在125米以内时取 2 层，在200米以内时取 3 层，在350米以内时取 4 层。卷绕层数 n 不宜太大，否则起升速度变化太大，通常取 $n \leqslant 3 \sim 6$。

（三）卷筒壁厚计算

卷筒的壁厚根据受力情况及工艺条件决定。卷筒工作时承受着由钢丝绳拉力作用所产生的压力以及扭转、弯曲。当 $l \leqslant 3D$ 时，扭转和弯曲的合成应力不超过压缩应力的10～15%，可略去不计，只按压缩应力计算（图2-30）。

多层卷绕卷筒压应力公式为：

$$\sigma_c = A \frac{S_{max}}{\delta t} \leqslant [\sigma_c] \qquad (2\text{-}36)$$

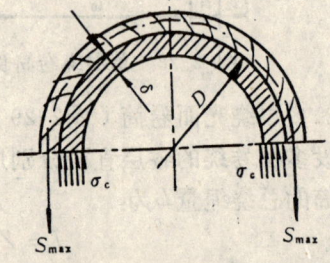

图 2-30 卷筒压缩应力计算简图

式中 S_{max}——钢丝绳最大静拉力（N）；

t——卷筒绳槽节距（mm）；

δ——卷筒壁厚（mm），可按下面经验公式初选：

钢卷筒 $\delta \approx d$ (2-37)

铸铁卷筒 $\delta \approx 0.02D + (6 \sim 10)$ mm (2-38)

$[\sigma_c]$——许用压应力（MPa）。

对于钢 $[\sigma_c] = \dfrac{\sigma_s}{2}$

对于铸铁 $[\sigma_c] = \dfrac{\sigma_b}{5}$

A——考虑卷绕层数应力增大系数，见表2-9所列。

系 数 A 值				表 2-9
卷 绕 层 数	1	2	3	$\geqslant 4$
系 数 A	1	1.4	1.8	2

由于铸造工艺要求壁厚不宜过小，对于铸铁卷筒壁厚应大于12毫米，铸钢卷筒应大于15毫米。

三、钢丝绳在卷筒上的固定方法

钢丝绳的尾端必须可靠地固定在卷筒上，并保证安全可靠，便于检查和更换钢丝绳。在固定处不应使钢丝绳过分弯折。固定方法很多，在多层卷绕中常见的有楔块固定法（如图2-31a所示）和压板固定法（如图2-31b所示）。

图 2-31 钢丝绳在卷筒上的固定

(a)楔块固定法；(b)压板固定法

1—压板；2—螺钉；3—绳头；4—楔孔；5—卷筒侧板

楔块固定是将钢丝绳绕在楔块上打入卷筒特制的楔孔内固定。楔形块的斜度一般为1∶4～1∶5，以满足自锁条件。

压板固定是将钢丝绳端穿过卷筒侧板后用螺钉、压板固定在卷筒端面上。压板上刻有梯形的或圆形的槽。对于各种最大工作拉力下相应的钢丝绳所采用的螺钉及压板，已有标准，可查阅有关手册，此法构造简单，更换方便，又便于检查，目前在多层卷绕中用得较多。

第五节 吊钩与卡环

一、吊钩

在起重机械中，用钢丝绳提取重物时，为了提高劳动生产率，往往根据货物的形状、尺寸、重量和物理性质的不同，配备与物料特征相适应的取物装置。

对于各种取物装置，除了必须具有足够的强度，保证可靠地工作外，还要求有最小的自重、使用简便、能迅速地提取和放下物料等。起重吊钩是最常用的一种取物装置，它不仅能直接悬挂载荷，同时也常用作其它取物装置的挂架，吊钩可用来提取任何种类的成件物料。所以它是起重机上的一种通用部件。

起重吊钩有单钩和双钩两种类型。单钩应用广泛，当吊运较重或体形较大的物品时，为使绳索绑扎更为方便，可用双钩提取。

吊钩在提取重物过程中受力大且受冲击载荷，要求必须安全可靠。因此吊钩大都采用软钢锻造而成，锻过还要经过退火处理并去鳞片，表面应光洁，不许有毛刺伤疤、裂纹等，也不许用焊接方法对裂缝等缺陷进行填补。

成品吊钩都应当有制造厂的厂牌、载重能力的印记和合格证书。吊钩制成后应作超重25%进行十分钟以上的强度试验，钩上不得有变形及裂口；使用前应注意察看，使用过程中也应进行定期检查。

图2-32为起重吊钩的基本构造，可分为直杆和曲杆两部分。前者为钩顶，是圆截面的，顶端有螺纹供装配螺母之用；后者为钩体，因从受力和制造等方面考虑，目前用的最多的是圆角梯形截面的钩体。梯形大端在内缘，小端在外缘，使其内外端强度接近相等，材料得以合理利用。

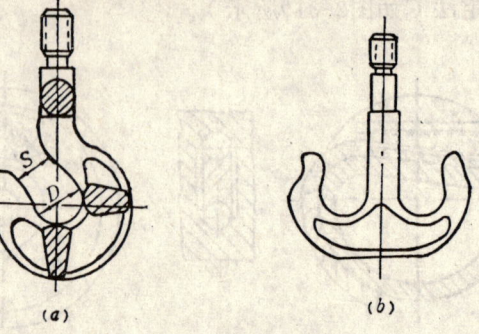

图 2-32　起重吊钩
(a)单钩；(b)双钩

　　钩子的开口尺寸 S 与内缘尺寸 D 应保证足够放置两根绑扎绳，并能良好地工作，不致使绳子滑出。

　　锻造单钩现已规格化，使用时可根据需要按额定起重量和工作级别选取适当尺寸的吊钩，见表2-10所列。必要时可将吊钩视为曲梁进行强度计算。

单钩尺寸(梯形截面)(mm)　　　　　　　　　　　　　　　表 2-10

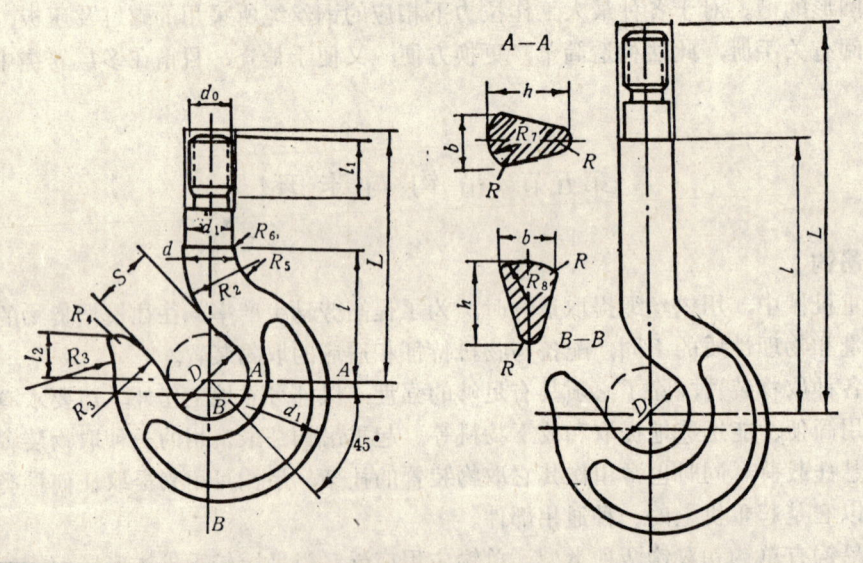

起重量	D	S	b	h	d	d_1	d_0	L		l	l_1	重量(公斤)	
(t)								A 型	B 型	>		A 型	B 型
3.5	65	50	40	65	45	40	M36	190	375	95	55	54	80
5	85	65	54	82	56	50	M48	230	475	130	70	112	150
8	110	85	65	100	68	60	M56	280	580	150	80	231	300
10	120	90	75	115	80	70	M64	325	640	180	90	300	400
12.5	130	100	80	130	85	75	T70×4	360	700	190	95	400	520
16	150	120	90	150	95	80	T80×4	420	760	210	100	550	700

为了把吊钩悬挂到起升机构的起重挠性件上，通常采用夹套作为吊钩的悬挂装置。图2-33为标准吊钩装置的结构图。

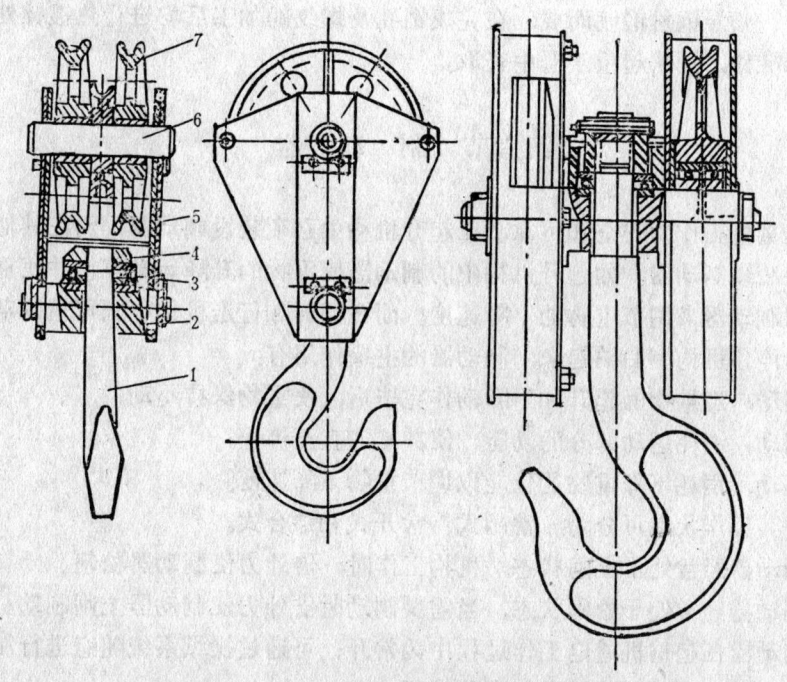

图 2-33　起重吊钩夹套

1—起重钩；2—横梁；3—止推轴承；4—螺母；5—夹套；6—心轴；7—绳轮

在起重工作过程中，常常要求吊钩能方便地围绕着垂直的轴线转动，以便挂上所需起吊的物品。所以吊钩的尾部螺栓穿过横梁，并经过螺帽下的止推滚动轴承而悬挂在滑轮夹下端的横梁上。横梁与夹套的两个夹板固结，夹板上方的枢轴通过轴承与滑轮组相联，滑轮可以在枢轴上自由转动。钢丝绳绕过滑轮槽后吊起整个滑轮架。这样，由于钢绳的收紧或放松就可以使吊钩吊起荷重升降。而且可以使吊钩自由转动，不会使钢丝绳产生绞扭现象。在滑轮下端有防护罩防止装在动滑轮中的钢丝绳脱槽。

吊钩滑轮架的尺寸已标准化，可从起重机手册中查取。

二、卡环

卡环是钢丝绳的联结零件，在吊装工作中，用它来与钢丝绳或吊具卡合或卸离，它能快速、安全地完成装载和卸载的任务，如图2-34所示。

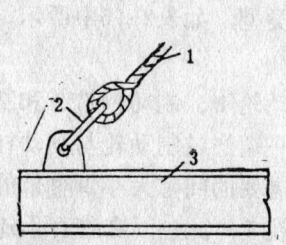

图 2-34　卡环的应用

1—千斤索；2—卡环；3—吊梁

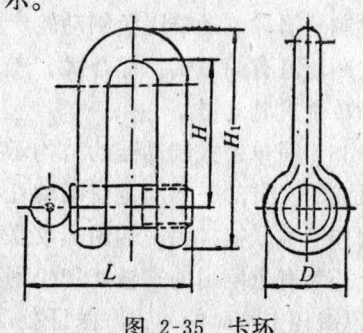

图 2-35　卡环

卡环是由一个马蹄形的钢环和一根止动横销组成的。根据横销固定方法不同，卡环可分为销子式和螺旋式两种，而以螺旋式卡环最为常用。图2-35所示为螺旋式卡环。

卡环由40、45号钢材锻制而成，在完成销孔及螺纹的加工后均进行热镀锌处理。

卡环是标准件，可从起重手册中查取。

第六节 制 动 器

为保证起重机工作的安全和可靠，在起升机构中必须装设制动器，而在其他机构中视工作要求也要装设制动器。如起升机构中的制动器使重物的升降运动停止并使重物保持在空中，或者用制动器来调节重物的下降速度。而在回转和行走机构中则可用制动器以保证在一定行程内停住机构。归纳起来，制动器的主要作用有：

1.支持制动，当重物的起升和下降动作完毕后，使重物保持不动；

2.停止制动，消耗运动部分的功能，使其减速直至停止；

3.下降制动，消耗下降重物的位能以调节重物下降速度。

制动器按其工作状态可分为：常闭式、常开式和综合式。

常闭式制动器经常处于上闸状态，机构工作时，借外力使制动器松闸。

常开式制动器经常处于松闸状态，当需要制动时借外力使制动器上闸制动。

综合式制动器在起重机通电工作过程中为常开；可通过操纵系统随意进行制动。起重机不工作时，切断电源，制动器上闸成为常闭。

在起升和变幅机构中均应采用常闭式制动器以保证工作安全可靠。而回转和行走机构中则多采用常开式或综合式制动器以达到工作平稳。

制动器按其构造形式可分为：带式制动器、块式制动器等。

带式制动器结构简单、紧凑，制动力矩较大，可以安装在低速轴上并使起重机的机构布置得很紧凑，在轮胎式起重机中应用较多。其缺点是制动时制动轮轴上产生较大的弯曲载荷，制动带磨损不均匀。

块式制动器构造简单，工作可靠，两个对称的瓦块磨损均匀，制动力矩大小与旋转方向无关，制动轮轴不受弯曲作用。但制动力矩较小，宜安装在高速轴上，与带式相比构造尺寸较大。在电动的起重机械，特别塔式起重机中应用较普遍。

下面分别介绍带式制动器和块式制动器的结构类型、工作原理和有关计算：

一、带式制动器

带式制动器靠制动带压紧制动轮产生摩擦力矩来实现制动。

带式制动器有简单式、综合式、差动式和双带式等类型，如表2-16中所示。

1.简单带式制动器

图2-36为简单带式制动器的结构示意图。它是由制动轮1、制动钢带2和制动杠杆3等部分组成的。带的一端固定在制动杠杆的支点上，另一端绕过制动轮与制动杠杆联接。其中一端作刚性联接，另一端用螺纹联接，以便按照所需要的间隙大小调整带的长度。在杠杆3上还装有上闸用的重锤4和松闸用的长行程电磁铁5，此外，在杠杆上还装有缓冲装置6，以减轻上闸时的冲击，保证制动的平稳性。在制动钢带的外围装有固定的挡板7，挡板上的调节螺钉是用来保证带与制动轮之间的松闸间隙均匀。

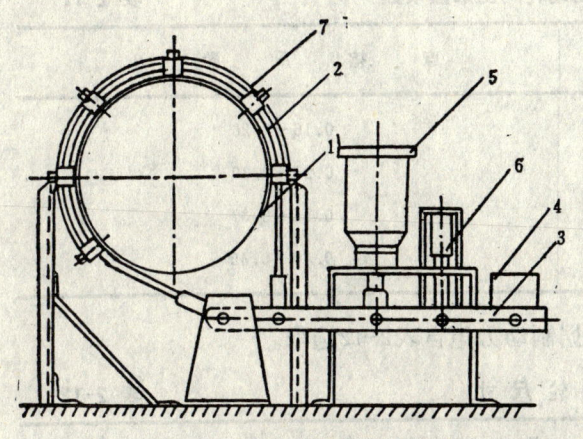
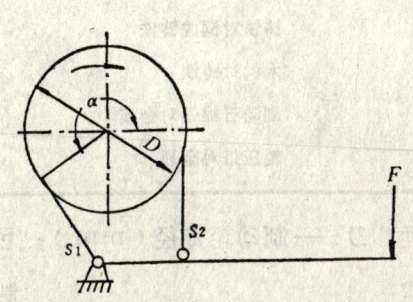

图 2-36　带式制动器结构　　　　图 2-37　带式制动器计算简图

1—制动轮；2—制动钢带；3—杠杆；4—重锤；5—
电磁铁；6—缓冲装置；7—挡板

带式制动器的制动作用是依靠杠杆在重锤或弹簧作用下张紧钢带而包紧制动轮所产生的摩擦力来实现的。为了增大制动带和制动轮间的摩擦系数，并保护钢带，通常在钢带的内表面铆有制动衬面（石棉带或木块）。

带式制动器为非标准产品，应用时必须进行设计计算。制动器的设计计算主要根据机构所需的制动力矩。

制动器的制动力矩应根据下式确定：

$$M_B = \beta M \qquad (2-39)$$

式中　　β——制动安全系数，取 1.5~1.75；

　　　　M——机构计算所需的制动力矩（N·m）；

$$M = \frac{(Q+q) \cdot D}{2ia} \eta \qquad (2-40)$$

式中　　i——卷筒轴至制动器轴间的传动比；

　　　　η——起重吊钩至制动器轴间的传动效率；

　　　　a——滑轮组倍率；

　　　　$Q+q$——起重机最大额定起重量与吊具质量之和（t 或 kg）。

图2-37为简单带式制动器示意图。当制动轮按箭头所指方向旋转时，其杠杆在 F 力的作用下，钢带压紧制动轮产生摩擦力进行制动，这时带两端产生拉力分别为 S_1（入端或称紧端）和 S_2（出端或称松端）。据欧拉公式及制动时摩擦力应与作用在制动轮工作表面的圆周力 F_t 平衡，可得：

$$S_1 = \frac{F_t e^{\mu\alpha}}{e^{\mu\alpha}-1} = \frac{2M_B e^{\mu\alpha}}{D(e^{\mu\alpha}-1)} \qquad (2-41)$$

$$S_2 = \frac{F_t}{e^{\mu\alpha}-1} = \frac{2M_B}{D(e^{\mu\alpha}-1)} \qquad (2-42)$$

式中　　e——自然对数的底，$e \approx 2.718$；

　　　　α——制动带与制动轮之间的包角，一般取 210°~270°；

　　　　μ——制动带与制动轮间的摩擦系数，由表2-11选取；

制动带与制动轮间的摩擦系数 表 2-11

接 触 表 面 材 料	摩 擦 系 数 μ
铸铁对钢或铸铁	0.15～0.20
木材对铸铁	0.25～0.30
制动石棉带对金属	0.35～0.37
辊压带对金属	0.40～0.45

D——制动轮直径（mm）；可根据制动力矩自表2-12选取。

制 动 轮 尺 寸 表 2-12

制 动 力 矩 M_B (N·m)	制 动 轮 尺 寸	
	直 径 D (mm)	宽 度 B_1 (mm)
700～860	200～250	70
1400～1600	250～350	90
1800～2100	400～450	90
2850～4000	500～700	110
6400～8000	800～1000	150

从以上二式可知，采用增大摩擦系数μ及包角α的办法，可以减小制动带的拉力，提高制动器的制动能力。

制动带及制动轮的尺寸由带与轮的允许单位压力（比压）确定。制动带对轮的压力在接触区域内是变化的，入端（紧边）接触处压力最大，故

$$P_{\max} = \frac{2S_1}{D \cdot B} \leqslant [p] \qquad (2-43)$$

即制动带宽度

$$B \geqslant \frac{2S_1}{D[p]} \qquad (2-44)$$

式中 S_1——制动带最大拉力，即入端（紧边）拉力（N）；

$[p]$——许用比压（MPa）；按表2-13选取。

许 用 比 压 $[p]$ 表 2-13

材 料		$[p]$ (MPa)	
制动带或衬垫	制 动 轮	停 止 制 动	下 降 制 动
钢	铸铁或钢	1.5～3	1～2
石棉带	铸铁或钢	0.6～1.2	0.2～0.6
成形摩擦材料	铸铁或钢	0.8～1.6	0.4～0.6
木 材	铸 铁	0.6～1.2	0.4～0.8

注：在作停止制动用的制动器中应取大值。

制动轮的宽度B_1通常较制动带宽B大5～10mm。

制动带的厚度可由带的许用拉应力计算：

$$\delta = \frac{S_1}{(B - nd)[\sigma]}$$ （2-45）

式中　　d——连接衬垫铆钉直径（mm）；

　　　　n——制动带上每排铆钉数；

　　　　$[\sigma]$——制动带许用拉应力（MPa）；按表2-14选取。

制动带许用拉应力（MPa）　　　　　　　　　表 2-14

制　动　带　材　料	$[\sigma]$　（MPa）
A_3	70
A_4、20、25号钢	80
A_5、30、35号钢	100
A_6、40、45号钢	120

上闸力及松闸力的计算：

可按杠杆原理求得制动器的上闸力F_1及松闸力F_K（如图2-38所示），并应考虑制动杠杆系统的效率η。

当$\Sigma M_A = 0$时

$$F_1 = \frac{S_2 \cdot l_1}{l \cdot \eta} = \frac{2M_B}{D} \cdot \frac{l_1}{(e^{\mu\alpha} - 1)l} \cdot \frac{1}{\eta}$$ （2-46）

采用电磁铁松闸或油缸松闸时，杠杆系统中应考虑电磁铁重量或液压系统的背压对上闸力F_1的影响。

当制动器松闸时，制动带拉力为零，这时取$\Sigma M_A = 0$，若采用弹簧上闸，则松闸力为：

$$F_k = (F_1 + ch)\frac{l}{k \cdot \eta}$$ （2-47）

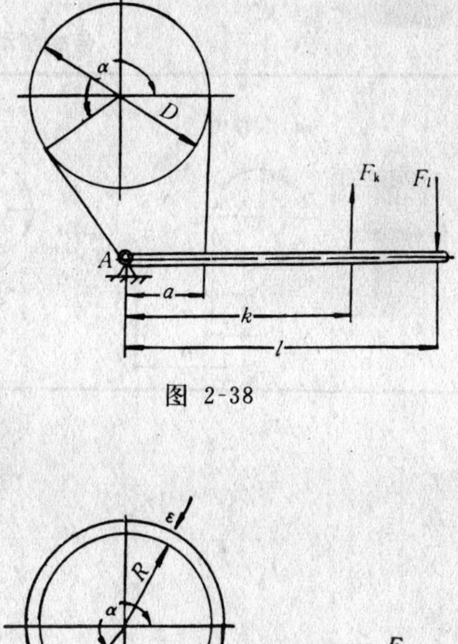

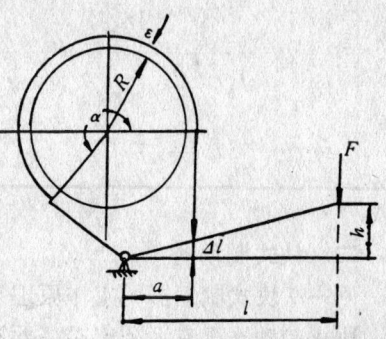

图 2-38

式中　ch为在松闸过程中使上闸弹簧压缩时弹簧的弹力。c为弹簧的刚度；h为再次压缩的距离。

根据所求得的上闸力F_1及松闸力F_K可进一步设计弹簧、油缸等零部件。

松闸行程的计算：

图2-39中，F着力点的最大松闸行程为：

$$h = \frac{l}{l_1} \cdot \Delta l$$

而

$$\Delta l = (R + \varepsilon)\alpha - R\alpha$$

∴

$$h = \frac{l}{l_1} \cdot \varepsilon\alpha$$ （2-48）

图 2-39　带式制动器的松闸行程

式中　α——制动带包角（rad）；

　　　ε——制动带与制动轮间的径向间隙（mm）；推荐值见表2-15。

制动轮直径 D (mm)	100	200	300	400	500	600	700	800
径向间隙 e (mm)	0.8		1.0	1.25～1.5		1.5		

2.综合带式制动器、差动带式制动器和双带式制动器

综合带式制动器制动带的两端为固接在制动杠杆支点的同一边，见表2-16中图示。

综合带式制动器的制动力距与制动轮回转方向无关，因此可应用在可逆转的机构中，如回转和行走机构。但制动力矩较小。

差动带式制动器的制动带系固定在制动杠杆支点的两边，见表2-16中图示。

差动式制动器的制动力矩较大，但是由于它的松闸行程小，制动时有突然的冲击作用，并有发生自锁的可能，故应用较少。

上述两种制动器的计算方法，只是由于制动带固定在杠杆上的位置不同，推导出来的计算公式有所区别。其计算步骤与简单带式制动器相同。

双带式制动器，相当于两个对称的简单带式制动器的组合，正转与反转时的制动力矩相等，可用于回转及行走机构。

以上四种带式制动器的结构形式，制动力矩见表2-16所列。

带式制动器的结构型式及制动力矩 表 2-16

		(a) 简单式	(b) 综合式	(c) 差动式	(d) 双带式
结构型式					
制动力矩	正转	$M_B = \dfrac{FD}{2} \cdot \dfrac{L}{l_1}(e^{\mu\alpha}-1)$	$M_B = \dfrac{FDL}{2} \cdot \dfrac{(e^{\mu\alpha}-1)}{l_1+b\cdot e^{\mu\alpha}}$	$M_B = \dfrac{FDL}{2} \cdot \dfrac{(e^{\mu\alpha}-1)}{(l_1-b\cdot e^{\mu\alpha})}$	$M_B = \dfrac{FDL}{2l_1}\left(e^{\mu\alpha}-\dfrac{1}{e^{\mu\alpha}}\right)$
	反转	$M_B' = \dfrac{FD}{2} \cdot \dfrac{L}{l_1}\left(\dfrac{e^{\mu\alpha}-1}{e^{\mu\alpha}}\right)$	$M_B' = \dfrac{FDL}{2} \cdot \dfrac{(e^{\mu\alpha}-1)}{(b+l_1\cdot e^{\mu\alpha})}$	$M_B' = \dfrac{FDL}{2} \cdot \dfrac{(e^{\mu\alpha}-1)}{(l_1\cdot e^{\mu\alpha}-b)}$	$M_B' = M_B$

二、块式制动器

（一）块式制动器的工作原理

块式制动器已有系列产品，并有多种类型可供选用。如JWZ型短行程交流电磁铁块式制动器；JCZ型长行程交流电磁铁块式制动器；YWZ型液压推杆块式制动器；YDWZ型液压电磁块式制动器等。

现以短行程交流电磁铁块式制动器的构造简图来说明其工作原理。如图2-40所示，图

中直径为D的圆周表示与机构传动轴相联系的制动轮，制动瓦块2与制动臂1铰接相连，主弹簧4用来产生制动力矩。主弹簧右端顶在框架6上，框架6与左制动臂固接在一起。推杆6与右制动臂连系在一起。上闸制动时，主弹簧的压力左推推杆5、右推框架6，从而带动左右制动臂及其瓦块压向制动轮，实现制动。当机构工作时，机构电动机通电，与电动机相连系的电磁铁7也通电而产生磁力，磁铁吸引衔铁8绕铰点作反时针转动，并压迫推杆向右移动，使主弹簧进一步压缩，这时在副弹簧及电磁铁自重偏心的作用下，左右制动臂张开，制动器松闸。如果一旦发生事故，电机断电，制动器也立即上闸。这是一种常闭式的制动器。这种短行程制动器的松闸装置（电磁铁）直接装在制动臂上，使制动器结构紧凑、制动快。但由于电磁铁尺寸限制，其制动力矩较小（制动轮直径一般不大于300毫米）。并且在工作时冲击及响声较大。

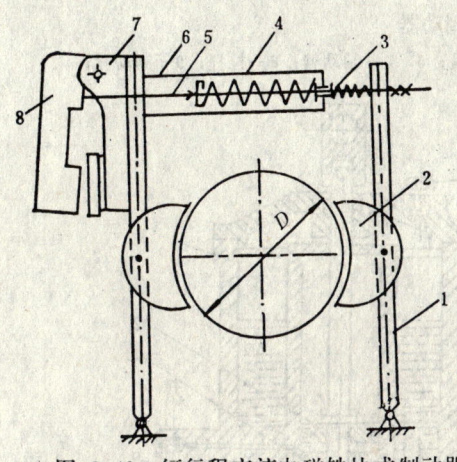

图 2-40　短行程交流电磁铁块式制动器
1—制动臂；2—制动瓦块；3—副弹簧；4—主弹簧；
5—推杆；6—框架；7—电磁铁；8—衔铁

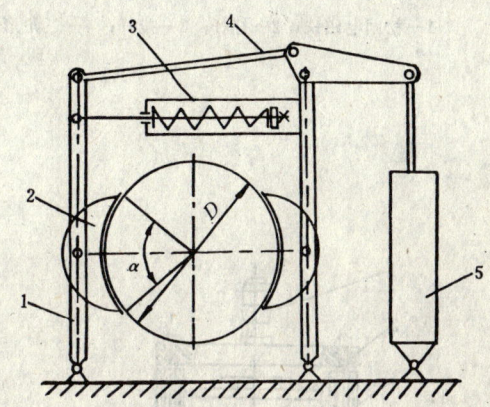

图 2-41　液压电磁块式制动器
1—制动臂；2—制动瓦块；3—上闸弹簧；4—杠
杆；5—液压电磁推杆松闸器

图2-41为液压电磁推杆块式制动器，这是一种长行程块式制动器。它采用弹簧上闸，而松闸装置液压电磁推杆则布置在制动器的旁侧，通过杠杆系统与制动臂联系而实现松闸。

（二）块式制动器的松闸装置

1.制动电磁铁：

制动电磁铁根据激磁电流的种类分为直流电磁铁和交流电磁铁，使用时分别与直流电机或交流电机配套。

根据行程的大小，制动电磁铁有长程与短程之分。交流长行程制动器如图2-42所示。

制动电磁铁的优点是构造简单，工作安全可靠。但在动作时产生猛烈冲击，引起传动机构的机械振动。同时由于起重机机构的起动，制动次数频繁，电磁铁吸上和松开时发出较大的撞击响声。电磁铁的使用寿命较低，经常需要修理和更换。

2.电动液压推杆

电动液压推杆的构造如图2-43所示。当电动机2通电转动时，离心泵叶轮8将油缸6上部的油吸入，送至油缸下部的压力油腔10内，所产生的压力推动活塞9，则推杆3及连接头1向上运动，进行松闸动作。断电时，在上闸弹簧及活塞自重的作用下使推杆向下运

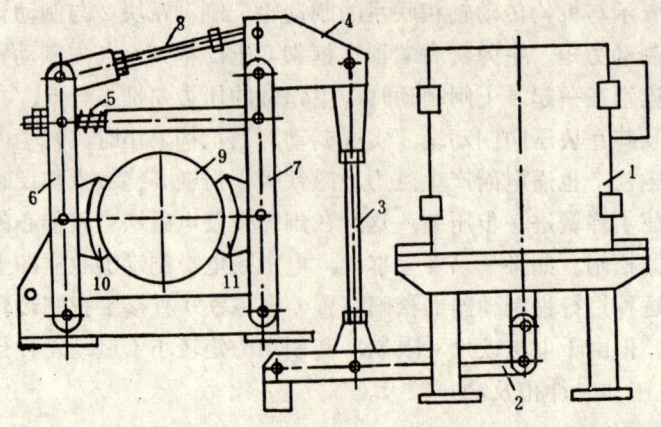

图 2-42　交流长行程制动器

1—松闸电磁铁；2—杠杆；3—拉杆；4—三角形钢板；5—弹簧；6，7—制动臂；8—拉杆；9—制动轮；
10，11—制动瓦块

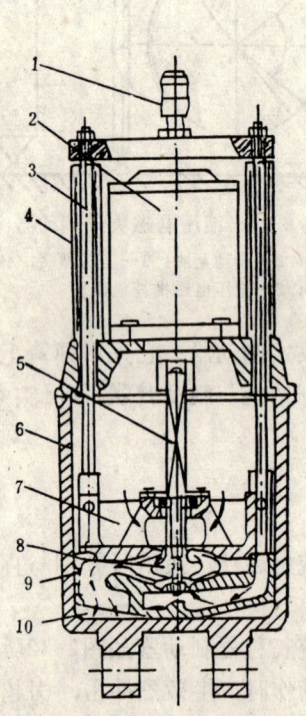

图 2-43　电动液压推杆

1—连接头；2—空心轴电动机；3—推
杆；4—防尘管；5—方轴；6—油缸；
7—活塞盖；8—叶轮；9—活塞；10—
压力油腔

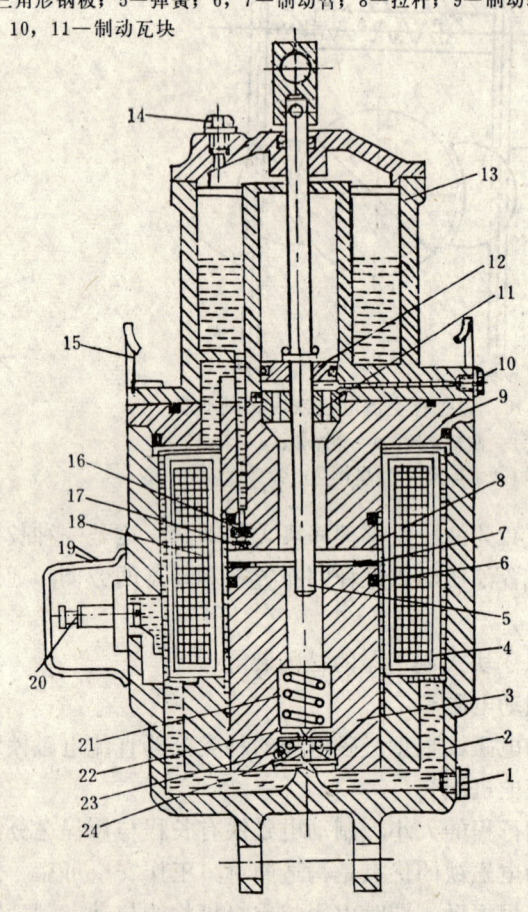

图 2-44　液压电磁推杆

1—放油螺塞；2—底座；3—动铁心；4—绝缘圈；5—推
杆；6—密封环；7—垫；8—引导套；9—静铁心；10—放
气螺塞；11—轴承；12—活塞；13—油缸；14—注油螺
塞；15—吊耳；16—齿形阀片；17—齿形阀；18—线圈；
19—接线盖；20—接线柱；21—弹簧；22—带孔弹簧座；
23—下阀片；24—下阀体

动，进行上闸动作。

电动液压推杆的优点是动作平稳，噪音小，并可与电动机联合进行调速。《起重机设计规范》（GB3811—83）推荐，对交流传动系统，运行机构、起升机构宜采用液压推杆制动器，在接电持续率低（JC值不大于25%），每小时通电次数较少（不大于300h^{-1}），以及制动力矩小的情况下，允许采用单相短行程制动电磁铁。

3.液压电磁推杆

液压电磁推杆具有电磁铁及电动液压推杆两者的优点，动作迅速平稳，无噪音，寿命长。并能自动补偿由于制动片磨损而出现的空行程。其构造如图2-44所示。在动铁心3与静铁心9之间形成工作间隙，工作油可经通道由单向齿形阀16、17进入工作间隙。当线圈通电后，动铁心3被静铁心9吸起向上运动，工作腔内压力增高，齿形阀片关闭通道，工作油则推动活塞杆12及推杆5向上运动，制动器松闸。当线圈断电后，电磁力消失，制动器主弹簧迫使推杆及动铁心一齐下降，制动器上闸。随着工作中制动片的不断磨损，活塞推杆上闸时最终静止位置也将下移一段微小的距离，这段距离称为补偿行程。这时由于活塞下移而排出的油，是在每次上闸时当动铁心被释放落下后通过底部单向阀流出的。

这种制动装置采用直流电源，当用于交流电源时必须配备整流设备。目前生产厂已有配套的硅整流器供使用。

（三）块式制动器的选择和计算

块式制动器的性能、规格和尺寸已有标准，根据机构所需的制动力矩，选择标准制动器。如果制动器的额定制动力矩与实际需要值不一致时，可从通过计算和实测，调整制动弹簧的压缩量，获得需要的制动力矩。

根据机构计算所得的制动力矩M_B，查手册或制动器标准，根据工作级别或接电持续率，选择额定制动力矩与计算所得的M_B相等或稍大的制动器。表2-17为短行程交流电磁铁块式制动器的主要性能。现以此为例，说明标准制动器的选择步骤和校核方法。

短行程交流电磁铁块式制动器的主要性能　　　　　　表 2-17

制动器型号	制动轮直径 (mm)	制动力矩 M_B (N·m)		电磁铁力矩 $M_磁$ (N·m)		制动瓦块退距 e (mm) 正常/最大	衔铁转角 $\varphi_铁$ （度）	电磁铁型号
		JC%=25~40	JC%=100	JC%=25~40	JC%=100			
JWZ-100	100	20	10	5.5	3	$\dfrac{0.4}{0.6}$	75	MZD₁-100
JWZ-$\dfrac{200}{100}$	200	40	20	5.5	3			
JWZ-200	200	100	80	40	20			MZD₁-200
JWZ-$\dfrac{300}{200}$	300	240	120	40	20	$\dfrac{0.5}{0.8}$		
JWZ-300	300	500	200	100	40	$\dfrac{0.7}{1}$	5.5	MZD₁-300

注：J—交流；W—瓦块；Z—制动器。短横线后的整数表示制动轮直径，分数值中的分子表示制动轮直径，分母表示电磁铁型号。

D—制动轮直径(m)；

i—制动器杠杆比，$i=\dfrac{l}{l_1}$；

η—杠杆系统效率，$\eta=0.9\sim0.95$。

1.制动器产生的制动力矩M_B

为了简化计算，通常假定制动瓦块的压力均匀分布。

$$N = p \cdot \frac{l}{l_1} \eta = pi\eta$$

$$M_B = 2N\mu \cdot \frac{D}{2} = p \cdot \mu D i \eta \quad （N \cdot m） \tag{2-49}$$

式中　p ——弹簧有效上闸力（N）；

l_1 ——制动瓦块至制动臂下铰点的距离；

l ——推杆至制动臂下铰点的距离；

μ ——瓦块衬垫与制动轮的摩擦系数；制动石棉带$\mu = 0.35 \sim 0.37$，辊压带$\mu = 0.42 \sim 0.5$

2.制动弹簧作用力和弹簧安装长度

为了保证制动器产生制动力距M_B，弹簧有效上闸力为：

$$p = \frac{M_B}{\mu D i \eta} \quad （N） \tag{2-50}$$

上闸时，制动弹簧（主弹簧）作用力p_z为：

$$p_z = p + p_t + \frac{M_t}{m} \quad （N） \tag{2-51}$$

式中　p_t ——辅助弹簧作用力，$p_t = 20 \sim 80$（N）；

M_t ——衔铁自重对铰点产生的力矩（N·m）；

m ——推杆中心线至衔铁铰点的距离（m）；

对应p_z的主弹簧压缩量为：

$$\Delta = \frac{p_z}{C} \quad （mm） \tag{2-52}$$

式中　C ——弹簧刚度，

$$C = 1.25 \frac{Gd^4}{nD_0^3} \quad （N/mm） \tag{2-53}$$

G ——弹簧材料的剪切模量，

$G = 80000 N/mm^2$；

d ——簧杆直径（mm）；

D_0 ——簧圈平均直径（mm）；

n ——弹簧工作圈数。

主弹簧安装长度L就是制动瓦块上闸时的弹簧长度。

$$L = L_0 - \Delta \tag{2-54}$$

式中　L_0 ——弹簧自由长度。

制动器使用后，瓦块衬垫会逐渐磨损，弹簧随之伸长，制动器产生的制动力矩逐渐减小。因此必须对制动器进行经常的维护和必要的调整。最好在制动器安装后，将弹簧安装长度L在制动器的夹板上用凿子打上记号。以后，当制动瓦块的衬垫磨损，弹簧伸长后，就根据夹板上的记号将弹簧调回到原来的长度L。

3.松闸条件

松闸时，衔铁被吸，与铁芯贴合，衔铁通过推杆，使主弹簧进一步压缩，瓦块退离制动轮，每个瓦块的退距（间隙）为ε。此时衔铁自重力矩帮助压缩主弹簧松闸。电磁铁的额定力矩M_c及衔铁转角φ_t满足以下条件就能保证顺利松闸：

$$M_c \geqslant (p + 2\varepsilon i K)\frac{m}{\eta} \qquad (\text{N·m}) \qquad (2-55)$$

$$\varphi_t \geqslant \frac{2\varepsilon i}{(0.5 \sim 0.6)m} \times \frac{180}{\pi} \qquad (\text{度}) \qquad (2-56)$$

式中　（0.5～0.6）——衔铁行程利用系数。为了补偿瓦块衬垫的磨损，杠杆销轴的间隙和杠杆系统的弹性变形，在制动器设计和选用时，只允许利用衔铁转角的50～60％。

（四）块式制动器的调整

为使制动器的工作安全可靠，必须对制动器进行经常的检查和调整。

短行程交流电磁铁块式制动器需要调整的有：

1．制动力矩的大小（即主弹簧的长度）。制动力矩是由主弹簧产生的。所以主弹簧每在上闸时被压缩的长度就决定了制动器所能发出的制动力矩的大小。为了得到所需要的制动力矩，调整主弹簧的压缩长度即可获得。具体的调整方式是：首先夹紧推杆的外端四方头，旋松张臂螺母10和锁紧螺母9，然后再旋动调整螺母8（也可以紧住调整螺母8，旋动推杆的四方头），使主弹簧被压缩在框架板上的刻线范围内，弹簧伸长，制动力减小；弹簧缩短，制动力增大。调整好之后，把锁紧螺母9和张臂螺母分别旋回并锁紧，以防止松动，见图2-45所示，制动力矩调整数值见表2-18所列。

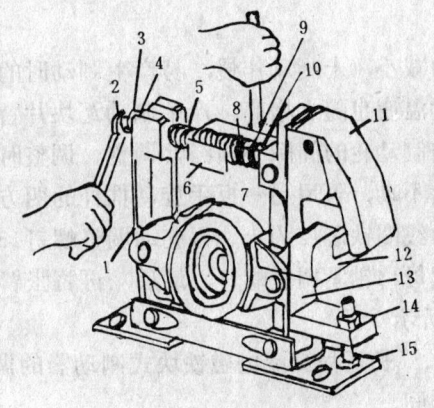

图 2-45　短行程交流电磁铁瓦块制动器的调整

1—左制动臂；2—推杆；3—锁紧螺母；4—调整螺母；5—辅助弹簧；6—框形架；7—主弹簧；8—调整螺母；9—锁紧螺母；10—张臂螺母；11—衔铁；12—电磁铁线圈铁芯；13—右制动臂；14—锁紧螺母；15—调整螺钉

2．衔铁行程的长短。随着制动瓦块（衬垫）和铰链的磨损，衔铁行程逐渐增大，当行程过大时，将产生以下两个毛病：一是电磁铁吸力减小，松不开闸；二是通过线圈的电流增大，线圈发热，可能烧坏线圈。因此，必须经常检查衔铁行程是否适当，如果不适当，应及时调整。

调整时（如图2-45所示），首先旋松锁紧螺母3，然后夹紧调整螺母4，并转动推杆的四方头，使推杆前进或后退。前进时顶起衔铁，行程增大，延长制动时间；后退时衔铁下落，行程减小，缩短了制动时间。要用量具测量衔铁的行程，当行程调整到符合表2-19中的数值，然后将螺母3旋紧。

3．制动瓦块片与制动轮之间的间隙大小。制动瓦块片与制动轮之间的间隙，是指松闸时制动瓦块从制动轮上脱开的移动量。其大小，决定着制动器动作的快与慢。间隙小，虽然制动快，但制动瓦块与制动轮之间容易发生脱开时的半联动现象，使制动瓦块片（衬垫）加快磨损，制动轮温度升高，消耗动力，增大振动。间隙过大，衔铁行程增大，电磁铁吸

短行程交流电磁铁瓦块制动器的制动力矩有关数据　　　表 2-18

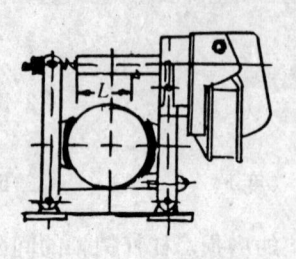	型　　　号		L （最小）
	JWZ-100		52
	JWZ-$\dfrac{200}{100}$		138
	JWZ-200		115

电 磁 铁 允 许 行 程　　　表 2-19

电磁铁型号	MZD_1-100	MZD_1-200	MZD_1-300
行程（mm）	3	3.8	4.4

力减小，上闸动作慢，易产生制动时的半联动现象，使制动轮与制动瓦块片迅速磨损，同时温度也随之增高，产生制动瓦块片冒烟、制动轮变色及线圈发热等。因此，制动瓦块片与制动轮的间隙必须经常调整。调整时，首先将张臂螺母旋松并使其紧靠制动臂，然后夹紧不动，再用另一扳手旋动推杆的四方头，使左右制动臂向外张开，直到衔铁碰到电磁铁的线圈铁芯12为止。再旋动调整螺钉15，使左右制动臂张开间隙符合技术规定，再用锁紧螺母14锁紧调整螺钉，最后，再将张臂螺母旋回来，使之仍然紧贴锁紧 螺母 3 （如图2-45所示）。

　　长行程交流电磁铁块式制动器的调整内容与上述的一样，也是三项，操作过程也大致相同。

长行程电磁铁块式制动器瓦块与制动轮间的允许间隙（单例）　　　表 2-20

制 动 轮 直 径（mm）	200	300	400	500	600
间　　　隙（mm）	0.7	0.7	0.8	0.8	0.8

　　液压电磁块式制动器的调整与电力液压推杆块式制动器的调整方法基本相同，下面只就液压电磁块式制动器的调整方法加以介绍。

　　液压电磁块式制动器需要调整的有：

　　1.制动力矩（如图2-46所示）。在这类制动器的闸架上，都打有主弹簧调整长度的标记，调整时，旋转拉杆7，使弹簧5压缩至套板4上两条刻线 之间，即为所需之 额定力矩。

　　2.瓦块与制动轮的间隙。调整自动补偿器13和8，保证两制动瓦块之打开间隙相等。当制动瓦块片在工作中逐渐磨损时，依靠自动补偿器的作用，仍然保证打开间隙不变。

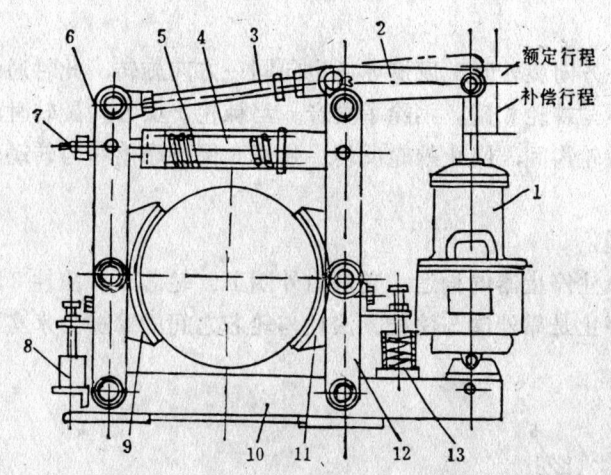

图 2-46 YDWZ系列液压电磁制动器

1—液压电磁铁；2—杠杆；3—拉杆；4—套板；5—主弹簧；6—左制动臂；7—拉杆；8，13—自动补偿器；
9，11—瓦块；10—底座；12—右制动臂

第七节 停 止 器

停止器是实现单向运动的装置。在起升机构中装设停止器，就能使机构在起升方向自由旋转，在下降方向有止动作用。只有脱开停止器后重物才能下降。

停止器根据工作原理的不同可以分为棘轮停止器和摩擦停止器。摩擦停止器又分为凸轮停止器和滚柱停止器。本节主要介绍棘轮停止器和滚柱停止器。

一、棘轮停止器

棘轮停止器由棘轮、棘爪等组成。手动机构的棘轮可用铸铁制造，机动机构的棘轮均用锻钢或铸钢制造。棘爪通常用强度不低于棘轮的锻钢，如 A_3、A_5、45或40Cr钢制成，其支承端需淬火。

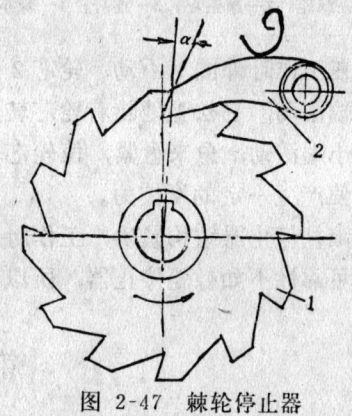

图 2-47 棘轮停止器
1—棘轮齿；2—棘爪

在图2-47所示的棘轮停止器中，当提升重物时，棘轮沿反时针方向旋转，棘爪则沿棘轮齿背滑过，当棘轮受载荷作用而要反转时，棘爪在自重或在弹簧作用下嵌入棘轮的齿间，制止其反转，使起升重物停止在一定的高度上。这种停止器的构造简单，工作可靠，常与带式制动器一起联合工作。

为了使棘爪能顺利地进入棘轮的齿间，齿面应与齿顶至棘轮的中心联线成一倾角 α，并且 α 角应大于棘轮轮齿与棘爪之间的摩擦角。通常取 $\alpha = 15° \sim 20°$。

棘轮停止器工作时产生较大的冲击，增加棘轮齿数或分设多个棘爪可以减小冲击。但齿数过多将降低齿的弯曲强度，增设过多的棘爪则使结构复杂化，通常齿数取6~30，手动时取小值，机动时取大值。棘轮的齿形及模数已经标准化，设计计算时可参阅有关手册。

为了避免棘爪在机构正转时不断冲击棘轮，及因此引起的噪音，也可采用如图2-48所示的无声棘轮装置。

当棘轮1按箭头方向旋转时，摩擦环2也向同一方向旋转，此时通过连杆3将棘爪4推向挡铁5使棘爪不与棘轮相碰，消除了噪音。当棘轮1反方向旋转时，摩擦通过连杆2将棘爪拉回，插入棘轮齿间，阻止棘轮反转。弹簧6保持摩擦环与转动轴之间有一定的摩擦力。

二、滚柱停止器

图2-49所示为滚柱停止器的构造，它是由外圈1、轮芯2，滚柱3和弹簧4所组成。滚柱停止器的反转停止是靠外圈与滚柱、滚柱与轮芯之间的摩擦力来实现的，所以它是摩擦停止器中的一种。

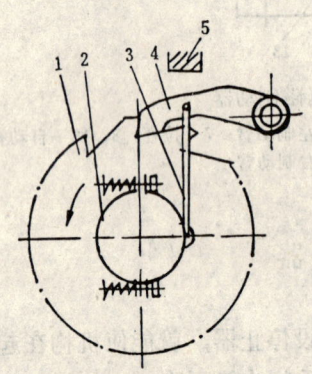

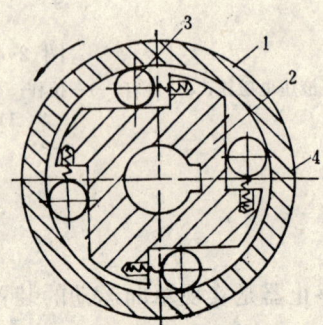

图 2-48　无声棘轮

1—棘轮；2—摩擦环；3—连杆；4—棘爪；5—挡铁

图 2-49　滚柱停止器

1—外圈；2—轮芯；3—滚柱；4—弹簧

在工作时外圈1不动，轮芯2只能向箭头方向旋转，这时摩擦力使滚柱3向楔形空间的大端滚动，它松弛地随着轮芯转动。当轮芯2向反方向旋转时，摩擦力使滚柱向楔形空间的小端滚动，愈来愈紧，使轮芯不能转动。弹簧4是用来保持滚柱与轮芯及外圈的接触，使产生一定的摩擦力。

滚柱停止器结构紧凑，工作时无噪音，无冲击，但对材料和制造工艺要求较高，耐用性和可靠性不如棘轮停止器，所以应用受到一定的限制。

第八节　卷　扬　机

在建筑工程中卷扬机（又称绞车）是一种重要的起重设备。通常是作为起重桅杆、门式升降机、井式升降机等的配套设备，用以解决建筑施工中的砖、瓦、砂浆、混凝土及其构件等的垂直运输以及建筑构件与设备安装的吊装问题，也是钢筋混凝土构件中钢筋冷拉的主要牵引设备。由于它具有结构简单、紧凑，制造容易，操作简单，转移方便等优点。所以在建筑工程中得到普遍地应用。

建筑用卷扬机由于大多数都用电力来驱动，所以称为电动卷扬机。电动卷扬机一般分为单筒式的和双筒式的（个别有多筒式的）。

电动卷扬机按速度分快速、慢速和调速三个系列。快速与调速系列可制成单卷筒和双卷筒两种型式。慢速系列常制成单卷筒型式。

快速卷扬机主要用于垂直提升砖、瓦、砂浆等建筑材料；慢速卷扬机主要用于建筑构件与设备安装和钢筋冷拉。

电动卷扬机的型号，按中华人民共和国专业标准《建筑机械与设备 产品 型号 编制 方法》（ZBJ04008—88）的规定，其表示方法为：

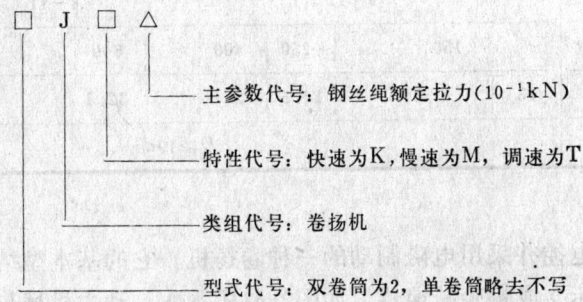

主参数代号：钢丝绳额定拉力（10^{-1} kN）

特性代号：快速为K，慢速为M，调速为T

类组代号：卷扬机

型式代号：双卷筒为2，单卷筒略去不写

标记示例：

2JK5型卷扬机即：钢丝绳额定拉力为50kN的双卷筒快速卷扬机。

JM5型卷扬机即：钢丝绳额定拉力为50kN的单卷筒慢速卷扬机。

JT2型卷扬机即：钢丝绳额定拉力为20kN的单卷筒调速卷扬机。

快速卷扬机系列和基本参数见表2-21所列。慢速卷扬机系列和基本参数见表2-22所列。调速卷扬机的额定拉力与快速系列相符。

快速卷扬机系列和基本参数（GB1955—86）　　　表 2-21

基 本 参 数	单 卷 筒						
	JK0.5	JK0.75	JK1	JK1.25	JK1.6	JK2	JK2.5
钢丝绳额定拉力(kN)	5	7.5	10	12.5	16	20	25
钢丝绳额定速度(m/min)	30～50					30～45	
卷筒容绳量(m)	100～200					150～250	
钢丝绳直径(d)不小于(mm)	7.7		9.3		11	12.5	13	15.5
卷筒的节径(D)(mm)	$D \geqslant 19d$						

基 本 参 数	单 卷 筒				双 卷 筒				
	(JK3)	JK3.2	JK5	JK8	2JK1	2JK2	(2JK3)	2JK3.2	2JK5
钢丝绳额定拉力(kN)	30	32	50	80	10	20	30	32	50
钢丝绳额定速度(m/min)	30～40			28～32	30～50	30～45	30～40		
卷筒容绳量(m)	250～350			350～500	100～200	150～250	250～350		
钢丝绳直径(d)不小于(mm)	17		21.5	26	9.3	13	17		21.5
卷筒的节径(D)(mm)	$D \geqslant 19d$								

注：带括号的尽量不选用（表2-22同）。

基　本　参　数	单					卷		筒		
	JM2	(JM3)	JM3.2	JM5	JM8	(JM12)	JM 12.5	JM20	JM32	JM50
钢丝绳额定拉力(kN)	20	30	32	50	80	120	125	200	320	500
钢丝绳额定速度(m/min)	9～12						8～11		7～10	
卷筒容绳量不少于(m)	150			250	400	600		700	800	
钢丝绳直径(d)不小于(mm)	13	17		21.5	26	32.5		43	56	65
卷筒的节径(D)(mm)	$D \geqslant 19d$									

一、慢速卷扬机

这种卷扬机为单筒电控并采用电磁制动的一种卷扬机。它的基本型结构为采用圆柱齿轮减速器（如图2-50所示）或蜗轮减速器（如图2-51所示）。动力机械与卷筒之间是刚性联接的，因此卷筒的正反转必须依靠电动机的正反转来实现。为此，要求电动机是可逆式的，所以这种卷扬机又称为可逆转式的卷扬机。

图2-50（a）、（b）分别为这种卷扬机的外形图和传动系统图。它主要由机架1、卷筒2、减速器3、电磁双块制动器4和电动机5等组成。此外还设置一个电器箱（图中未画出）。

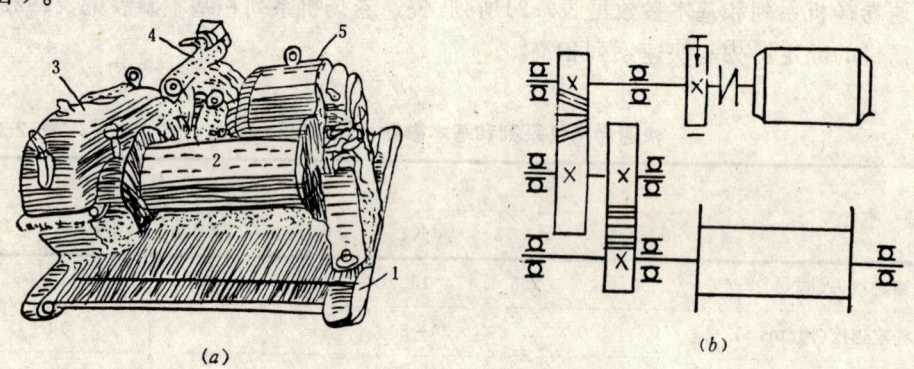

图 2-50　圆柱齿轮传动慢速卷扬机

(a)外形图；(b)传动系统图

1—机架；2—卷筒；3—减速器；4—电磁制动器；5—电动机

机架是用槽钢焊制的，其它的零部件都装在上面。电动机5的动力经减速3中的齿轮或蜗杆蜗轮传动，直接驱动卷筒2。在电动机和减速器之间装有短行程或长行程的电磁式双块制动器4（起动频繁的慢速卷扬机可采用液压推杆制动器），这种制动器都是常闭式的，因此，保证了电动机在断电或损坏时立即制动，确保了安全。

这种卷扬机由于采用了封闭式的齿轮减速箱和其它标准传动件，故传动效率高，操纵也较简单且工作可靠。但由于卷筒与电动机间为刚性联接，所以不便于调速，不能实现重力下降。作为塔式起重机的起升机构远距离操纵，都采用这种形式的卷扬机。

图2-51是用蜗杆传动的慢速卷扬机。

二、快速卷扬机

这种卷扬机的基本特点是钢丝绳额定速度超过28m/min。图 2-52为 JK1 卷 扬 机 构

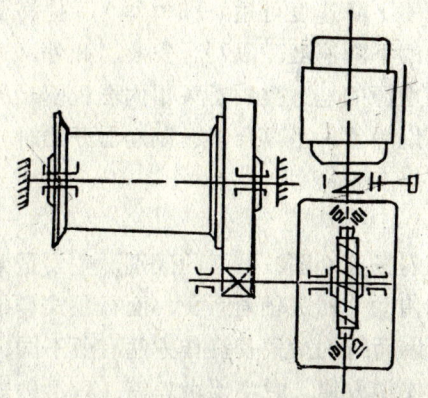

图 2-51 蜗杆传动的慢速卷扬机

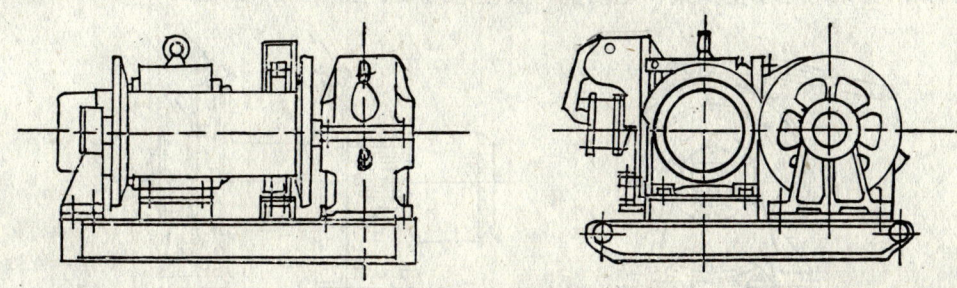

图 2-52 JK1快速卷扬机的构造简图

造图。

　　另一种结构为采用摩擦式离合器和制动器来控制钢丝绳卷筒。并用电动机作为动力，所以又称为电动摩擦式卷扬机，它可装有一个或数个卷筒，这些卷筒都由一个电动机驱动但各个卷筒上都有独立的摩擦离合器，以便单独操作。这种卷扬机的特点是提升物体时用动力驱动，而下降物件时则全靠自重（下降速度由制动器控制）。

　　图2-53为装有一个卷筒的具有摩擦离合器的快速卷扬机传动示意图。它主要由机架、电动机、减速器、卷筒、制动器和摩擦离合器等组成。

　　电动机1发出的动力经减速器中齿轮传至主动摩擦锥4，卷筒9左侧制动盘的里面有从动锥套5；卷筒空套在定轴8上，定轴左端装有楔块10。当转动手柄11时，楔块推压卷筒往左轴向移动，使主动摩擦锥与锥套（离合器）接合，从而主动锥就带动卷筒旋转提升物品。若反向旋转手柄11，则楔块右轴向移动，借助弹簧7的作用锥套与主动摩擦锥（离合器）松开，物品则拖动卷筒反转而下降。为了控制卷筒反向旋转的速度，在锥套外表面装有带式制动器6。由手柄12操纵之。

　　这种卷扬机在建筑工程中应用也很广泛，因而

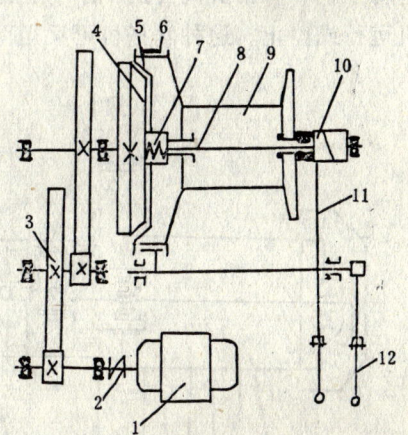

图 2-53 具有摩擦离合器的快速
卷扬机传动示意图

1—电动机；2—弹性联轴器；3—减速器；4、5—摩擦离合器；6—带式制动器；7—弹簧；8—定轴；9—卷筒；10—楔块；11—制动手柄；12—启动手柄

空载时其取物装置可加速下降（下降速度可达4～5m/s），提高了生产率。用在安装工作时依靠制动器控制可调节构件的下降速度，以利于安装。此外，这种卷扬机要求动力机械仅需单向转动，因此，给缺乏电源的地方提供了采用内燃机驱动的可能性。其它如在打夯、打桩工作中，可于绳端系以静重，当离合器、制动器开启时，使荷重自由加速下落进行打桩或夯实。

三、行星式卷扬机

行星式卷扬机与JK1快速卷扬机（图2-52）的区别，主要是采用的减速器传动型式不同。JK1的减速器是圆柱齿轮传动（属定轴轮系），而行星式卷扬机的减速器采用的是行星齿轮传动（属周转轮系），因而结构型式及操作方法有所不同。

行星式卷扬机结构紧凑，操作方便。它主要由卷筒、行星传动装置、起动装置、制动装置、轴承支架与电动机托架、电动机与底座等组成。如图2-54所示。

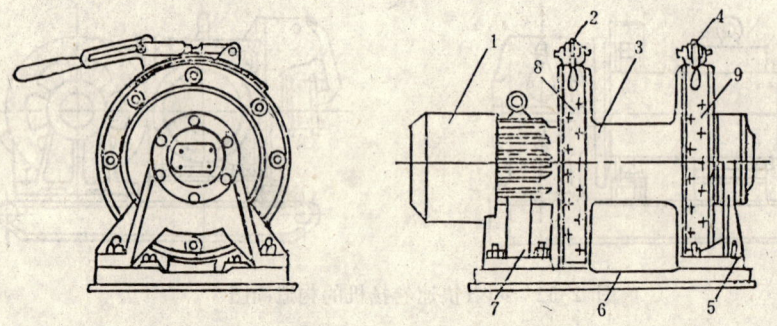

图 2-54　行星式卷扬机

1—电动机；2—制动手柄；3—卷筒；4—起动手柄；5—轴承支架；6—底座；7—电动机托架；8—制动带；
9—带式离合器

行星式卷扬机的卷筒是由铸钢制成。卷筒上面卷绕钢丝绳以牵引荷载。它的一端装有起动手柄4和带式离合器9，另一端装有制动手柄2和制动带8，操纵两手柄就可使卷扬机运行或停止。这种卷扬机可采用两行星齿轮传动或一组普通齿轮传动一组行星齿轮传动系统，全部安装在卷筒内腔中，故结构紧凑，运转灵活，操作简便可靠。其传动系统如图2-55所示。

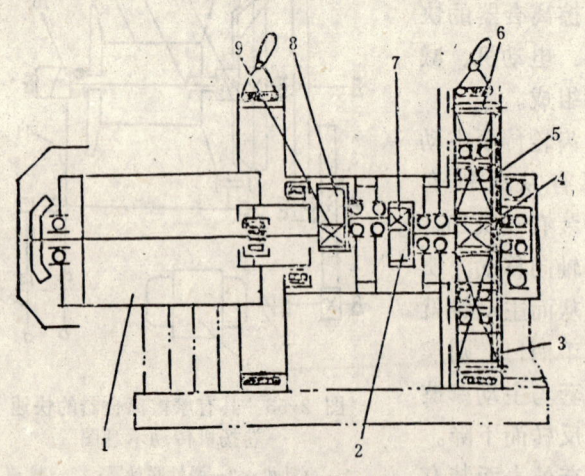

图 2-55　1吨行星式卷扬机传动简图

1—电动机；2—第二内齿轮；3、5—行星齿轮；4—太阳齿轮；
6—大内齿圈；7—连轴齿轮；8—第一内齿轮；9—电动机齿轮

当电动机，起动后，电动机齿轮9带动第一内齿轮8旋转，和内齿轮8相连的连轴齿轮7亦即旋转，同时又传递给第二内齿轮2旋转，从而使太阳齿轮4旋转，和中心轮啮合的两个行星齿轮3和5即绕各自的轨道旋转，并在大内齿圈6中滚动。

当按下起动手柄（如图2-54中的4所示），使带式离合器

（图2-54中的9）抱紧大内齿圈时，由中心轮传动的行星齿轮即沿大内齿圈滚动，若放松制动手柄(图2-54中的2)，即使制动带（图2-54中的8）放松。由于大齿圈不能转动，则由中心齿轮传动的行星齿轮就沿着大内齿圈滚动。因为行星齿轮轴与卷筒相连，即带动卷筒旋转，从而卷起钢丝绳。

卷扬机上有一个制动器和一个起动器，其形状和构造都相似，但其作用则相反（如图2-54所示），卷筒上的制动手柄和制动带专作卷筒制动用，而大齿圈上的起动手柄和带式离合器专作起动用。

当按下制动手柄同时放松起动手柄，此时由于放松了起动手柄，则带式离合器松开大内齿圈，行星齿轮带动大内齿圈转动。因为这时行星轮只有自转，所以不能带动卷筒旋转，与此同时制动带刹住卷筒，致使卷筒立即停止转动。

操作起动手柄与制动手柄的动作相反。

最后需要说明的是，所谓快速卷扬机，只以其起升速度为准，并不在于有无离合器。

四、卷扬机的选用与维护

建筑卷扬机已经有系列产品，在选用时应以如下主要技术性能为依据：

1. 牵引力的大小　即钢丝绳在卷筒上卷满后最外层的最大静拉力（单位为kN）。
2. 卷筒的容绳量　即额定拉力作用下，卷筒容纳钢丝绳长度的数值（单位为m）。
3. 钢丝绳在卷筒上的牵引速度　（多层卷绕系指钢丝绳速度的平均值，单位为m/min）。

卷扬机是机械化施工的主要机具之一，为了更好地发挥它的性能，使用时必须注意以下几点：

1. 卷筒放出钢丝绳时，最后至少应保留三圈以上的钢丝绳不得放出（即保证绳在卷筒上的包角为6π以上）；
2. 钢丝绳出绳为水平方向，水平方向的偏角γ（如图2-24所示），必须小于或等于$3°\sim4°$；
3. 离合器和制动器的结合要平稳；
4. 重物长时间停放在空中必须用棘轮和棘爪制住，不得单凭制动器的制动，以策安全；
5. 在地面安装卷扬机应在机前打桩，后面加压重，以防起吊重物时卷扬机向前倾翻；
6. 利用卷扬机举升料斗等盛器时，其下降速度不得大于$4\sim5$m/min；
7. 使用前应对卷扬机各部分进行检查，使用时要随时注意钢丝绳、转速等是否正常；初次使用的卷扬机必须进行性能测定；
8. 应严格遵守各类卷扬机操纵规程操作。

卷扬机的日常维护保养工作，主要是保持机械的清洁、对机械进行充分的润滑、检查各部分的连接情况以及保证制动器灵活有效等。

轴承座、离合器、制动器以及操纵装置等各部分的固定螺栓，每个工作班都应进行检查，并保证其紧固牢靠。还要注意钢丝绳的状况，如果超过规定的断丝就应更新。制动瓦块和制动轮要保证整洁和没有油污，并能可靠的松开和制动。工作后要清除机体上的污物和灰尘。

卷扬机一般可在工作100～300小时以后进行一级保养，在工作600小时以后进行二级保养。电动机轴承须在二级保养中清洗并更换润滑油，减速器在二级保养后加注新的润滑油。制动瓦块与制动轮的接触面积不得少于70％。制动轮表面，如磨痕深于0.5毫米时须重新磨削光整。

复习题和习题

1.试分析起重钢丝绳的结构特点。

2.交捻式和顺捻式钢丝绳有何主要区别，它们各适用于哪些地方。

3.点接触绳和线接触绳各有哪些特点，它们的标注有何异同。

4.分析提高起重钢丝绳使用寿命的措施。

5.滑轮组在起重机中有何作用？什么是滑轮组的倍率？试分析滑轮组倍率对机构的影响。

6.为什么起重钩不能用铸造方法制造？常用哪些方法制造起重钩？

7.使用起重吊钩的注意事项。

8.了解起重吊钩、滑轮和滑轮夹套的装配关系。

9.带式制动器和块式制动器各有何特点。从它们的工作原理分析提高制动器的制动能力的措施。

10.试分析各种建筑卷扬机在构造上有何异同，各适用于哪种场合？使用卷扬机的注意事项。

11.参见习题2-11图，选择一台卷扬机配合滑轮组起吊一批建筑材料。已知：最大额定起重量$Q_{max}=10t$，最大起升高度$h=20m$，荷重起升速度$V=3m/min$，若所用的滑轮组 倍率$a=4$，吊具重量$q=0.5t$，问选用哪种型号的卷扬机更为合适？为什么？

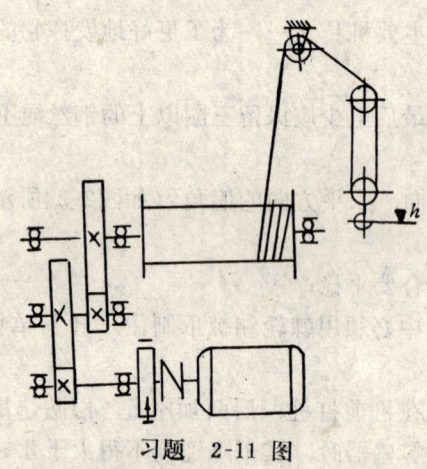

习题 2-11 图

第三章　起重机的性能参数和工作机构

第一节　起重机的主要性能参数

起重机的主要性能参数包括：起重量、幅度（或跨度）、起升高度、各机构的工作速度、起重力矩、工作级别、生产率；自重、轮压、轨距、轮距及外形尺寸、拖运长度与高度等，这些参数表明了起重机的工作性能和技术经济指标，是设计与选用起重机的主要技术依据，也是评价起重机的主要依据。

一、起重量（Q）

起重量是指起重机正常工作时所允许吊起的最大质量。单位为kg或t。但在设计计算时则为力，单位为N或kN。起重量一般不包括吊钩、卡环之类吊具的质量，但包括料斗、抓斗、电磁吸盘之类可换吊具的质量。对于塔式起重机，起重量则包括吊具的质量。能改变幅度的起重机，其起重量是随着幅度的改变而变化的，这时起重机的最大额定起重量是指起重机在最小工作幅度下所允许吊起的最大起重量。对于轮胎式起重机当支腿跨距较大时，重物在支腿侧，它只是标志起重机名义上的起重能力，对于实际使用意义不大。

起重量大的起重机通常有两套起升机构，一套为主起升机构（即主钩），另一套为副起升机构（即副钩），主钩起重量通常为副钩起重量的3～5倍，主、副钩起重量以分数表示。例如15/3，表示主钩起重量为15t，副钩起重量为3t。

二、跨度（L）、幅度（R）和有效幅度（A）

跨度是指桥式类型起重机大车轨道中心线间的距离，单位为m。它是表示桥式类型起重机横向工作重范围的一个指标。桥式起重机的跨度已有标准。

幅度是指起重机旋转中心轴线至吊钩中心线的水平距离，单位为m。它与起重臂的长度和仰角有关。对于幅度可变的起重机，其幅度常以幅度变动范围的最大值来表示。由于起重机的幅度是表示起重机在不移位时的工作范围，因之幅度也是衡量起重机起重能力的一个重要参数。

有效幅度是指轮胎式起重机在起重臂侧置的情况下，起吊最大额定起重量时起重钩中心垂线到侧向倾翻边缘（用支腿时从靠近吊钩一侧的中心线算起；不用支腿时从靠近吊钩一侧的单轮或双轮中心线算起）的水平距离，单位为m。有效幅度是反映起重机实际工作能力的一个参数（图3-1）。

三、起重力矩（M）

起重量和相应于该起重量时的工作幅度的乘积为起重力矩，即 $M = QR$，单位为t·m，它是综合起重量与幅度两个因素的参数，所以用起重力矩这个参数就能比较全面和确切地反映起重机的起重能力。对于塔式起重机，其起重能力（主参数）是以起重力矩的t·m值来表示的（我国是以基本臂最大工作幅度与相应的起重量的乘积作为起重力矩的标定值）。

四、起升高度（H）

最高位置时的吊钩中心到地面或轨面（对于轨道塔式起重机）之间的垂直距离称为起升高度，单位为m（图3-1）。用于吊装工程的起重机，其额定起升高度是一个重要的性能参数。

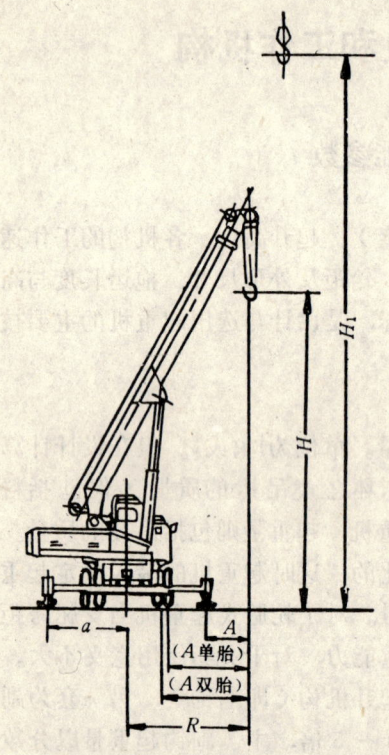

图 3-1　起重机幅度与起升高度

五、工作速度（V）

起重机的工作速度主要包括起升、变幅、旋转和行走等四个速度。对于伸缩臂式起重机还包括起重臂伸缩速度和支腿收放速度。

起升速度是指吊钩或取物装置的上升速度，单位为m/min，变幅速度是指吊钩或取物装置从最大幅度移到最小幅度时的平均线速度，单位为m/min；旋转速度是指起重机转台每分钟的转数，单位为r/min；行走速度是指整个起重机的移动速度，单位为m/min；对于轮胎式起重机因行走距离长，则以km/h为单位。

在大起重量起重机中，主要矛盾是解决重物吊装问题，速度不是主要的。为了降低驱动功率和增加工作的平稳性，其工作速度一般都取得很低；甚至要求实现微动速度（一般小于1m/min），以便于就位。

此外，臂架伸长、缩短和支腿的收放所需的时间，单位通常取为s。

六、生产率（Q_0）

生产率是起重机装卸和吊运物品能力的综合指标。常是将起重量、工作行程及工作速度等基本参数综合的一个基本参数——生产率，常用单位为t/h。

起重机吊运成件物品的生产率为

$$Q_0 = n Q_m \qquad \text{t/h} \tag{3-1}$$

起重机吊运散状物料的生产率为

$$Q_0 = n V \gamma \psi \qquad \text{t/h} \tag{3-2}$$

式中　n——每小时吊运物品的循环次数；

　　　Q_m——每次吊运物品的平均质量（t）；

$$Q_m = \psi (Q - q)$$

　　Q——额定起重量（t）；

　　q——取物装置的质量（t）；

　　V——料斗，抓斗等的额定容积（m^3）；

　　γ——散装物料的密度（容重）（t/m^3）；

　　ψ——满载率（或称填充系数）。

七、外形尺寸及质量

起重机的外形尺寸及质量也是起重机的重要参数。它与起重机的转移、安装及建筑物的形状，特点有密切关系，在一定程度上反映了起重机的通过性能和经济性。起重机各部分的外形尺寸应符合运输条件的要求。如铁路运输界限为起重机总长≤12m，总宽≤2.6 m，总高≤4 m。

第二节 起 升 机 构

一、起升机构的构造

（一）起升机构的组成

起升机构是用以实现货物升降运动的机构，因此它是任何起重机所不可缺少的最主要和最基本的机构。

起升机构主要由驱动装置、传动装置、卷筒、滑轮组、吊钩与制动装置组成。此外，根据需要还可装设各种辅助装置，如限位器，起重量限制器和起重力矩限制器等。

起升机构按其驱动装置的不同可分为机械传动、电力传动和液压传动三种传动型式。

机械传动的起升机构（图3-2a），其动力由内燃机经机械传动装置传至起升机构，同时也传至其它工作机构，如运行、旋转、变幅等机构。为保证各机构的独立运动，整机的传动系统比较复杂。这种传动方式调速困难，操纵麻烦，目前只在少数履带起重机和轮胎式起重机上应用。

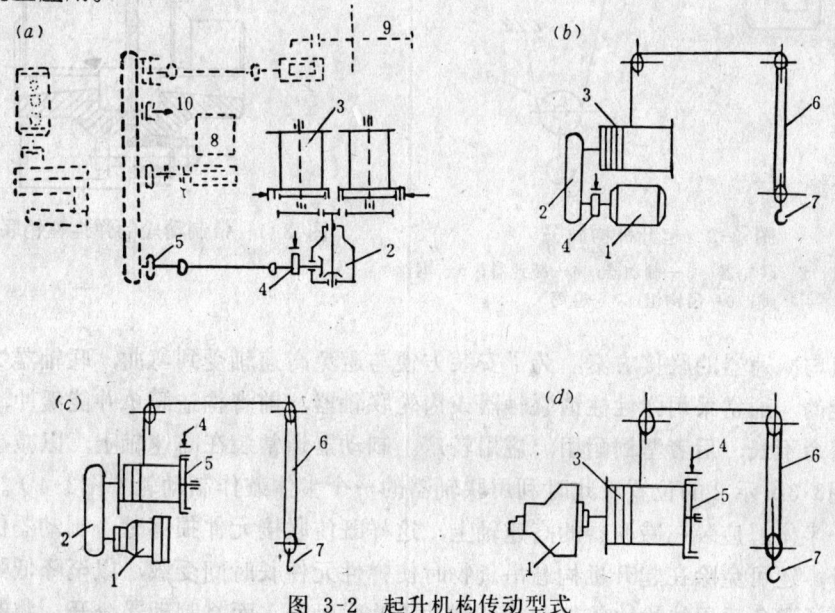

图 3-2　起升机构传动型式

（a）机械传动；（b）电力传动；（c）、（d）液压传动

1—电动机或液压马达；2—减速器；3—起升卷筒；4—制动器；5—离合器；6—钢丝绳滑轮组；7—吊钩；8—变幅机构；9—旋转机构；10—传至下车的动力轴

电力传动的起升机构（图3-2b），由直流电动机或交流电动机通过减速器带动起升卷筒。直流电机传动的机械特性适合起升机构工作要求，调速性能好，但获得直流电源较为困难。在大型的轮胎式工程起重机上，通常采用内燃机——直流发电机组成直流可控硅传动。交流电机传动，由于能直接从电网取得电能，结构简单，机组重量轻，故在电力传动的起升机构中被广泛采用。

液压传动的起升机构（图3-2c、d），有高速液压马达传动和低速液压马达传动两种型式。高速液压马达传动需要通过减速器带动起升卷筒，具有重量轻、体积小、容积效率高等特点，故广泛用于中、小型汽车起重机和轮胎起重机的起升机构中。低速大扭矩液压马达传动可直接带动起升卷筒，传动简单，零件少，起动和制动性能好，但容积效率低，易影响机构转速，体积与重量较大。

（二）电力传动起升机构的典型形式

电动起升机构，通常采用交流电动机驱动，而最常用的是吊钩起升机构。

电动吊钩起升机构的构造简图如图3-3所示。电动机1通过联轴器2与减速器4的高速轴相联，减速器的低速轴上联接卷筒7、机构工作时，由于卷筒将钢丝绳5卷入或放出，经过吊钩组系统6，使吊钩实现上升或下降。机构停止时，制动器3使吊钩连同货物悬吊在空中。吊钩的升降靠电动机改变转向来达到。

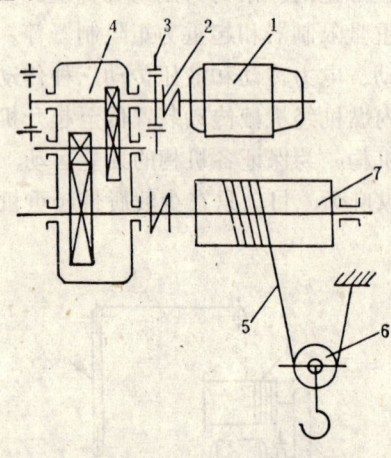

图 3-3　起升机构简图

1—电动机；2—联轴器；3—制动器；4—减速器；5—钢丝
绳；6—吊钩组；7—卷筒

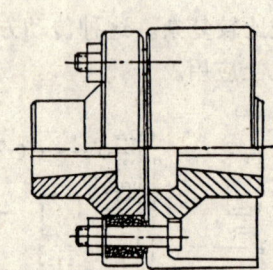

图 3-4　带制动轮的弹性柱销联轴器

电动机与减速器的联接方案：为了安装方便与避免高速轴受到弯曲，联轴器2是应带有补偿性能的，通常采用弹性柱销联轴器或齿轮联轴器，前者构造简单并能缓冲，但弹性橡胶圈的寿命不长，后者坚固耐用，应用较广。制动器通常装在高速轴上，以减小其结构尺寸，如图3-3所示2的位置，此时利用联轴器的一个半体兼作制动轮（图3-4）。兼作制动轮的这一半体，应装在减速器的高速轴上，这样既使联接元件损坏时，制动器仍能安全制动。另外，还可免除在起升机构悬吊货物时使弹性元件长时间受载，以至降低弹性。

有时为了避免采用结构比较复杂的带制动轮的联轴器，而将制动器分开，将制动轮装在减速器高速轴的另一端出轴上（图3-3中的虚线所示），或装在电动机尾部出轴上。

起升机构的制动器应是常闭式的。常用块式制动器，装有电磁铁或电动液压推杆或液压电磁铁作为松闸装置，并与电动机电气联锁。制动器的制动力矩应保证有足够的制动安全系数。在要求结构紧凑的情况下，也有采用带式制动器的。

减速器与卷筒的联接方案：图3-5a所示的减速器与卷筒的联接方案是目前广泛应用的联接型式。卷筒轴的右端支承在球面滚动轴承上，其左端借助于球面铰支承在减速器低速出轴悬臂端的喇叭口内，喇叭口的外缘制成齿形，它与固定在卷筒上的带内齿的齿盘相啮合，形成一个齿形联轴器，传递扭矩并具有补偿性能。在齿形联轴器的外侧，靠近减速器的一侧装有剖分式的密封盖，以防止联轴器内部的润滑油流出和外面的灰尘进入。这种联接型式的优点是结构紧凑，轴向尺寸小，安装和维修方便，分组性好。十字沟槽式联轴器的联接方案虽然较之齿形联轴器更为简单，但其补偿性能较差。采用上述两种联接方式时，卷筒轴只受弯曲作用，而不传递扭矩。

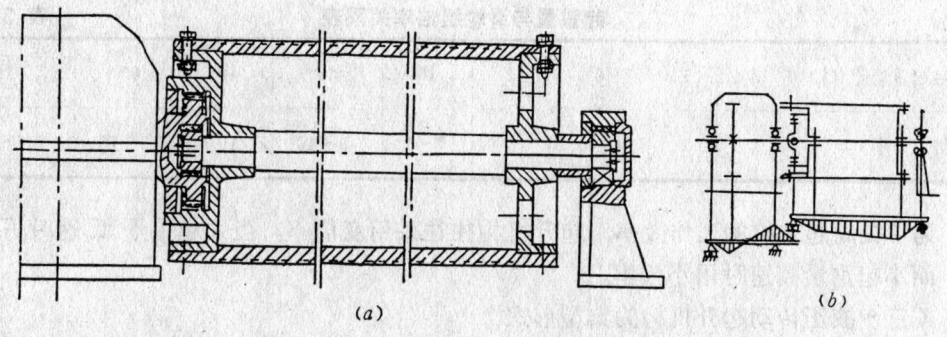

图 3-5 减速器与卷筒的联接
（a）构造图；（b）卷筒轴受力图

图3-6是一种新型的联接方式，卷筒与减速器的输出轴用键和过盈配合联接，用半轴代替整根卷筒轴，采用自位轴承，减速器底座用销轴与底架铰接，并用弹簧缓冲。卷筒半轴又可设计成定轴式（图3-6a）或转轴式（图3-6b）两种。这种联接方式的优点是构造简单，调整安装方便，静定支承不受车架变形影响。

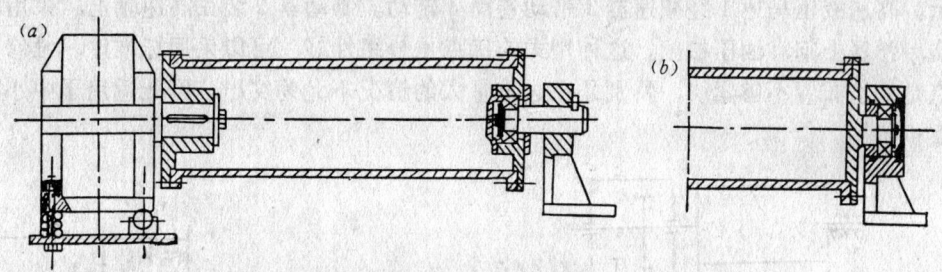

图 3-6 减速器与卷筒的联接
（a）定轴式；（b）转轴式

在要求构造紧凑的起升机构中，也有采用蜗轮减速器的，其缺点是机械效率低。近年来还有采用行星齿轮减速器的起升机构，采用行星传动可以实现电动机与卷筒同轴线布置，减速器装在卷筒的内腔中，机构十分紧凑，但维修不太方便。由于行星传动具有传动比大、体积小、重量轻等优点，在起重机械上的应用日渐广泛。图3-7是渐开线少齿差行星传动或摆线针轮行星传动（都是属于K—H—V型行星转动）的起升机构简图。摆线针轮行星减速器在我国已有标准系列产品。

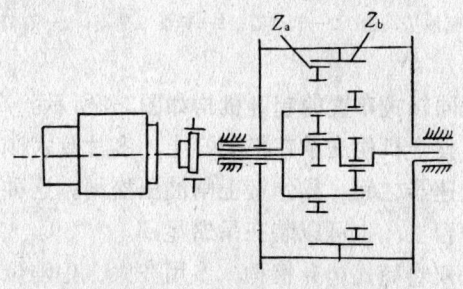

图 3-7 行星传动的起升结构

滑轮组倍率的选定，对钢丝绳中的拉力、卷筒直径与长度、减速器的传动比及总体尺寸都有关系。大起重量采用较大的倍率，可以避免采用过粗的钢丝绳，从而获得尺寸较紧凑的机构。但倍率过大，则在一定的起升高度下，将会增加钢丝绳容量，从而增大卷筒的尺寸。此外滑轮组倍率过大时，又将降低效率，会产生空钩难于下降的状态。通常起升机构滑轮组的倍率与额定起重量有一定关系，可参考表3-1选取。

起重量与滑轮组倍率关系表 表 3-1

额定起重量Q（t）	3	5	8	12	16	25	40	65	100
倍　　率　a	2	3	4～6	6	6～8	8～10	10	12～16	17～20

为了提高起重机的工作效率，起升机构往往采用变倍率。当大起重量低速时用大倍率，而小起重量高速时用小倍率。

（三）液压传动起升机构的典型形式

液压起升机构主要应用于汽车起重机和轮胎起重机。

1.高速液压马达式起升机构：

高速液压马达工作可靠，成本低，寿命高，目前已在轮胎式起重机中得到广泛的应用，采用高速液压马达驱动的起升机构可分为单卷筒式与双卷筒式两种。

单卷筒式起升机构，按卷筒与马达相对位置可分为并列式与同轴式两种。

并列式布置的起升机构是目前中、小吨位轮胎式起重机最常用的结构型式，如图3-8所示。高速液压马达1经减速器3带动卷筒4转动。制动器2装在高速轴上，采用块式制动器，弹簧上闸，油压松闸。这种型式的优点是分组性好，可以采用标准件，维修方便；缺点是构造布置不够紧凑，特别是在起重量大的情况下尤为突出，因此适用于中小吨位的起重机。

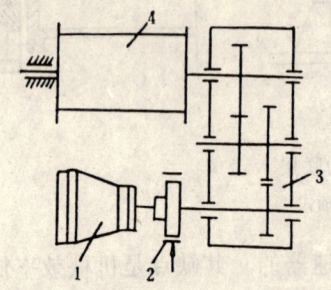 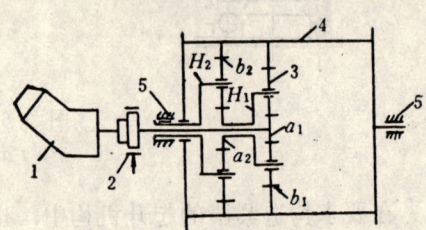

图 3-8　高速液压马达驱动的起升机构简图
1—高速液压马达；2—制动器；3—标准减速器；4—卷筒

图 3-9　行星传动同轴式起升机构
1—高速液压马达；2—多片盘式制动器；3—行星减速器；4—卷筒；5—支架

同轴式布置的起升机构如图3-9所示。高速液压马达1经行星减速器3带动卷筒4转动。整个机构支承在机架5上，多片盘式制动器2装在高速轴上，位于高速液压马达与行星减速器之间，靠弹簧上闸油压松闸。这种构造形式的优点是构造紧凑，重量轻，可以装在转台上，也可以装在吊臂尾部。

双卷筒式起升机构，多用在大、中吨位的轮胎式起重机上，因为这类起重机除装设主起升机构外，还装有副起升机构。当吊轻货物和起升高度比较大时，可用起升速度较高的副起升机构，以提高生产率。按照主副起升机构两个卷筒的驱动方式分为分别驱动和集中驱动。前者选用两套独立的单卷筒式起升机构，组成主副起升机构，优点是构造简单，缺点是机构不紧凑，成本高。后者由一个液压马达驱动两个卷筒，按照卷筒轴的型式分为单轴式和双轴式两种，如图3-10所示。在两个卷筒上分别装有各自的离合器和制动器，以保证两个卷筒独立的工作，优点是成本低，结构紧凑，可实现重力下降。缺点是结构比较复杂，对于单轴式卷筒长度受到限制，装在卷筒与减速器之间的离合器和制动器的调整和维修不方便。

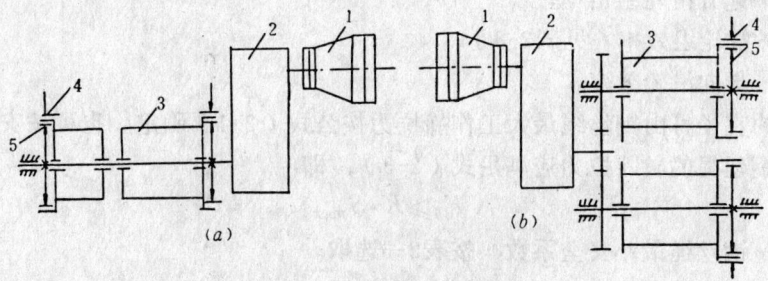

图 3-10　双卷筒式起升机构
1—高速液压马达；2—减速器；3—卷筒；4—制动器；5—离合器

2.低速液压马达式起升机构：

低速大扭矩液压马达的特点是转速低，输出扭矩大，这对低速重载的起重机械是非常需要的。这类液压马达可以直接与卷筒联接，一般不需要减速装置（图3-11a），从而简化了结构。低速大扭矩液压马达与同功率的减速器相比，体积和重量小得多，这种优点当输出扭矩越大时越明显，因之低速大扭矩液压马达宜用于大、中吨位的起重机上。在大吨位的起重机有时为了满足输出扭矩和转速的要求，在液压马达与卷筒之间增加一级开式齿轮传动（图3-11b）。

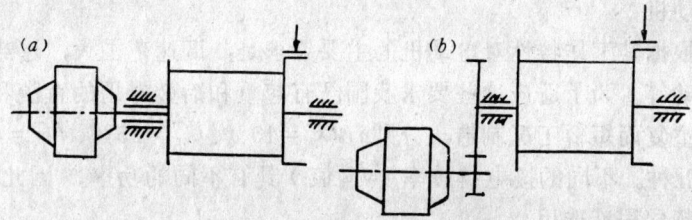

图 3-11　低速液压马达式起升机构
（a）直连方案；（b）开式齿轮传动方案

二、起升机构计算

起升机构的计算是在给定设计参数、确定机构方案之后进行的。通过计算选用机构中所需要的标准零部件（如钢丝绳、电动机、减速器、制动器与联轴器等），对非标准零部件还须作强度与刚度的计算与设计。

给定的设计参数包括：起重机的额定起重量 Q，起升速度 V，起升高度 H，工作级别（或 $JC\%$ 值），此外尚需知道起重机的使用场所和工作条件等等。

1.选择钢丝绳：

起升机构方案确定之后，选用钢丝绳时，首先选定滑轮组倍率 a 与钢丝绳的结构型式，然后根据钢丝绳所承受的最大静拉力选定钢丝绳直径尺寸。

起升钢丝绳的最大静拉力为:

$$S_{max} = \frac{Q + q}{a \cdot \eta_d \cdot \eta_z} \quad (kN) \qquad (3-3)$$

式中 Q —— 额定起升重量(kN);

q —— 吊具重量(kN),可取 $q = (0.02 \sim 0.04)Q$;当起升高度大,钢丝绳自重不能忽略时,还需考虑钢丝绳的重量;

a —— 起升滑轮组倍率;

η_z —— 滑轮组效率(见表2-8);

η_d —— 导向滑轮效率。

钢丝绳的直径可由钢丝绳最大工作静拉力按公式(2-1)确定。也可按安全系数法确定,其所选钢丝绳的破断拉力应满足式(2-3),即:

$$F_0 \geqslant K \cdot S_{max}$$

式中 K —— 钢丝绳最小安全系数,按表2-3选取。

2.卷筒尺寸与转速

卷筒的直径与长度按第二章第四节所述方法计算。

卷筒的转速:

$$n_z = \frac{a \cdot V}{\pi \cdot D_n} \quad (r/min) \qquad (3-4)$$

式中 V —— 起升速度(m/min);

a —— 滑轮组倍率;

D_n —— 卷筒的计算直径(m);单层卷绕时:$D_n = D + d$;多层卷绕时:$D_n = D + (2n-1)d$;而 n 为卷绳最多的层数,D 为卷筒的槽底直径,d 为钢丝绳直径。

3.选择电动机

起重机械根据其工作特性对电动机的主要要求是:调速范围大,过载能力强和经常能带载起动或制动等。为了适应这些要求我国已有起重和冶金专用的直流和交流电动机。这类电动机是按重复而短暂工况制造,分别有 $JC = 15\%$、$JC = 25\%$、$JC = 40\%$、$JC = 60\%$ 和 $JC = 100\%$ 五种。不同的接电持续率(JC 值)具有不同的功率。因此,可根据起重机各机构接合的频繁程度选用。

直流电动机的主要优点是调速范围大和过载能力强。常用的有ZZ型和ZZK型两种系列。现在有逐渐采用硅整流设备代替直流发电机的趋势。由于直流电源难得和设备费用较高,不宜普遍采用。

交流电动机的主要优点是供电方便。一般采用三相交流感应电动机,常用YZR型(代替旧型号JZR)起重用绕线转子异步电动机和YZ型(代替旧型号JZ)起重用鼠笼式异步电动机两种系列。其工作电压为220V/380V和500V。绕线式感应电动机用得最多,因为这种电动机的转子电路可以外接起动电阻以便起动时调节速度,使起动平稳、起动电流通常不超过额定电流的 $2 \sim 2.5$ 倍及有较高的过载能力。起重机械尤其是起升机构,通常用绕线式感应电动机。鼠笼式感应电动机的优点是构造简单、操作方便、有较高的转差率,适于直接起动,价格也较便宜。缺点是起动电流大(达额定电流的 $4 \sim 6$ 倍)和不能承受较频繁的起动次数。因此,一般只用在功率不大和工作不太繁重的情况下。近年来由于液力联轴器的采用，扩大了鼠笼式电动机的使用范围。因为把液力联轴器加在鼠笼式感应电动机和工作机构之间，可以减小最大起动力矩和延长起动时间，能防止起动过猛，完全可以满足起重机械的严格要求。

在电力驱动的起重机械中，合理选择电动机的功率是很重要的。功率不足会使电动机过热和很快损坏，同时也会影响到满载起动的可靠性。功率过大时，增加了设备费用和重量，对机械工作性能和零部件的强度会产生有害的影响。

合理的选择电动机功率，应该满足以下两点要求：

（1）在正常满载状态下工作时，具有足够的过载能力，进行可靠的起动。

（2）在给定的工作级别（或$JC\%$值）和额定参数下，长期进行重复短暂的工作时，电动机的温升不超过允许数值，即不过热。

设计时通常是根据机构满载稳定工作时的静功率初选电动机，然后再做起动能力和发热的验算。

起升额定起重量时电动机的静功率：

$$N_j = \frac{(Q+q)V_n}{60 \times 1000\eta} \text{（kW）} \tag{3-5}$$

式中　Q——额定起重量（N）；

　　　q——吊具重量（N），可取$q = (0.02 \sim 0.04)Q$；

　　　η——机构总效率，可取$\eta \approx 0.85 \sim 0.9$。

　　　V_n——钢丝绳在最外层时，货物的起升速度，m/min。当已知最小起升速度为V

　　　　　　时，则$V_n \approx \dfrac{D_n}{D_1}V$；　　　　　　　　　　　　　　　　　　　　　　$(3-6)$

D_n，D_1——卷筒在算n层和第一层时的计算直径。

考虑机构工作时，空钩升降（有利影响）与起动时期过电流（不利影响）对于电动机的发热影响，与机构工作级别（或$JC\%$值）相应的电动机功率N_{JC}按下式计算：

$$N_{JC} \geqslant K_d \cdot N_j$$

式中　K_d——考虑空钩升降和起动期过电流对电动机发热影响的系数。

系　数　K_d　值　　　　　　　　　　　　　表 3-2

电 动 机 型 号	起升机构工作级别		K_d
YZR	轻　　级（$A_1 \sim A_2$）		0.7 ~ 0.8
	中　　级（$A_3 \sim A_5$）		0.8 ~ 0.9
	重　　级（$A_6 \sim A_7$）		0.9 ~ 1.0
	特重级（A_8）		1.1 ~ 1.2
YZ			0.9
Y			1.0

根据N_{JC}由电动机产品目录中选取与机构$JC\%$值相吻合的电动机功率，电动机产品目录表中标有$[JC]\% = 15$、25、40和60时的功率，如果机构$JC\%$值与上述表列$[JC]\%$不符，则可按下式换算：

$$N_{(JC)} = N_{JC} \cdot \sqrt{\frac{JC}{[JC]}} \qquad (3-7)$$

4.选择减速器

按初选电动机的转速n_d及卷筒的转速n_t，求出起升机构需要的传动比：

$$i = \frac{n_d}{n_t} \qquad (3-8)$$

式中　n_d——电动机的转速，由电动机产品目录中查取。

根据机构传动比i、工作级别、静功率N_j输入轴转速（通常为电动机转速n_d）选用标准圆柱齿轮减速器ZQ型式或圆弧圆柱齿轮减速器ZQH型、使静功率N_j不大于减速器高速轴许用功率$[N]$，即

$$N_j \leqslant [N] \qquad (3-9)$$

因为在起升机构中，由货物惯性引起的附加载荷很小，故可按N_j来选择减速器功率。

对于所选用减速器的传动比与机构需要的传动比，二者相差不应超过15％，否则会导致起升速度误差过大。

ZQ型和ZQH型标准减速器承载能力表上已列出允许输入功率$[N]$、输出轴允许最大径向载荷$[P]$及最大扭矩$[M]$值，在《起重机设计手册》或其它有关手册中查取。

按工作状态最大载荷校核减速器输出轴最大径向力和最大扭矩：

最大径向力P_{max}按下式校核。

$$P_{max} = S_{max} + \frac{G_t}{2} \leqslant [P] \qquad (3-10)$$

式中　S_{max}——卷筒上钢丝绳最大拉力（N）；

　　　G_t——卷筒重力（N）；

　　　$[P]$——减速器承载能力表中标出的输出轴端最大允许径向载荷（N）。

最大力矩M_{max}按电气保护装置限制的电动机实际力矩校核。

$$M_{max} = (0.7 \sim 0.8) \varphi \cdot M_e \cdot i \cdot \eta \leqslant [M] \qquad (3-11)$$

式中　φ——当$JC\% = 25\%$时电动机最大起动力矩系数，由电动机产品目录中查取；

　　　i——减速器传动比；

　　　η——减速器传动效率，可取$\eta = 0.9 \sim 0.95$；

　　　M_e——电动机额定力矩（$JC\% = 25\%$时的电动机力矩），按下式计算：

$$M_e = 9550 \frac{N_d}{n_d} \quad (N \cdot m) \qquad (3-12)$$

其中　N_d——电动机额定功率（kW）；即$JC\% = 25\%$时的电动机功率；

　　　n_d——电动机额定转速（r/min），即$JC\% = 25\%$时的电动机转速。

目前，在电动起升机构中广泛采用ZQH型减速器，共有八种型号、九种传动比、九种装配型式。通常在ZQH代号后面加上输入轴与输出轴中心距（250，350，400，500，650，750，850，1000mm）作为减速器的型号，如ZQH—500。九种传动比为：50，40，31.5，25，20，16，12.5，10，8。减速器输出轴端有Z型（圆柱形轴端）、CA型（无惰轮）和CB型（有惰轮）三种。例如输入轴与输出轴中心距为400mm、传动比$i = 25$、第3种装配型式、输出轴端带有惰轮的ZQH型减速器，可简写为：

5.选择制动器

起升机构的制动器在结构型式选定之后，还需按照具有足够的制动力矩条件来选择。要求制动器的制动力矩必须大于由货物产生的静力矩，使货物处于悬吊状态时具有足够的安全裕度，故应满足下式：

$$M_z \geqslant K \cdot M'_j \qquad (\text{N·m}) \qquad (3-13)$$

式中　K——制动安全系数，根据工作级别由表3-3查取；

制动安全系数 K　　　　　　　　　　　　表3-3

机 构 工 作 级 别	K
轻级（$A_1 \sim A_2$）	1.5
中级（$A_3 \sim A_5$）	1.75
重级（$A_5 \sim A_7$）	2.0
特重级（A_8）	2.5

　　M'_j——起吊额定起重量时，作用在制动轴上的静力矩，按下式计算：

$$M'_j = \frac{(Q+q)D_n}{2ai} \eta \qquad (\text{N·m}) \qquad (3-14)$$

其中　D_n——卷筒绕绳时的计算直径；

　　　a——滑轮组倍率；

　　　i——减速器传动比；

　　　η——下降时的总机械效率；

　　　M_z——所选择制动器的额定制动力矩（kN·m）。

在下降制动时期，货物重力作用在卷筒上的力矩通过传动机构驱动制动轮轴转动，此时效率是帮助制动，起减小所需制动力矩的作用，因此公式（3-14）中的效率乘在分子上。

根据所需制动力矩，在产品目录中选定标准制动器。

6.选择联轴器

选择联轴器时，通常按其工作条件确定型式，再按其所承受的力矩、转速和被联接轴的轴径等从系列表中选用，使之满足下式

$$M_S \leqslant [M] \qquad (3-15)$$

式中　$[M]$——联轴器许用扭矩，由产品目录表中查取；

　　　M_S——联轴器传递的计算扭矩，按下式计算：

对于柱销联轴器主要受强度控制，故

$$M_S = \varphi_{\text{II}} M_j n_{\text{II}} \qquad (3-16)$$

式中　M_j——相应于机构$JC\%$值的电动机额定力矩换算到该联轴器上的力矩；

　　　n_{II}——安全系数，对起升、变幅机构取$n_{\text{II}} = 1.5$，对运行、旋转机构取$n_{\text{II}} = 1.35$；

　　　φ_{II}——动力系数。电动机与制动器之间$\varphi_{\text{II}} = 2.0$；低速轴$\varphi_{\text{II}} = 1.3$；减速器高速轴$\varphi_{\text{II}} = 1.5$。

对于齿轮联轴器，主要受磨损控制，则

$$M_S = \varphi M_J n_x \leqslant [M] \qquad (3\text{-}17)$$

式中　n_x——安全系数，对起升、变幅机构取$n_x = 1.5$；对运行、旋转机构$n_x = 1.35$；

　　　　φ——等效系数，包括起重量变化与机构起制动时的动载影响的系数，其数值参阅《起重机设计手册》。

7.电动机运动能力的验算（起动时间验算）：

起重机是一种间歇动作的机械，工作是周期性的。起升机构在每次开动过程中，都包括有起动（加速）、稳定运动（等速）及制动（减速）三个时期。在起动和制动时期，机构作变速运动，因而有加速度与惯性力的作用。当起动、制动时期过长时，虽然加速度很小，但这会影响起重机的生产率；而起动、制动时间过短时，加速度太大，会给机构部分和金属结构带来很大的动力载荷。因此必须把起动、制动时间控制在一定范围内。要用起动时间t_q来衡量电动机起动能力时，起动时间短，说明电动机起动能力大；起动时间长，说明电动机起动能力小，加剧了电动机的发热。对于起升机构的起动时间，根据机构工作特性而定，大约在1～2秒之间。

机构起动时电动机必须发出较大的力矩，即起动力矩，使原来静止的质量开始运动。这时起动力矩除了克服静阻力矩之外，还有一部分力矩使运动质量加速。这部分力矩愈大，加速的时间就愈短。起动时期电动机轴的力矩平衡方程式为：

$$M_{QP} = M_J + M_g \qquad (3\text{-}18)$$

式中　M_{QP}——电动机的平均起动力矩（N·m）。由电动机的特性曲线可知，起动力矩是在最大力矩和最小力矩之间变化的，计算时取其平均值。各种电动机的平均起动力矩见表3-4。

　　　　M_J——稳定运动时期，作用在电动机轴上的静阻力矩，按下式计算：

电动机的平均起动力矩 M_{QP}　　　　　　　　　　　表 3-4

电　动　机　型　式	M_{QP}
起重用三相交流绕线式	$(1.5 \sim 1.8) M_e$
起重用三相交流鼠笼式	$(0.7 \sim 0.8) M_{d\max}$
并激直流电动机	$(1.7 \sim 1.8) M_e$
串激直流电动机	$(1.8 \sim 2.0) M_e$
复激直流电动机	$(1.8 \sim 1.9) M_e$

注：电动机实际最大力矩$M_{d\max} = (0.7 \sim 0.8) \varphi M_e$，$\varphi$为电动机最大起动力矩系数，由电动机产品目录中查取；M_e为电动机额定力矩，按公式(3-12)计算。

$$M_J = \frac{(Q+q) D_n}{2 a i \eta} \qquad (\text{N·m}) \qquad (3\text{-}19)$$

其中　η——由吊钩到电动机轴的机械效率。

　　　　M_g——在加速过程中，作用在电动机轴上的运动质量引起的惯性阻力矩，按下式计算：

$$M_g = M_{g1} + M_{g2} \qquad (3\text{-}20)$$

式中　M_{g1}——作直线运动的质量加速时的惯性阻力矩；

　　　　M_{g2}——作旋转运动的质量加速时的惯性阻力矩。

$$M_{g1} = \frac{Q+q}{g} \cdot \frac{V_n}{60t_q} \cdot \frac{D_n}{2ai\eta} = \frac{Q+q}{g} \cdot \frac{1}{60t_q} \cdot \frac{\pi D_n n_d}{a} \cdot \frac{D_n}{2ai\eta}$$

$$= \frac{(Q+q)D_n^2 n_d}{375 a^2 i^2 \eta t_q} \quad (\text{N·m}) \tag{3-21}$$

$$M_{g2} = 1.15[J_1 \varepsilon_1] = 1.15\left[\frac{G_1 D_1^2}{4g} \cdot \frac{\pi n_d}{30 t_q}\right] = 1.15\frac{(G_1 D_1^2)n_d}{375 t_q} \quad (\text{N·M}) \tag{3-22a}$$

式中　　J_1——电动机轴上零件的转动惯量；

ε_1——电动机轴的角速度；

$G_1 D_1^2$——电动机轴（第一根轴）上转动零件的飞轮矩（N·m^2），包括电动机转子及装在第一根轴上的制动轮和联轴器等飞轮矩之和；系数1.15用以考虑第一轴以外其余旋转质量的飞轮矩。

将式（3-21）和式（3-22）代入式（3-18）则

$$M_{QP} - M_j = M_g = M_{g1} + M_{g2} = \frac{(Q+q)D_n^2 n_d}{375 a^2 i^2 \eta t_q} + 1.15\frac{(G_1 D_1^2)n_d}{375 t_q}$$

整理后求得起动时间 t_q：

$$t_q = \frac{n_d}{375(M_{QP} - M_j)}\left[\frac{(Q+q)D_n^2}{a^2 i^2 \eta} + 1.15(G_1 D_1^2)\right] \leqslant [t_q] \quad (\text{s}) \tag{3-22b}$$

式中　$[t_q]$——起升机构推荐的起动时间（s），其值见表3-5。

起 升 机 构 推 荐 起 动 时 间　　　　　　　　　　表 3-5

起 升 机 构 工 作 特 性	t_q (s)
安装用起重机（$V<0.08\text{m/s}$）	1
中、小起重量（$30\sim800\text{kN}$）通用起重机（$V>0.16\sim0.5\text{m/s}$）	$1\sim1.5$
大起重量桥式与龙门起重机（$V<0.1\text{m/s}$）	$4\sim6$

起动时间是否合适，可根据平均加速度来判断。

$$j = \frac{V}{60 t_q} \leqslant [j] \quad (\text{m/s}^2) \tag{3-23}$$

安装或吊运液态物品时，要求运动平稳，加速度可小些；用于生产率较高的场合并对平稳性要求不高时，加速度可大些，平均加速度推荐值列于表3-6。如果平均起动加速度值满足表列数值要求，则起动时间也就满足要求。

起 升 机 构 平 均 加 速 度　　　　　　　　　　表 3-6

起 重 机 用 途	$[j]$ (m/s²)
用于安装或吊运液态物品	0.1
加工车间、仓库及堆料场用起重机	0.2

8. 制动器校核（制动时间验算）

按制动力矩选择的制动器，虽然能够把货物可靠地支持在空中，而对于制动行程或制动时间是否合适也需要验算。

制动时，制动器的制动力矩促使运动质量减速。下降制动时，需要的制动力矩最大，通常计算下降时的制动时间：

$$t_z = \frac{n_d'}{375(M_z - M_j')}\left[\frac{(Q+q)D_n^2}{a^2 i^2}\eta + 1.15(G_1 D_1^2)\right] \leqslant [t_z] \quad (\text{s}) \quad (3-24)$$

式中　n_d'——满载下降时制动轴转速，通常 $n_d' = 1.1 n_d$；

　　　M_j'——满载下降时制动轴上的静力矩，按式（3-14）计算；

　　　$[t_z]$——机构推荐的制动时间，$[t_z] \approx [t_q]$。

起升速度高的，制动时间可取得长些；起升速度低的，制动时间可取得短些。轻级和中级工作级别的机构制动时间可取得短些；重级和特重级机构制动时间可取得长些。

有时也可以按照规定的制动时间，求出所需的制动力矩，作为安装调整制动器的依据。

第三节　旋　转　机　构

使起重机的旋转部分相对于非旋转部分实现回转运动的装置称为旋转机构（或称为回转机构）。旋转机构是旋转起重机的主要工作机构之一。它的作用是使已被起升的货物绕起重机的垂直轴线作圆弧运动，以达到在水平面内吊装货物的目的。

单独用旋转机构来实现水平运动时，服务面积只是一个很狭窄的圆环面积。旋转机构与变幅机构配合工作时，服务面积扩大到相当宽的环形面积，这样可以把起吊的货物在起重机幅度所能达到的范围内任意移动。旋转机构与运行机构配合工作时，服务面积可以扩大到和桥式类型一样，如图3-12所示。

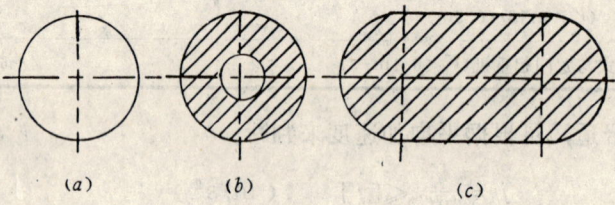

图 3-12　旋转机构服务范围

塔式起重机，汽车起重机和轮胎起重机等都是旋转类型起重机。

为了实现起重机的旋转部分相对固定部分而旋转，旋转机构应由两部分组成：将起重机旋转部分支承在固定部分上的旋转支承装置和用来驱动旋转部分的旋转驱动装置。下面分别叙述它们的种类、构造与有关计算。

一、旋转机构的类型与构造

（一）旋转驱动装置的类型和构造

根据起重机的用途和构造的不同，旋转驱动装置的布置方案有以下两种：

（1）驱动部分装在起重机的旋转部分上，最后一级大齿圈（或针轮）则固定在非旋转部分上（图3-13）。如下回转式塔式起重机。

（2）驱动部分装在起重机的非旋转部分上，而最后一级大齿圈（或针轮）则固定在起重机的旋转部分上（图3-14）。如上回转式塔式起重机。

旋转机构驱动装置所采用的原动机多数是电动机和液压马达，其主要类型式如下：

1.电动旋转机构的驱动装置：

（1）卧式电动机与蜗轮减速器式驱动装置（图3-13与图3-14）

图3-14所示为一塔帽旋转式（上回转式）起重机的旋转机构，大齿圈（内齿圈）装在旋转塔帽上，驱动装置装在塔身上段。卧式电动机2用联轴器8与蜗轮减速器9的融杆7相连接，蜗轮3通过压板（或锥形）摩擦面的摩擦传动将动力传给立轴，借助于小齿轮10，再经一次直齿轮减速后，

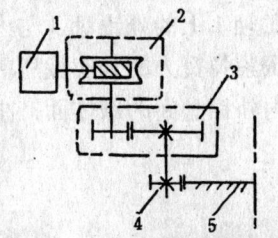

图 3-13　驱动装置装在旋转部分上示意图

1—电动机；2—蜗轮蜗杆减速器；3—齿轮减速器；4—小齿轮；5—大齿圈

带动大齿轮转动。蜗轮3与立轴间的摩擦传动环节称为极限力矩联轴器，其作用是防止机构过载，起安全保护作用。极限力矩的大小可用螺母和加压弹簧11进行调整。

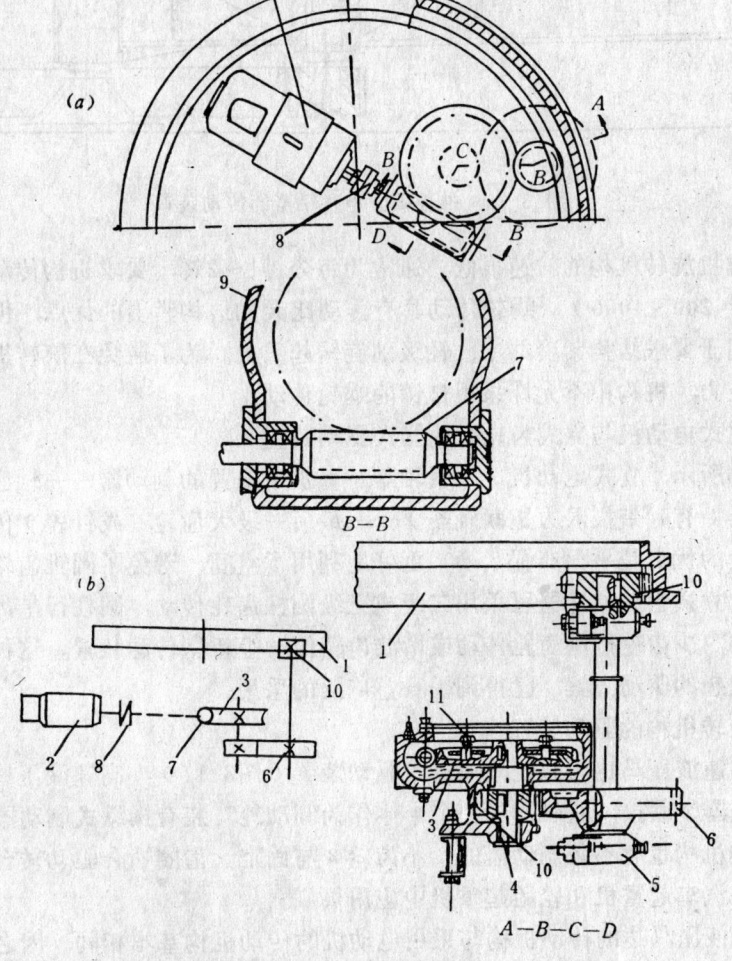

图 3-14　驱动装置装在非旋转部分上的旋转机构

（a）构造图；（b）传动简图

1—内齿圈；2—电动机；3—蜗轮；4—蜗轮轴；5—轴承座；6—大齿轮；7—蜗杆；8—联轴器；9—蜗轮箱；10—小齿轮；11—加压弹簧

图3-15所示为极限力矩联轴器的结构，空套在轴1上的蜗轮2上固定有内锥盘3，用滑键联接在轴1上的外锥盘4与内锥盘3相配合，并借弹簧5压紧在内锥盘里，因而产生摩擦力矩。压紧弹簧力的大小按所需传递的极限力矩用螺母6来调节。当轴上力矩超过极限力矩时，内外锥间的摩擦面产生滑动，而起安全保护作用。

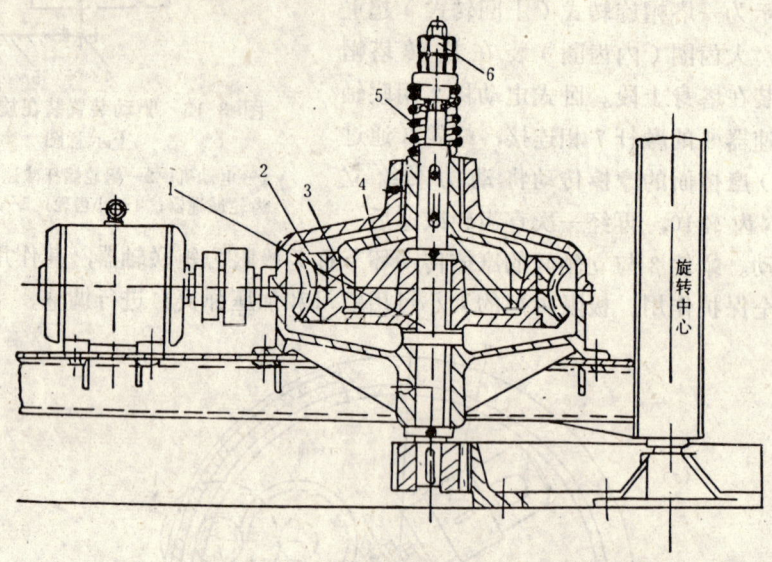

图 3-15　带极限力矩联轴器的传动装置

由于起重机旋转机构的转速很低，通常为每分钟1～2转，要求机构传动装置具有很大的传动比（$i = 200 \sim 1000$）。蜗轮传动具有传动比大和结构紧凑的优点，但传动效率较低。一般只用于要求结构紧凑的中、轻级别旋转起重机。为了避免在旋转机构中的零件出现过大的动应力，机构中不允许采用自锁的蜗轮传动。

（2）立式电动机与立式齿轮减速器式驱动装置。

如图3-16所示，立式电动机——联轴器——水平安置的制动器——轴线垂直布置的立式齿轮减速器（有时带极限力矩联轴器）——最后一级大齿轮（或针轮）传动。

这种方案的优点是平面布置紧凑，更好地利用了空间，避免了圆锥齿轮或蜗轮传动，传动效率高。立式齿轮减速器可采用二级或三级圆柱齿轮传动，圆柱行星齿轮传动，摆线针轮行星传动，少齿差行星齿轮传动或谐波齿轮传动等新型传动装置。这种方案是起重机旋转机构较理想的驱动方案，已得到了日益广泛的采用。

2.液压旋转机构的驱动装置：

（1）高速液压马达与蜗轮减速器式驱动装置（图3-17）：高速液压马达1通过联轴器与蜗轮减速器2联接，联轴器的一个半体作为制动轮，装有操纵式制动器，对于小吨位起重机的旋转机构也有不装制动器的。小齿轮3与固定大齿圈啮合驱动转台旋转。目前这种旋转机构在汽车起重机和轮胎起重机中应用很广。

采用高速液压马达的传动机构与采用电动机的传动机构基本相同。因之将应用电动机的传动方案中的电动机更换高速液压马达之后，即可得到相应的高速液压马达传动型式。

（2）高速液压马达与行星减速器式驱动装置（图3-18）：图中所示的驱动装置是目前国外轮胎式起重机采用较多的一种驱动型式。高速液压马达经一级圆柱齿轮减速后，再

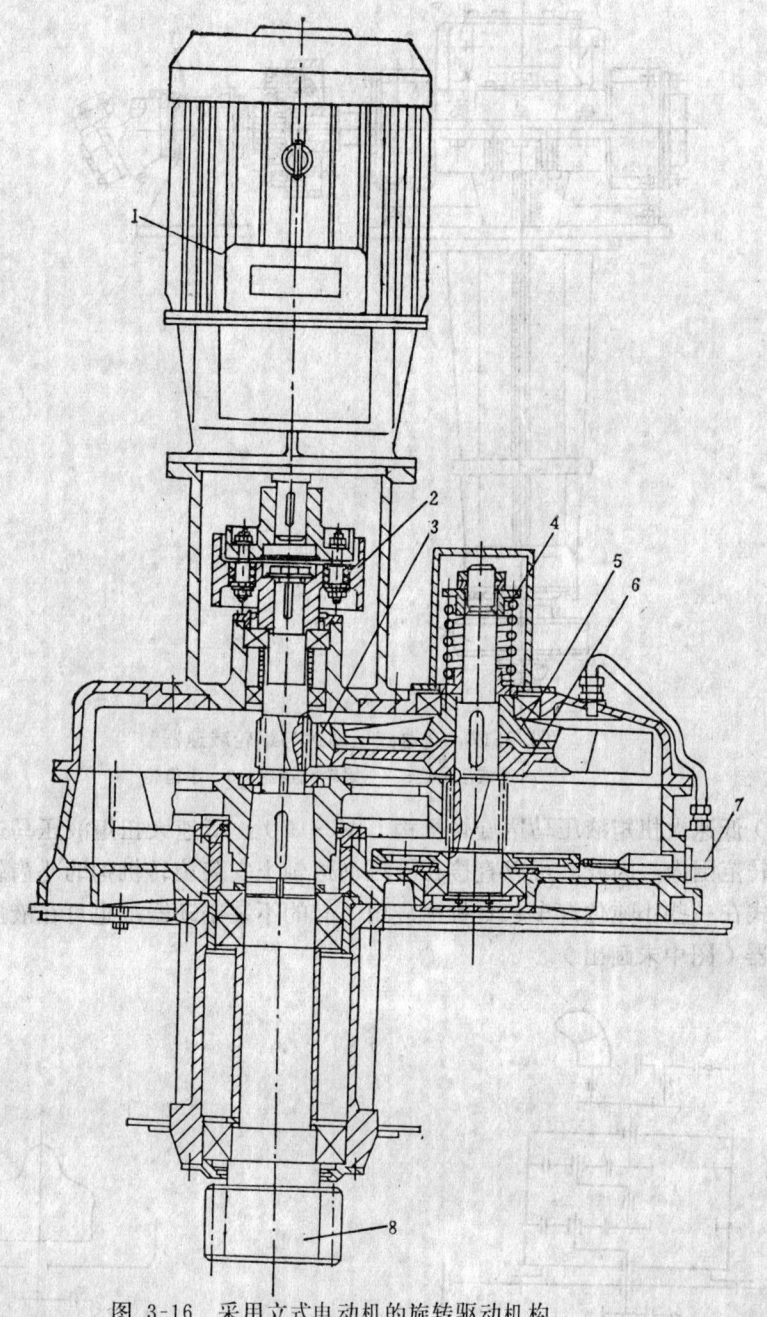

图 3-16 采用立式电动机的旋转驱动机构

1—立式电动机；2—带制动轮的联轴器；3—极限力矩联轴器的齿圈；4—压紧弹簧；5、6—极限力矩联轴器
的上、下锥体；7—柱塞式润滑油泵；8—与大齿轮啮合的小齿轮

经过二级串联2k-H行星传动减速之后带动旋转机构小齿轮。小齿轮与固定大齿圈啮合，驱动转台旋转。由第一级减速齿轮接出制动轴，安装操纵式制动器。这种传动装置使机构布置紧凑，传动效率高。也可以采用3k行星传动，渐开线少齿差和摆线针轮行星减速器。国内小吨位轮胎起重机和下旋转的塔式起重机旋转机构中采用摆线针轮减速器比较多。

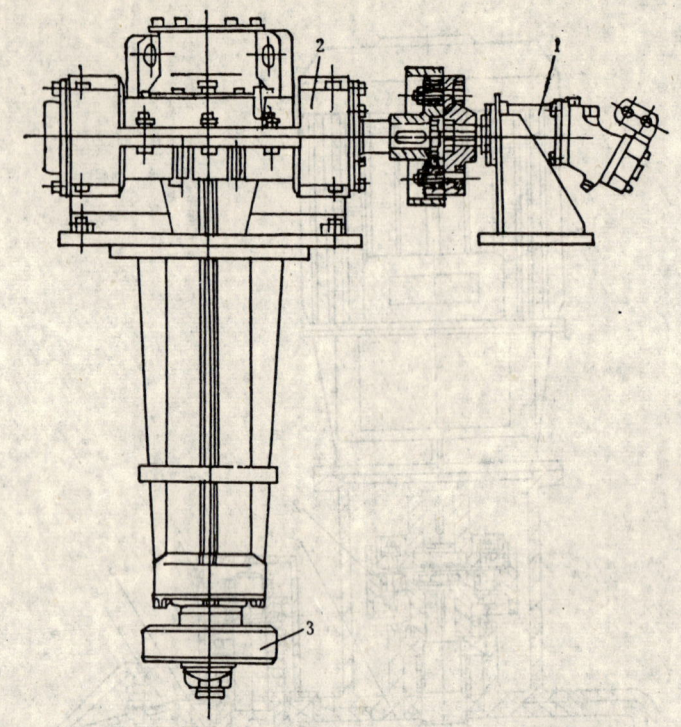

图 3-17 高速液压马达与蜗轮减速器

1—高速液压马达；2—蜗轮减速器；3—小齿轮

（3）低速大扭矩液压马达旋转机构（图3-19）：低速大扭矩液压马达的转速在每分钟0～100转范围内，因此，可以直接在液压马达轴上安装旋转机构的小齿轮，如图3-19所示。该型式在一些小吨位汽车起重机上应用，有的不装制动器，也可在液压马达输出轴上加装制动器（图中未画出）。

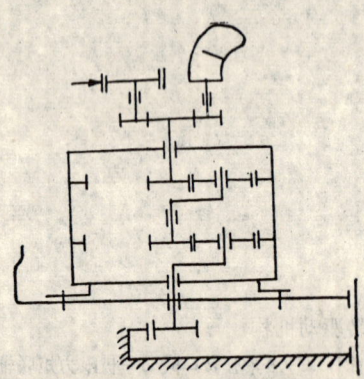

图 3-18 高速液压马达与2K—H行星减速器

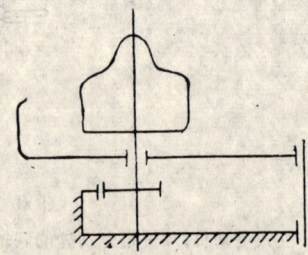

图 3-19 低速大扭矩液压马达的旋转机构

由于采用低速大扭矩液压马达可以省去或减小减速装置，因之使结构更紧凑。但低速大扭矩液压马达成本高，使用可靠性也不如高速液压马达。目前高速液压马达驱动在起重机旋转机构中仍被广泛采用。

（二）旋转支承装置的主要型式

旋转支承装置是支承上部旋转部分的一种装置，它起着"轴承"的作用。如图3-20所示，起重机旋转支承以上的全部重量和载荷对支承装置产生一个轴向力 G_P，这个轴向力通常对旋转中心线有一个偏心距 e，因而产生倾覆力矩 M（$G_P \cdot e$），此外，由于风力、旋转惯性力和齿轮啮合力等产生了径向力 H，旋转支承装置就是用来承受这些作用力的。

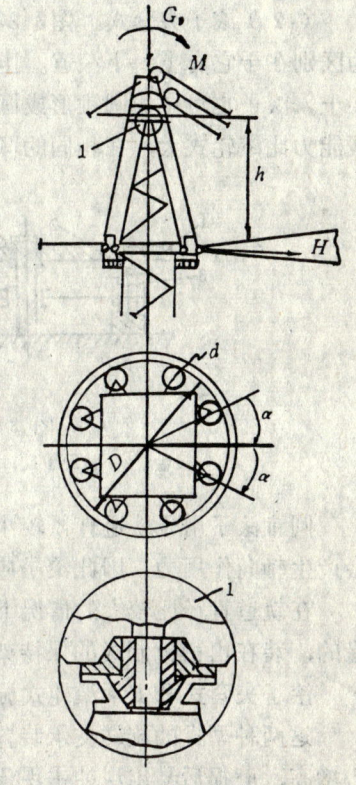

旋转支承装置按结构特点可分为立柱式与转盘式两大类。

1. 立柱式旋转支承装置：

图3-21所示为上旋转式塔式起重机采用的立柱式旋转支承装置。塔帽顶部设有径向止推轴承，下部设有齿圈和水平支承滚轮，滚轮沿装设在塔身上的轨道旋转。在旋转过程中的垂直载荷、水平载荷及倾覆力矩均由径向止推轴承与水平滚轮承受。

2. 转盘式旋转支承装置：

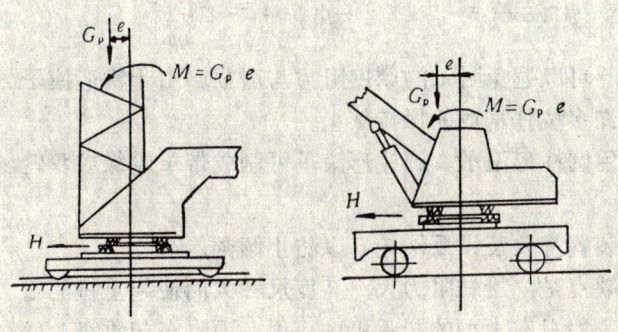

图 3-20　旋转支承装置受力图

图 3-21　立柱式旋转支承装置
1—塔帽顶部径向止推轴承

在工程起重机上应用的转盘式旋转支承装置的型式有：支承滚轮式、滚子夹套式和滚动轴承式。

（1）支承滚轮式：图3-22所示为支承滚轮式旋转支承装置，它由转盘1、滚轮2、中心轴3、滚道4和反滚轮5等组成。

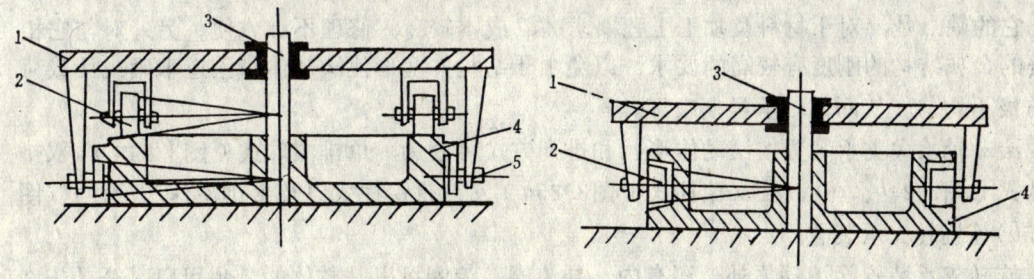

图 3-22　支承滚轮式旋转支承安装简图
1—转盘；2—滚轮；3—中心轴；4—滚道；5—反滚轮

中小型起重机一般采用3～4个滚轮，当起重量较大时，滚轮数可增多。常用的滚轮有圆锥形和圆柱形两种。当采用圆锥形滚轮时，为消除滚轮与滚道之间的相对滑动，其圆锥顶点须交会于旋转轴线上。对于圆柱形滚轮，由于它在园滚道上滚动时，车轮与滚道之间有相对滑动，为减轻这种现象，常将圆柱形滚轮的长度做的较小。由于圆柱形滚轮与平面滚道加工、安装与调试容易，故大直径转盘上常采用这种滚轮。

（2）滚子夹套式：图3-23所示为滚子夹套式旋转支承装置，这种型式与支承滚轮式的区别在于它有上、下滚道。上滚道2与转盘1装配成一个整体，而下滚道4则固定于机架上。滚子也可做成圆锥形或圆柱形。滚子式支承旋转装置由于滚动体数目很多，因之承载能力比滚轮式大，在相同的倾覆力矩作用下，所需要的轨道直径可以小一些。

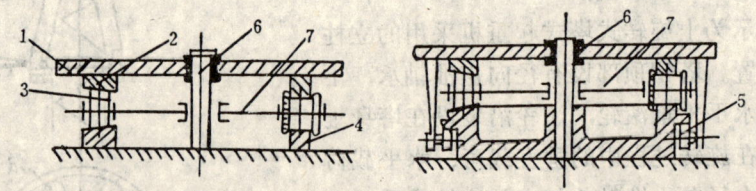

图 3-23　滚子夹套式旋转支承装置简图
1—转盘；2—转动滚道；3—滚子；4—固定滚道；5—反滚子；6—中心轴；7—拉杆

圆锥滚子用于轨道直径较小的情况，可以避免附加的摩擦阻力与磨损。由于锥形滚子会产生轴向作用力，因此滚子应装在由许多拉杆构成的保持架上。

在轨道直径比较大的情况下，可采用圆柱形滚子。圆柱形滚子可制成带单轮缘或双轮缘的，装在由槽钢制成的保持架上。

滚子夹套式和支承滚轮式旋转支承装置都要装设反滚轮5以防止倾翻。

这两种型式的旋转支承装置的共同缺点是：旋转阻力大，高度尺寸大而使起重机的重心增高，磨损后易出现冲击现象，目前一般只在大型的起重机中应用，而汽车起重机、轮胎起重机和其它中小型起重机广泛采用滚动轴承式支承旋转装置。

（3）滚动轴承式旋转支承装置：滚动轴承式旋转支承装置是当前工程起重机普遍采用的一种旋转支承装置。

滚动轴承式旋转支承装置的优点是：旋转摩擦阻力小、承载能力大、高度低、工作平稳、装配与维护简单。由于滚动轴承圈中心部分可以作为通道，这对起重机的布置是比较方便的。旋转支承装置高度低，可以降低整台起重机的重心，从而增大起重机的稳定性能。它的缺点是：对于材料及加工工艺要求高，成本较高，修理不够方便。另外对与它相联接的金属结构的刚度有较高的要求，以免由于结构件变形使滚动体与滚道卡紧或使载荷分布极不均匀，从而使轴承早期破坏。

滚动轴承式支承装置按滚动体形状和排列方式可分为：单排滚珠式（图3-24a），双排滚珠式（图3-24b，c），交叉滚柱式（图3-25a）、双排滚柱式以及多排滚珠和滚柱式（图3-25b）等旋转支承装置。

旋转支承装置除滚动体外，还有内、外滚圈。滚圈可以是整体的，也可以是分为上、下两半的。整体的滚圈上设有大齿圈。内啮合的旋转支承装置外形美观，尺寸紧凑。内、外滚圈各有高强度螺栓分别固定在旋转平台或底盘车架上。

单排四点接触的滚珠式旋转支承装置（图3-24a）是最简单的一种旋转支承装置。滚珠承受两个方向来的压力。其压力与径向水平线的夹角（接触角）往往做成45°（加工方便），

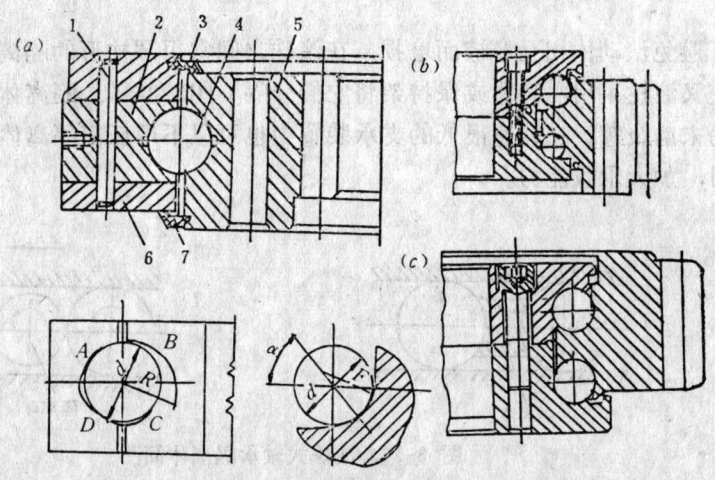

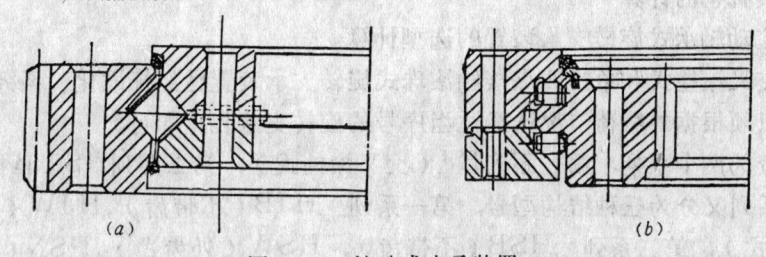

图 3-24　滚珠式支承装置

(a)四点接触滚珠式；(b)双排滚珠式($\alpha = 45°$)；(c)双排滚珠式($\alpha = 90°$)

图 3-25　滚珠式支承装置

(a)单排交叉滚柱式；(b)三排滚柱式

故其承载能力受到一定的限制。因此，它多用在轻级起重机的旋转机构中，是一种轻型的旋转支承装置。

为了提高支承装置的承载能力，可用双排滚珠式，上、下两排滚珠各自承受向下和向上的力。同时将上、下两排滚珠的接触角做成大于45°（75°～90°），故可提高其承载能力。由于在旋转支承中向上的力始终小于向下的力，即上排滚珠的载荷始终大于下排，因此，下排滚珠直径可以比上排滚珠直径小些。双排滚珠式旋转支承比同样大小、同样滚珠只数的单排滚珠式的承载能力更大，多用于起重量较大的起重机上。

交叉滚柱式旋转支承装置中，一半滚柱受向下的力，一半滚柱受向上的力，故受力滚柱数为总滚柱数的一半。滚柱在内外座圈之间滚动，其接触角通常为45°，相邻两个滚柱的轴线交叉90°，所以能够传递不同方向的轴向载荷，径向载荷和倾覆力矩。交叉滚柱式支承的滚道为平面滚道，滚道与滚动体成线接触，故疲劳寿命提高，使用寿命长，其承载能力与单排滚珠支承（同滚子数）相比，要提高一倍。交叉滚柱式支承具有结构紧凑、高度尺寸小等优点，从而降低了旋转部分的重心高度，增加了整体稳定性。但是这种支承形式需要有较高的安装精度和座圈刚度，否则装配不良或座圈变形，易使滚道与滚柱产生边缘载荷而成点接触，划伤滚道面，产生噪音，降低使用寿命。

多排的滚珠、滚柱式旋转支承装置多用在特大型的工程起重机上。

单排四点接触滚珠式和交叉滚柱式的支承装置已有系列标准，在设计时可按标准选用。

为了避免滚动体相互摩擦而磨损，在滚珠之间常用圆柱形的隔离体或直径略小些的隔离球，交叉滚柱采用隔离体或保持架将它们分隔（图3-26）。隔离体的材料常采用软钢、尼龙或粉末冶金等。在转速很低的支承装置中也可以不用任何隔离体，这样可以增加滚动体的数目，加大承载能力。

图 3-26　滚珠式轴承隔离体简图
(a)隔离体；(b)隔离球

二、旋转机构的计算

（一）滚动轴承式旋转支承装置的选型计算

我国对交叉滚柱式和单排四点接触滚珠式旋转支承装置已经标准化、系列化，在起重机设计中，只须根据外载荷情况选择适当序号的旋转支承装置即可。

标准中分为两个系列，第一系列HJ（交叉滚柱式），第二系列HS（单排四点滚珠式）。每一系列又分为三种结构型号，第一系列：HJB（不带齿），HJW（外齿式），HJN（内齿式）。第二系列：HSB（不带齿），HSW（外齿式），HSN（内齿式）。每一系列又分二十个序号，每一序号的旋转支承装置的承载能力，结构尺寸均不相同（表3-7）。

下面简单介绍旋转支承装置选型计算的方法。系列选型计算需解决三个问题：旋转机构上外载荷的确定与计算；旋转支承装置的承载能力；组合后的外载荷 与 承 载 能 力的比较。

1.确定外载荷：

旋转支承装置（这里是指滚动轴承式）的外载荷的确定，应选取受力最不利的工况，即起重力矩为最大时的工况，并考虑风力取工作时的最大风力值。

旋转支承装置上承受着垂直载荷（轴向力G_P）和水平力H以及倾 覆 力 矩M三种荷载。

垂直荷载G_P包括吊臂自重G_b，配重G_3、和上车其它部分的重量G_1以及考虑到超载的吊重物和吊具重量$K(Q+q)$（见图3-27）。

水平方向的载荷H包括有沿着吊臂方向的水平风力，吹在重物上的是w_1，吹在起重 机上的是w_2；有旋转时的离心力和垂直于吊臂平面内的制动切向惯性力。重物的 离心力为P_1，切向惯性力为P_1'，起重机旋转部分自重的离心力为P_2，切向惯性力为P_2'。由于 旋转部分的重心靠近旋转中心，故P_2和P_1'常可忽略；作用在旋转支承装置上的水 平 力还有旋转齿轮的啮合力P_r，它的大小由小齿轮上所传递的扭矩所决定。如下式：

$$P_r = \frac{M_T}{R} \quad \text{（N）} \qquad\qquad （3-25）$$

式中　　M_{T}——小齿轮上所传递的扭矩（N·m）；

R——小齿轮节圆半径（m）。

它的方向由小齿轮离吊臂轴线水平投影的位置而定。若旋转机构有两个并成对称布置，则此力互相抵消（如图3-21）。

倾覆力矩M是由垂直力作用位置对旋转中心轴线的偏斜和水平力对旋转支承径向作用平面的偏斜而引起的，其大小可根据作用力的大小和偏斜距离的乘积来确定。下面用具体数学式来表达这三种载荷的大小。

如图3-27所示，显然，沿吊臂平面（z-y平面）的弯矩大，而在与吊臂变幅平面垂直的平面内（z-x平面）的水平力和弯矩较小，在力的合成时z-x平面内的力矩和力可不予考虑。则

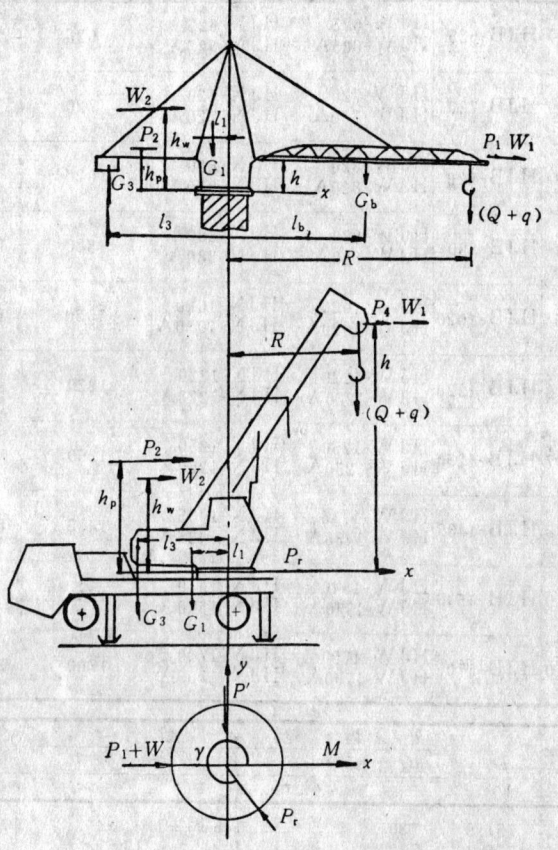

$$G_{\text{P}} = K(Q+q) + G_{\text{b}} + G_1 + G_3$$
$$\left.\begin{array}{l} M = K(Q+q)\cdot R + G_{\text{b}}\cdot l_{\text{b}} - G_1 l_1 \\ \quad - G_3\cdot l_3 + (P+W_1)\cdot h + W_2\cdot h_{\text{w}} \end{array}\right\}$$
$$H = W_1 + P_1 + W_2 - P_{\text{r}}\cos\gamma$$

（3-26）

式中符号见图3-27上所示。式中K为超载系数（或称工作条件系数）由表3-8确定。也可以按正常试验载荷取额定载荷的110%，来近似地均取$K=1.1$。又因为轮式和履带式起重机上的离心力P_1和风

图 3-27　旋转支承装置载荷作用图

力W引起的弯矩一般只占重物引起的弯矩的10%左右，为简化计算，可取：

$$M = 1.2(Q+q)\cdot R + G_{\text{b}}\cdot l_{\text{b}} - G_1\cdot l_1 - G_3\cdot l_3 \qquad （3-27）$$

同时水平力H一般也远远不到10%的G_{P}，故在计算旋转支承装置时，也往往可以不计水平力的影响。

2．确定旋转支承装置类型：

根据设计要求、结构特点以及前面计算的受力大小，起重机的工作条件等，首先确定采用何种类型的旋转支承装置。这里应考虑到整机性能、造价、制造精度等因素。然后根据结构的传动特点、结构布置形式及工作环境，再进一步确定选择外齿式还是内齿式等具体结构型式。最后依据条件进行旋转支承装置的选型。

3．旋转支承装置的选型：

下面以交叉滚柱式和单排四点接触球式（滚珠式）旋转支承装置为例介绍其选型方法步骤。

（1）求出当量负荷C_{d}：根据前面已知的外载荷的组合（即G_{p}、M和H值）按下式求出当量负荷C_{d}。

序号	第一系列（HJ）交叉滚柱式 不带齿	外齿	内齿	滚道中心直径 D_0 (mm)	外形尺寸 D (mm)	d	H	h	安装尺寸 D_u (mm)	D_n	n	ϕ
1	HJB-625	HJW-625, HJW-625A	HJN-625, HJN-625A	625	725	525	80	12.5	685	565	18	18
2	HJB-720	HJW-720, HJW-720A	HJN-720, HJN-720A	720	820	620	80	12.5	780	660	18	18
3	HJB-820	HJW-820, HJW-820A	HJN-820, HJN-820A	820	940	705	95	12.5	893	749	24	20
4	HJB-880	HJW-880, HJW-880A	HJN-880, HJN-880A	880	1000	760	95	12.5	956	800	24	20
5	HJB-1020	HJW-1020, HJW-1020A	HJN-1020, HJN-1020A	1020	1170	875	95	15	1120	930	24	22
6	HJB-1220	HJW-1220, HJW-1220A	HJN-1220, HJN-1220A	1220	1365	1075	120	15	1310	1130	36	24
7	HJB-1250	HJW-1250, HJW-1250A	HJN-1250, HJN-1250A	1250	1400	1090	120	15	1350	1150	36	26
8	HJB-1435	HJW-1435, HJW-1435A	HJN-1435, HJN-1435A	1435	1595	1278	120	15	1535	1335	36	26
9	HJB-1540	HJW-1540, HJW-1540A	HJN-1540, HJN-1540A	1540	1720	1360	140	18	1660	1420	42	26
10	HJB-1700	HJW-1700, HJW-1700A	HJN-1700, HJN-1700A	1700	1875	1525	140	18	1815	1585	42	29

序号	外齿轮参数 D_e (mm)	d_f	m	Z	ξ	l	内齿轮参数 D_e (mm)	d_f	m	Z	ξ	l
1	751.9	730	5	146	+1.4	60	498.82	505	5	101	+0.35	60
	755.47	732	6	122	+1.15		496.66	504	6	84		
2	860.33	834	6	139	+1.4	60	586.6	594	6	99	+0.35	60
	861.12	832	8	104	+1.0		582.3	592	8	74		
3	980.55	954	6	159	+1.4	70	664.54	672	6	112	+0.35	70
	986.20	950	10	95	+1.0		657.96	670	10	67		
4	1047.53	1016	8	127	+1.15	70	718.18	728	8	91	+0.35	70
	1046.34	1010	10	101	+1.0		707.9	720	10	72		
5	1219.25	1184	8	148	+1.4	70	830.1	840	8	105	+0.35	70
	1219.24	1180	10	118	+1.15		827.78	840	10	84		
6	1424.91	1380	10	138	+1.4	90	1027.81	1040	10	104	+0.35	90
	1435.86	1392	12	116	+1.0		1017.32	1032	12	86		
7	1443	1430	10	143	-0.35	90	1037	1050	10	105	+0.35	90
							1029.3	1044	12	87		
8	1655.46	1608	12	134	+1.15	90	1221.15	1236	12	103	+0.35	90
	1661.17	1610	14	115	+1.0		1214.82	1232	14	88		
9	1780.8	1728	12	144	+1.4	110	1293.1	1308	12	109	+0.35	110
	1791.1	1736	14	124	+1.15		1284.8	1302	14	93		
10	1945.4	1890	14	135	+1.15	110	1452.66	1470	14	105	+0.35	110
	1950.8	1888	16	118	+1.15		1452.33	1472	16	92		

序号	交叉滚柱式		四点球式		第 二 系 列 (HS)		
	d_0	C_{oa}	d_0	C_{oa}	四 点 接 触 球 式		
	(mm)	(t)	(mm)	(t)	内 齿	外 齿	不 带 齿
1	20	69.6	28	108	HSN-625 HSN-625A	HSW-625 HSW-625A	HSB-625
2	20	80.8	28	124	HSN-720 HSN-720A	HSW-720 HSW-720A	HSB-720
3	30	142.5	40	206	HSN-820 HSN-820A	HSW-802 HSW-820A	HSB-820
4	30	153	40	220	HSN-880 HSN-880A	HSW-880 HSW-880A	HSB-880
5	30	178	40	257	HSN-1020 HSN-1020A	HSW-1020 HSW-1020A	HSB-1020
6	36	256	50	385	HSN-1220 HSN-1220A	HSW-1220 HSW-1220A	HSB-1220
7	36	257	50	385	HSN-1250 HSN-1250A	HSW-1250 HSW-1250A	HSB-1250
8	36	300	50	450	HSN-1435 HSN-1435A	HSW-1435 HSW-1435A	HSB-1435
9	45	409	60	594	HSN-1540 HSN-1540A	HSW-1540 HSW-1540A	HSB-1540
10	45	450	60	655	HSN-1700 HSN-1700A	HSW-1700 HSW-1700A	HSB-1700

工 作 条 件 系 数　　　　　　　　　　表 3-8

工 作 级 别	机 械 举 例	K
轻	汽车起重机、轮胎起重机、履带起重机	1.0～1.2
中	塔式起重机、船用起重机	1.1～1.3
重	抓斗起重机、港口起重机	1.3～1.5
特重	斗轮式挖掘机、隧道掘进机	1.6～2.0

$$C_d = G_p + \frac{4.5M}{D_0} + 2.5H \qquad (kN) \qquad\qquad (3-28)$$

对于四点接触球式：

$$C_d = G_p + \frac{5M}{D_0} + 2.5H \qquad (kN) \qquad\qquad (3-29)$$

式中　D_0——滚道中心直径（m）。

（2）求旋转支承所需的承载能力C'_{0a}：旋转支承装置所需的承载能力C'_{0a}可按下式确定：

$$C'_{0a} = f_a \cdot C_d \qquad (kN) \qquad\qquad (3-30)$$

式中　f_a——安全系数，工程起重机可取$f_a = 1.0～1.15$；

　　　C_d——当量负荷（kN）。

当H很小时，可略去。

（3）选型：根据初步确定的旋转支承装置类型，以及求出的旋转支承装置所需的承载能力C'_{0a}，在旋转支承装置系列表（表3-7）（如HJ系列和HS系列）中找出标准系列的旋转支承装置和承载能力C_{0a}值，并与所需C'_{0a}进行比较，并满足下式要求。

$$C_{0a} \geqslant C'_{0a} \tag{3-31}$$

式中　C_{0a}——标准系列产品的承载能力值（kN）；

　　　C'_{0a}——旋转机构中旋转支承所需的承载能力（kN）。由计算得出。

一但旋转支承装置选型确定后，其结构尺寸和安装尺寸以及旋转齿圈的参数均已确定。起重机上与其的连接关系尺寸以及相啮合的小齿轮的参数则都要以此为标准来确定。

当滚道表面硬度为HRC55，$f_a = 1$时，可由G_p及M直接从图3-28查取旋转支承装置的序号。

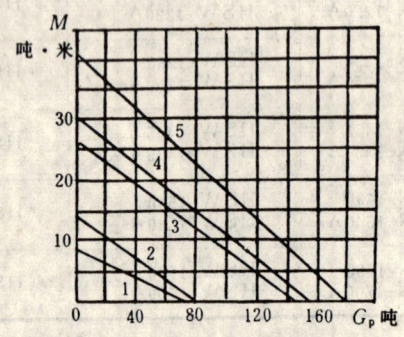 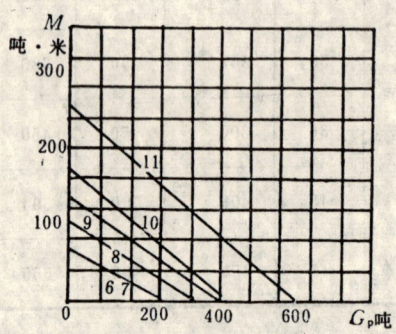

(a)

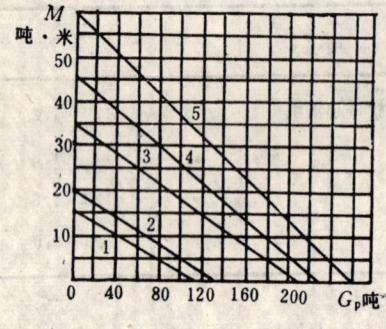 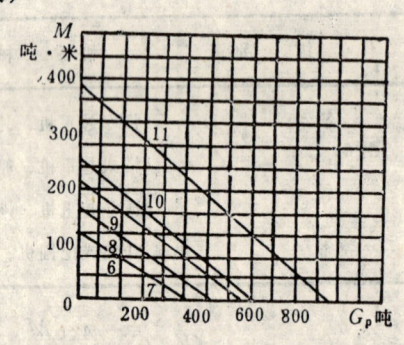

(b)

图 3-28　旋转支承承载能力曲线

(a)交叉滚柱式旋转支承承载能力曲线；

(b)四点接触式旋转支承承载能力曲线

（二）旋转阻力矩的计算

旋转机构的工作载荷是旋转阻力矩。起重机在旋转起动时，旋转阻力矩M_w有下列阻力矩组成：

$$M_w = M_m + M_f + M_P + M_g \tag{3-32}$$

式中　M_m——旋转支承装置的摩擦阻力矩；

　　　M_f——由于风压力所引起的阻力矩；

86

M_P——由于旋转平台倾斜（起重机在有坡度的场地上旋转）所引起的旋转阻力矩；

M_g——旋转惯性力引起的阻力矩。

1.摩擦阻力矩：

旋转支承装置的旋转摩擦阻力矩M_m可按下式计算。

$$M_m = \Sigma N \times \mu \frac{D_0}{2} \qquad\qquad (3-33)$$

式中　μ——摩擦系数，不考虑正常旋转和起动时的区别，可近似地一律取$\mu = 0.01$；

　　D_0——旋转支承装置的滚道中心直径；

　ΣN——旋转支承装置全部滚动体上的总正压力，由下式计算：

当$e > 0.3D_0$（滚珠式）或$e > 0.262D_0$（滚柱式）时，

$$\Sigma N = \frac{2.828 G_P e}{D_0} K_e + K_H \cdot H \qquad\qquad (3-34)$$

当$e \leqslant 0.3D_0$（滚珠式）或$e \leqslant 0.262D_0$（滚柱式）时：

$$\Sigma N = 1.414 G_P + K_H \cdot H \qquad\qquad (3-35)$$

其中　e——轴向（垂直）载荷相对旋转中心的偏心距，$e = \dfrac{2M}{G_P \cdot D_0}$；

　　K_e——与轴向载荷相对偏心距e有关的系数，按不同的$\dfrac{2e}{D_0}$值，由图3-29确定；

　　K_H——与旋转支承装置型式及接触角α有关的系数，对于交叉滚柱式，$\alpha = 45°$时，$K_H = 1.8$；对于四点接触滚珠式，$\alpha = 45°$时，$K_H = 1.72$。

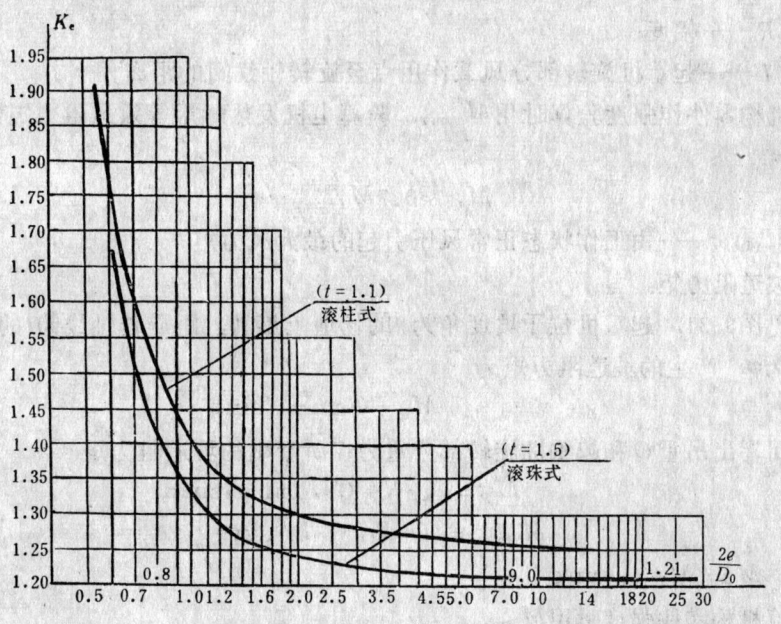

图 3-29　K_e与$\dfrac{2e}{D_0}$关系图

在求总正压力时，外载荷可按公式（3-26）确定，在计算中也可应用简化公式（3-27）。

2.风阻力矩：

风阻力矩的大小是随着起重机旋转而变化的，如图3-30所示，如果忽略迎风面积的变化，M_t按下式计算：

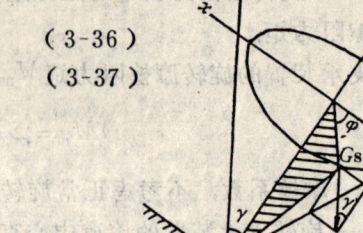

$$M_t = P_{f1} \cdot R \sin\varphi + P_{f2} \cdot l \sin^2\varphi \approx M_{f\max} \cdot \sin\varphi \qquad (3\text{-}36)$$

$$M_{f\max} = P_{f1} \cdot R + P_{f2} \cdot l \qquad (3\text{-}37)$$

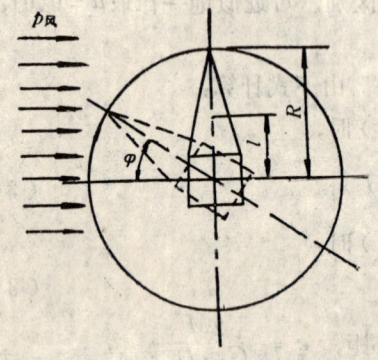

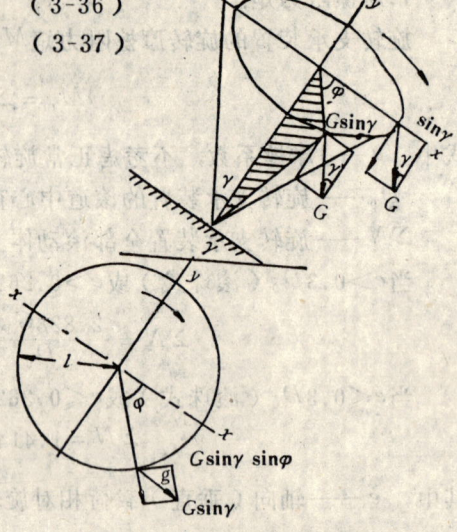

图 3-30　受风载作用计算简图　　　　图 3-31　坡道阻力矩计算简图

式中　　P_{f1}——货物上的风载荷；

　　　　P_{f2}——起重机旋转部分上的风载荷；

　　　　R——幅度；

　　　　l——起重机旋转部分风载作用点至旋转轴线间的距离。

对机构零件作强度验算时用$M_{f\max}$，验算电机发热时用等效风阻力矩计算。等效风阻力矩为

$$M_{fc} \approx 0.7 M_{f1\max} \qquad (3\text{-}38)$$

式中　　$M_{f1\max}$——由工作状态正常风压引起的最大风力矩。

3.坡道阻力矩：

参见图3-31，起重机位于坡度角为γ的场地上旋转，距旋转轴线为l的重量G，且与力轴夹角为φ，产生的坡道阻力矩为

$$M_P = G \sin\gamma \cdot l \sin\varphi$$

据此，可写出吊重Q和起重机旋转部分重力G所产生的坡道阻力矩

$$M_P = (Q \cdot R + G \cdot l) \sin\gamma \cdot \sin\varphi$$

$$M_{P\max} = (Q \cdot R + G \cdot l) \cdot \sin\gamma \qquad (3\text{-}39)$$

所以　　　$M_P = M_{P\max} \cdot \sin\varphi$

验算机构零件强度时用$M_{P\max}$。

验算电动机发热时用等效坡度阻力矩。

$$M_{PC} = 0.7 M_{P\max} \qquad (3\text{-}40)$$

4.惯性阻力矩：

惯性阻力矩由货物、起重机旋转部分质量和传动机构旋转质量三部分所引起，按下式

计算

$$M_g = (1.1 \sim 1.3) \frac{\Sigma GD^2 \cdot n}{375 t_q} \qquad (\text{N} \cdot \text{m}) \qquad (3-41)$$

$$\Sigma GD^2 = 4 \Sigma G_i l_i^2 \qquad (3-42)$$

式中　ΣGD^2——吊重和起重机旋转部分对旋转轴线的总飞轮矩（N·m）；

G_i——吊重和起重机旋转部分重量，N；

l_i——吊重和旋转部分重心到旋转轴线的距离（m）；

n——起重机的转速（min⁻¹）；

t_q——旋转机构起动时间，无风时 $t_q = 3 \sim 5s$；有风时 $t_q = 4 \sim 10s$。

（$1.1 \sim 1.3$）是考虑传动机构旋转质量惯性阻力矩的增大系数。

（三）选择电动机

根据等效功率初选电动机，等效功率按下式计算：

$$N_c = \frac{M_m + M_{fc} + M_{pc}}{9550 \eta} \cdot n (\text{kW}) \qquad (3-43)$$

式中　$M_{fc} \approx 0.7 M_{fImax}$ 及 $M_{pc} \approx 0.7 M_{pmax}$

对于转速比较高的旋转机构，由于起动惯性阻力比较大，应按下式选择电动机功率，即

$$N = \frac{(M_m + M_{fImax} + M_{pmax} + M_g) \cdot n}{9550 \eta \varphi_{QP}} \geqslant N_c \qquad (3-44)$$

式中　φ_{QP}——电动机在起动时期平均过载系数，交流电动机可取 $\varphi_{QP} = 1.5 \sim 1.7$；直流电动机可取 $\varphi_{QP} = 1.7 \sim 1.9$；

η——旋转机构的传动效率，取 $\eta \approx 0.8 \sim 0.85$。

第四节　变幅机构

绝大部分的工程起重机为了满足重物装、卸工作位置的要求，充分利用其起吊能力（幅度减少能提高起重量），需要经常改变幅度。变幅机构则是实现改变幅度的工作机构。利用变幅机构可以扩大起重机的工作范围，当变幅机构和旋转机构协同工作时，起重机的工作范围是一个环形空间。

一、变幅机构的分类

工程起重机变幅机构按其构造和不同的变幅方式，基本上可分为两种：动臂式变幅和小车式变幅，如图3-32所示。

轮胎式起重机一般都采用动臂式变幅方案，塔式起重机则两种方案都有采用的。

1.动臂式变幅机构：

动臂式变幅机构是通过起重臂俯仰摆动实现变幅的。它有两种结构型式，一种是通过卷扬机构和一套滑轮组，用钢丝绳或其它挠性件牵引起重臂架俯仰摆动实现变幅。我们称它的柔性变幅。由于卷扬与臂架间是挠性联系，当起重臂仰角超过90°时，会造成后倾，引起事故。故其臂架的俯仰角度一般在25°～85°之间，且在臂架附近装有防止臂架后倾的安全装置，如撑杆、拉绳以及一些限位开关等。

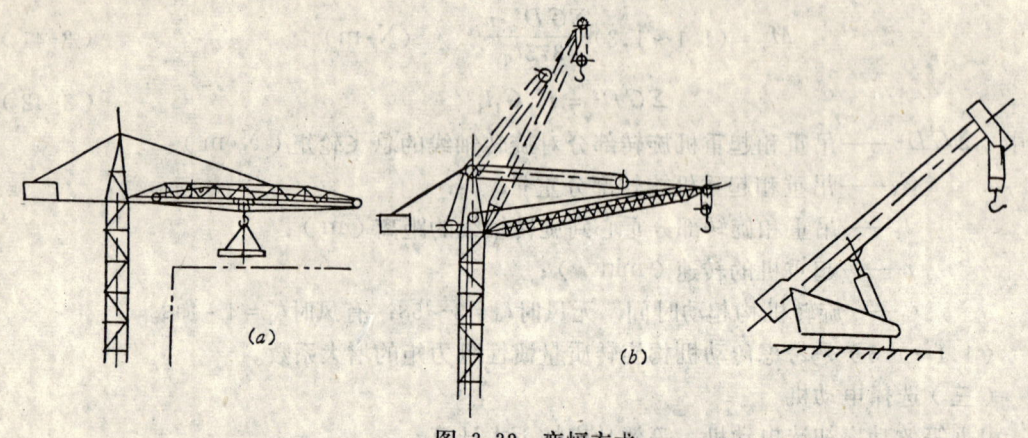

图 3-32 变幅方式

（a）小车式变幅；（b）动臂式变幅

另一种叫做刚性变幅。刚性传动的变幅机构又有齿条式（图3-33）、螺杆式（图3-34）和液压油缸式（图3-35）几种型式。由于液压油缸变幅具有工作平稳、结构轻便和易于布置等特点，它在刚性传动的变幅机构中应用最为广泛。它通过液压传动系统将高压油压入变幅油缸，推动油缸活塞杆上下移动牵引臂架俯仰变幅。变幅力较小的起重机一般采用单缸，较大的采用双缸。

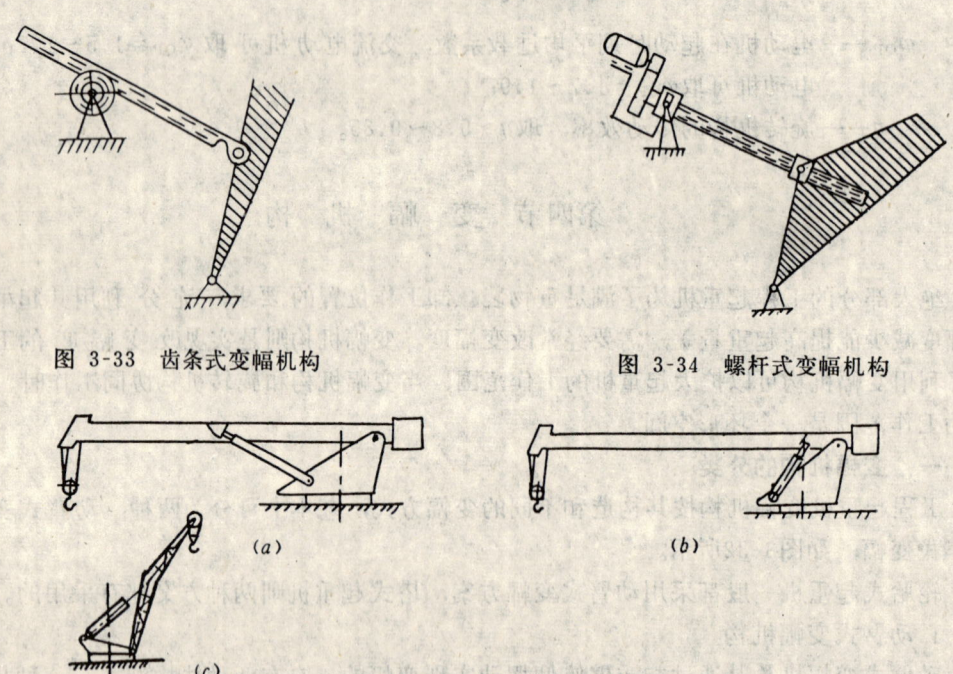

图 3-33 齿条式变幅机构   图 3-34 螺杆式变幅机构

图 3-35 液压油缸式变幅机构油缸布置形式

（a）前倾式；（b）后倾式；（c）后拉式

液压油缸式变幅机构的变幅油缸布置形式分为前倾式、后倾式和后拉式三种。前倾式（图3-35a）变幅油缸对吊臂的作用力臂长，因此变幅推力小，可采用小直径油缸。其缺点是变幅油缸行程长，吊臂下方有效空间小，小幅度起吊大体积重物不方便。后倾式（图3-35b）变幅油缸的特点和前倾式完全相反，它除了具有变幅行程短，吊臂下方有效空间大等优点外，由于重心后移，便于总体布置，并可减少平衡重。后拉式（图3-35c）变幅油缸布置在吊臂后方。由于吊臂摆动铰点位置在前，吊臂前方的有效工作空间较大。但后拉式在提升吊臂时，油缸只能是小腔进油（有活塞杆的那部分空腔），推力小，所以只能用在小型轮胎式起重机上。

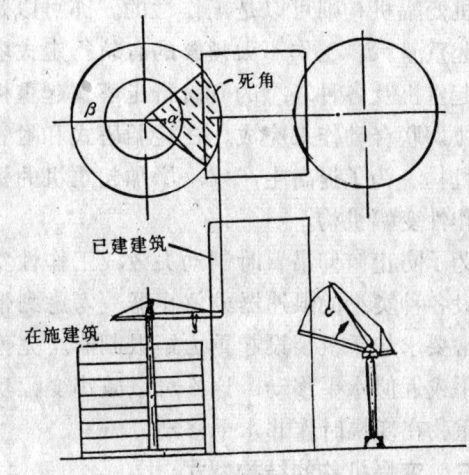

图 3-36 动臂变幅与小车变幅作业范围比较

另外，在全液压伸缩臂式的起重机中，通过改变吊臂本身的长度（臂架伸出或缩进）也可达到变幅的目的，一般这种变幅形式是和液压油缸式刚性变幅形式同机并存的。

动臂式变幅机构具有较大的起升高度，在建筑群中施工不易产生死角，如图3-36所示，拆装也比较方便。其缺点是幅度的有效利用率低，变幅速度不均匀，没有装设补偿装置时，重物不能做到水平移动，安装就位不太方便，由于变幅时需要带动笨重的起重臂一起摆动，故所需变幅机构的功较大。

2.小车式变幅机构：

小车式变幅是通过移动牵引小车实现变幅的。工作时起重臂安装在水平位置，小车由变幅牵引机构驱动，沿着起重臂的轨道移动。这种变幅方案的优点是：变幅时重物作水平移动，给安装工作带来了方便；速度快，幅度有效利用率大；由于变幅时只牵引变幅小车，故功率较省。它的缺点是：起重臂承受较大的弯矩，所以吊臂结构笨重，用钢量大。由于吊臂是水平位置，它的起升高度受到一定的限制，为了进一步提高起升高度，目前有的起重臂架还可以仰起一定的角度，让变幅小车在倾斜的起重臂架轨道上行走。小车式变幅的最小幅度比动臂式变幅的要小得多，可达2.5～3.5米。

动臂变幅和小车变幅各有特点，国内外两种方案均得到广泛采用。一般小车式变幅多用在塔式起重机上，因为这种方案重物作水平移动，安装就位准确、变幅速度快。在场地狭窄的高层建筑群中施工的塔式起重机，以及在轮胎式起重机上往往优先采用动臂式变幅。

工程起重机变幅机构按其工作性质可分为非工作性变幅机构和工作性变幅机构两种。

非工作性变幅机构指只是在空载条件下变幅的机构。它在空载时改变幅度，以调整吊钩的位置，而在重物装、卸移动过程中，幅度不再改变，因此变幅过程属于非工作性的。这种变幅机构变幅次数一般较少，而且采用较低的变幅速度，以减少变幅机构的驱动功率。其优点是构造简单、自重轻。

工作性变幅机构是能在带载的条件下变幅的机构。为了提高起重机的生产率和更好地满足装卸工作的需要，常常要求在吊装重物时改变起重机的幅度。这种类型的变幅机构变幅次数频繁，一般采用较高的变幅速度以提高生产率。工作性变幅机构驱动功率较大，而且要求安装限速和防止超载的安全装置，与非工作性变幅机构相比，构造较复杂，自重也较大，但工作机动性却大为改善。

轮胎式起重机工作时要使用支腿，故必须带载变幅，其变幅机构属于工作性的。塔式起重机变幅机构则可以是工作性的。亦可以是非工作性的。一般说来，非工作性变幅机构用于起重量大、工作不太频繁的有轨行走式塔式起重机上，例如一般大型工业设备安装用塔式起重机及各种轻型的有轨行走塔式起重机，此时重物装卸点位置的改变靠行走和回转机构协调联合动作来完成。在轮胎塔式和附着式、固定式塔式起重机上则必须采用工作性变幅机构。为了提高生产率，增加起重机的机动性，工作繁忙的轨道塔式起重机有时亦采用工作性变幅机构。

为了防止俯仰吊臂时制动失效，工作性变幅机构要求装有可靠的制动安全装置，通常均装设各种类型的限速器或停止器。考虑到带载变幅在增大幅度时容易超载，工作性变幅机构常要求起重机装设起重力矩限制器。完善的工作性变幅机构还要求在变幅过程中重物作水平或近似水平移动，这样可以减小变幅功率，但为简化构造起见，工作性变幅机构也允许重物在变幅时作非水平移动。

二、变幅机构的结构型式

变幅机构的传动型式有液压传动和机械传动以及液压—机械联合传动等型式。随着液压传动技术的不断发展，液压传动在起重机械中已被广泛采用。全液压传动的变幅机构在轮胎式起重机上应用比较广泛，由其是在伸缩臂式全液压轮胎式起重机上。

变幅机构的驱动装置在轮胎式起重机中大多是内燃机驱动、而在塔式起重机上则多采用电力驱动。

变幅机构的控制、操纵系统一般和起升机构、行走、旋转等机构采取统一协调的方式。在一些老式的轮胎和塔式起重机中多采用机械方法控制。有些采用气压和机械或电力和机械联合操纵。而现今一些新型的轮胎式起重机上的控制系统则多采用液压和机械联合操纵。

全液压轮胎式起重机多采用箱形伸缩臂式变幅臂架。它即可随时变幅，又可大大缩短工作循环中的辅助时间，扩大使用范围，提高起重机的生产率。

臂架伸缩有两种基本方式，顺序伸缩和同步伸缩。各节伸缩臂按一定先后次序完成伸缩动作的称为顺序伸缩。为了使各节伸缩臂伸出后的起重能力与起重机的起重特性相适应，伸臂顺序一般为先2后3（图3-37 a），即先外后里。缩臂顺序与伸臂顺序相反，先3后2，即先里后外。各节伸缩臂以相等的行程比率同时伸缩时，称为同步伸缩（图3-37 b）。由于各节伸缩臂同时伸缩，可以改变吊臂受力并减少其变形。

下面以某3节臂的伸缩系统，分析其工作原理（见图3-38）。

当高压油由 A 进入时，第3节臂与筒一同向外伸，腔1的容积在减少，腔1中的油由 B 回油箱，第3节臂是在筒内的，故第3节臂随第2节臂及筒伸出。当腔1减少为零，第2节臂和筒的外伸即停止，第3节臂随第2节臂的外伸亦停止。这时孔1对正 B 孔，当高压油继续进入时就推动第3节臂外伸，腔2容积减少，腔2中的油由孔2经孔1从 B 孔流回油箱，当腔2减少为零时，外伸即停止，动臂全部伸出。

当高压油从油孔 B 进入，经孔2孔1流入腔2，推动杆2的活塞，加上载荷及第3和第2节臂自重沿轴向的分力，杆2和第2节臂（或第3节臂）即缩回，杆2活塞另一边的

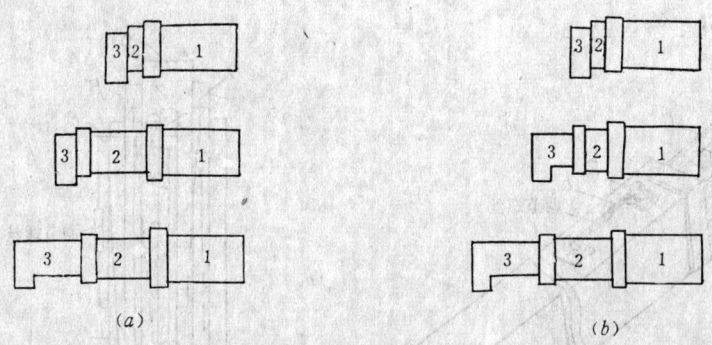

图 3-37 臂架伸缩方式

(a)顺序伸缩；(b)同步伸缩

1—基本臂；2—二节臂(第一节伸缩臂)；3—三节臂(第二节伸缩臂)

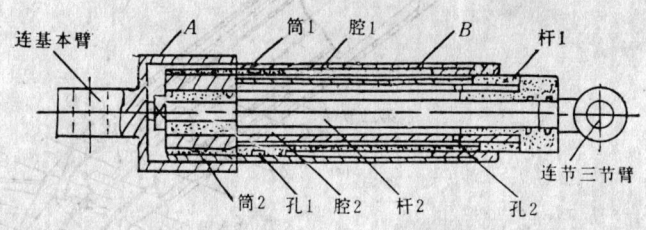

图 3-38 某三节臂的伸缩系统

油经A孔回油箱。当杆2回压到筒2时，筒2及杆1就开始移动，高压油就进入腔1，推动杆1缩回。杆2和第3节臂(或第2节臂)在载荷和自重的轴向分力的作用下，也跟着缩回。

上面是全液压的伸缩方案，下面介绍一种油压和钢丝绳（或链条）复合的伸缩方案，如图（3-39）所示。

油缸筒Z在F处与第2节臂连接，活塞杆S在G处与基本臂连接，当油缸进油推动缸筒外伸时，第2节臂跟着伸出。

卷筒A固装在基本臂上。钢丝绳a一端固定在卷筒A上，绕过滑轮B、C、B'后，另一端固定在卷筒A上，滑轮B、B'分别垂直装在第2节臂前端的两侧，滑轮C水平装在第3节臂尾部。当第2节臂伸出时，由于钢丝绳a的两端是固定不动的，钢丝绳即拉滑轮C向外，第3节伸出。

钢丝绳b一端固定在第3节臂尾部，绕过装在第2节尾部的滑轮D和基本臂前端的滑轮E后，固定在基本臂上。当油缸和第2节臂后缩时，钢丝绳b即拉第3节臂缩回。

图3-40所示是上述机构的另一种安装方法。图中活塞杆与基本臂由销轴9铰接，油缸筒与第2节臂由销轴8铰接。伸出钢丝绳2的一端用销轴4与第3节臂后端左侧连接，另一端绕过装在油缸筒头部的左侧滑轮1，绕过装在基本臂后端的平衡滑轮10，对称地绕过右侧滑轮1，仍由销轴4固定在第3节臂后端右侧，当油缸筒驱动第2节臂伸出时，滑轮1到滑轮10距离增加，因为伸出钢丝绳2的长度不变，所以销轴4到滑轮1的距离减小，也就是说，在第2节臂相对基本臂伸出的同时，第3节臂也相对第2节臂伸出了同样的距离。即实现了同步伸出。缩回钢丝绳6一端用销轴5与基本臂连接，另一端绕过装在第2节臂的滑轮7，而后用销轴3与第3节臂连接，第3节臂与第2节臂同步缩回 原理与前述一样。

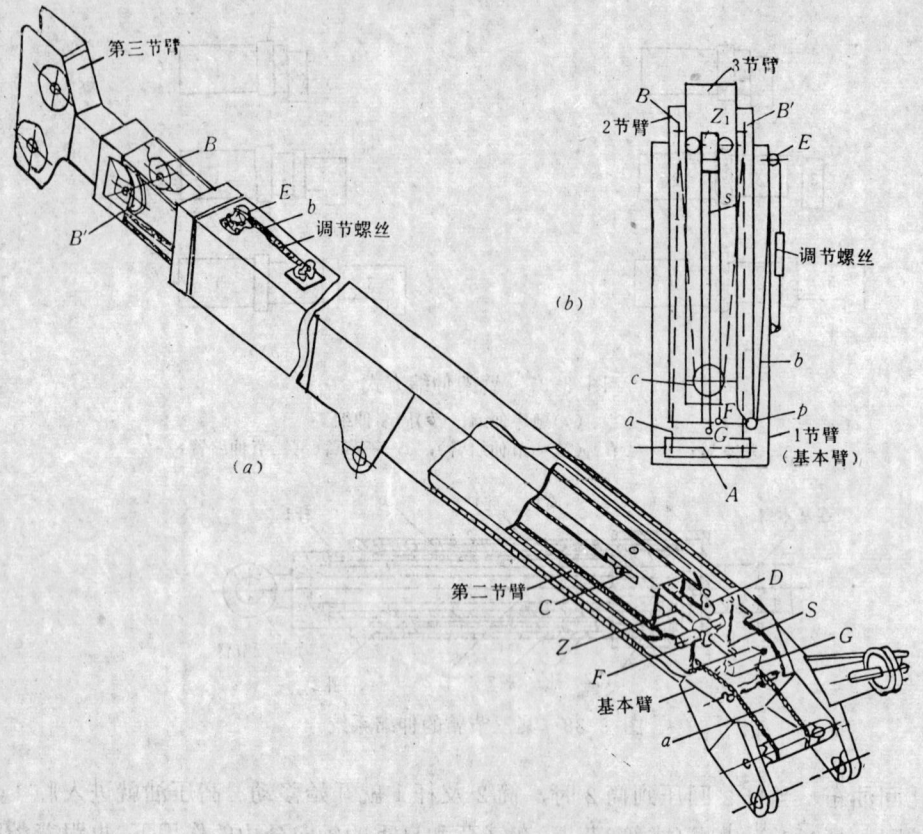

图 3-39 油压和钢丝绳复合伸缩方案（一）

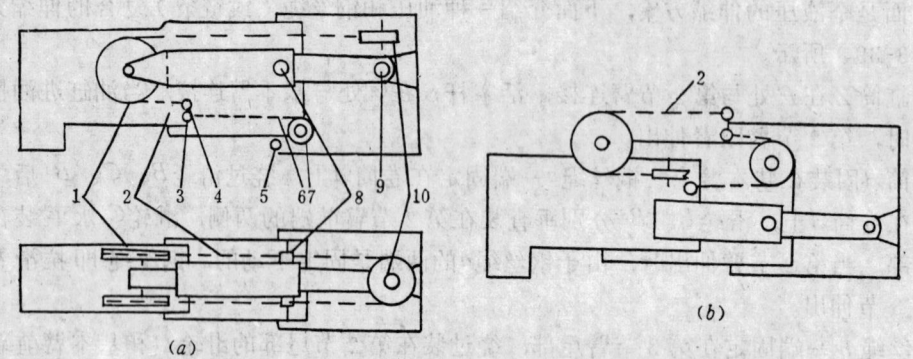

图 3-40 油压和钢丝绳复合伸缩方案（二）

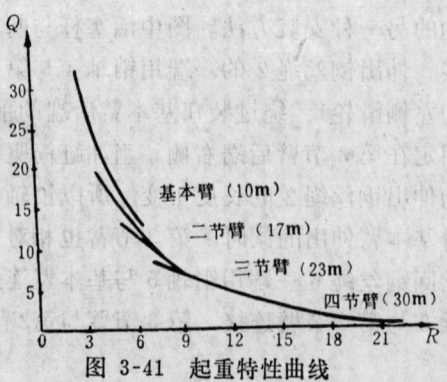

图 3-41 起重特性曲线

上面介绍了几种形式的伸缩机构，那么哪种机构最为理想，我们用什么标准来衡量它呢？首先看图3-41，这是轮式起重机的起重特性曲线，当幅度达到23米时，起重量接近于零。这就说明吊臂自重就可使起重机翻倒。由此可见对于具有伸缩臂的轮式起重机来说，吊臂自重，吊臂重心到回转中心线的距离，对起重机的起重性能有直接影响。而吊臂伸缩机构的形式又直接影响吊臂的重心位置和吊臂的自重。

第五节 行 走 机 构

一、有轨行走机构

在建筑工程中，广泛的应用塔式起重机。在一般情况下，塔式起重机是行驶在专门铺设的轨道上的。塔式起重机的轨道可铺设成直线的或曲线的。

起重机行走机构的作用是驱动起重机沿轨道行驶，配合起重机的其它机构完成水平、垂直运输工作。同时，行走机构也是起重机的基础，它把起重机的载荷通过起重机的行走轮传给轨道。

轨道式行走装置由驱动装置和支承装置两部分组成，其中包括：电动机、减速器、制动器、行走轮或台车等。

（一）驱动装置

驱动装置根据其布置和驱动的位置不同可分为集中驱动、分别驱动；单边驱动、对角线驱动和双边驱动。

1. 集中驱动:

起重机的行走机构由一台原动机驱动两组行走轮，完成起重机沿轨道行驶的动作称为集中驱动。凡由传动轴直接驱动的车轮（或台车），称为主动轮（或主动台车），其余的则称为从动轮（或从动台车）。根据驱动装置布置的不同，分为单边集中驱动和双边集中驱动。

图3-42所示为单边集中驱动简图。在起重机的行走底架上，将传动机构及主动轮布置在同一侧轨道面上。电动机1的动力经制动器2由联轴器传到减速器3，再由传动轴5传给减速器4，然后驱动主动轮6使起重机沿轨道行驶。

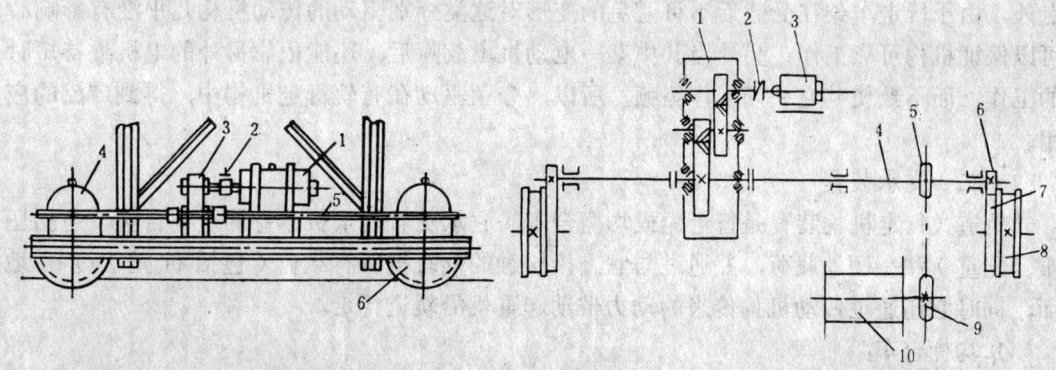

图 3-42　单边集中驱动　　　　图 3-43　双边集中驱动简图

1—电动机；2—制动器；3、4—减速器；5—　　　1—减速器；2—联轴器；3—电动机；4—传动轴；5—
传动轴；6—行走轮　　　　　　　　小链轮；6—小齿轮；7—大齿轮；8—行 走 轮；9—大
　　　　　　　　　　　　　　　链轮；10—电缆卷筒

95

图3-43所示为双边集中驱动简图。它是由一台原动机和传动机构同时驱动装在两边轨道上的行走轮。电动机3的动力经联轴器2,通过减速器1的输出轴与传动轴4相连,经行走小齿轮6、传动大齿轮7,驱动行走轮8行走。

从上述两种集中驱动的行走机构的构造来看,集中驱动的传动方式比较复杂,不便维修,同时,由于传动轴较长,对底架的变形较为敏感。因此,要求起重机的底架具有较好的刚度,但是集中驱动只需要一套驱动装置,而且保证了两轴同步。

2.分别驱动

起重机的行走机构装有两台以上的驱动装置,每台驱动装置驱动起重机的一个主动行走轮或者一个台车,称为分别驱动。分别驱动的行走机构也可以布置为单边驱动、双边驱动和对角线驱动。图3-44为驱动装置布置简图。

对于旋转类型起重机,采用对角线布置比较适宜。因为当起重机旋转时,对角线方向上的轮压之和变化不大,驱动轮与轨道间的附着力能得到充分发挥。

在一些大、重型的起重机中,也有采用四角驱动的,这种方式可以保证总主动轮轮压之和不变,驱动能力也大,但四台驱动装置不易保证同步起动。

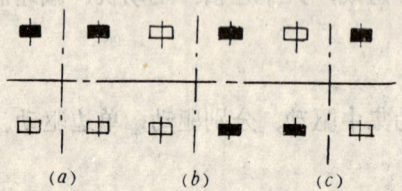

图 3-44 驱动装置布置简图

(a)单边驱动;(b)双边驱动;(c)对角线驱动

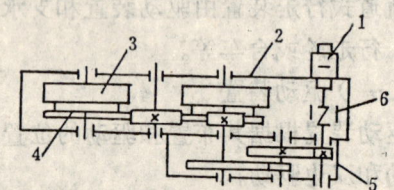

图 3-45 分别驱动传动简图

1—电动机;2—台车架;3—主动行走轮;4—开
式齿轮;5—减速器;6—制动器

图3-45所示为分别驱动装置的构造示意图,电动机1、减速器5和制动器6直接装在台车架2上,电动机1的动力经减速器5传到开式齿轮4,并驱动主动行走轮3,使起重机沿轨道行驶。从分别驱动的构造上来看,它具有结构紧凑、重量轻和安装、维修方便等特点,但要求两边同步,一般保证同步的办法是在两电机之间采用电气联锁来实现的。除上述优点外,由于行走车架在受载后不可避免的变形对这类分别驱动的传动机构几乎没有影响,可以保证机构可靠工作;另外当其中某一电动机出故障后,还能依靠另外的电机维持短时的工作,而不致使其它一切工作停顿。所以,分别驱动在有轨行走机构中,得到广泛的应用。

(二)支承装置

轨道式行走机构装置是行走轮或均衡台车。它承受着起重机本身的全部自重(包括压重、配重)和一切外载荷,并通过与它直接接触的钢轨把所有载荷(包括机重)传给地面,同时它还通过传动机构传来的动力带动起重机沿轨道行走。

1.均衡台车:

起重机的有轨行走机构是行驶在专用的轨道上,由于路基的限制,行走轮的轮压不能太大。对于采用枕木轨道的许用单轮轮压$[N] \leqslant 100 \sim 120kN$;对于用混凝土轨枕或钢结构轨枕的轨道许用单轮轮压为$[N] \leqslant 600kN$。因此,在轻级的轨道式起重机中多采用单轮，而对于重级，中级的轨道式起重机，在行走装置中多采用装有数个行走轮的均衡台车。这样可以降低单个轮的压力，即减小行走轮对轨面的单位压力。均衡台车有双轮均衡台车、三轮均衡台车、四轮均衡台车等种，如图3-46所示为双轮均衡台车和三轮均衡台车的构造图和示意图。图3-46 a 所示的均衡台车是由两个行走轮组成的。1 为均衡梁；2为销轴；3为行走轮。它的特点是在均衡梁两端装有行走轮 A 与 B，为了使行走轮受力均匀，均衡梁与支腿以销轴 C 铰接，使均衡梁可绕销轴摆动，并且销轴中心离两行走轮中心的水平距离相等，即 $AC = BC = r$。

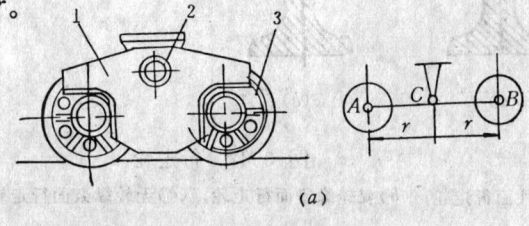

(a)

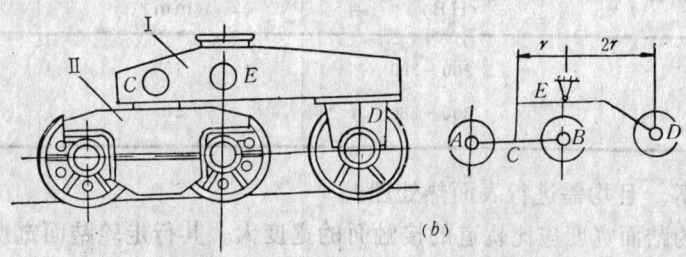

(b)

图 3-46　双轮、三轮均衡台车构造图及示意图
(a)双轮均衡台车；(b)三轮均衡台车

图3-46 b 所示的是由三个行走轮组成的均衡台车，它有两层均衡梁 Ⅰ 与 Ⅱ。第 Ⅰ 层均衡梁结构与图3-46 a 相似，第 Ⅱ 层均衡梁的左端与第 Ⅰ 层均衡梁的销轴 C 铰接，右端联接第三个行走轮 D。为了使三个行走轮受力均匀，第 Ⅱ 层均衡梁与支腿以销轴 E 铰接，并使水平距离 ED 为 EC 的二倍，即 $ED = 2EC = 2r$。采用这种构造的目的一是为了保证三个行走轮都能均匀承受载荷和调整轮与轨道的相对位置。另外还有一个作用就是有利于起重机转弯，以减小起重机的转弯半径。

2.行走轮：

行走轮一般都是钢轮。按其有无轮缘可分为双轮缘、单轮缘和无轮缘式三种。在塔式起重机的行走装置中，均采用双轮缘行走轮。单轮缘行走轮常用于沿型钢下翼缘行驶的行走机构中（如具有水平吊臂的塔式起重机变幅小车的行走轮）。无轮缘行走轮则用在有导向装置的行走机构中（如国产QT4-10型自升式塔式起重机臂架上水平变幅小车行走轮就是无轮缘的行走轮）。

行走轮按其踏面（行走轮与轨道的接触面）的几何形状不同，又可分为柱面（图3-47 a）、锥面（图3-47 b、d）和鼓面（图3-47 c）三种。在塔式起重机中，多用柱面行走轮。锥面和鼓面行走轮多用于桥式单梁起重机的小车行走机构中。

行走轮的材料最常用的是ZG55Ⅱ钢，并进行表面热处理。其热处理硬度应符合表3-9规定。也有采用低合金铸钢及低合金钢件的。如45号钢、ZG55SiMn、ZG55MnMo、

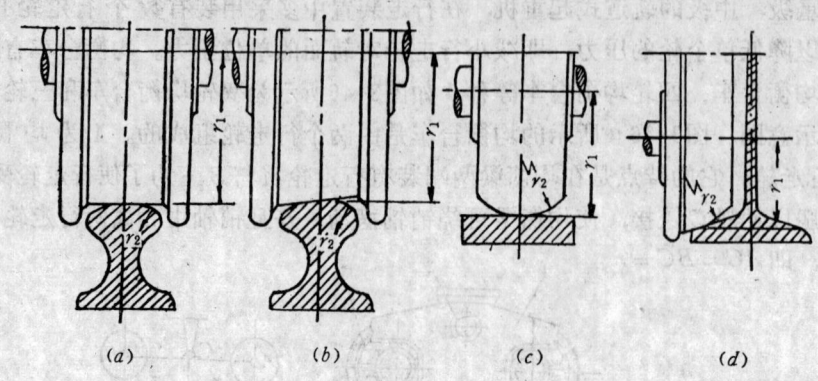

图 3-47 行走轮

(a)双轮缘柱面行走轮；(b)双轮缘锥面行走轮；(c)无轮缘鼓面行走轮；(d)单轮缘锥面行走轮

ZG55Ⅱ材料的行走轮表面热处理性能　　　　　　　　表 3-9

行走轮直径 (mm)	踏面和轮缘的内侧硬度 (HB)	最少淬硬层深度 (mm)	最少硬层深处的硬度 (HB)
≤400	300～380	15	≥260
>400	300～380	20	≥260

35CrMnSi等。且均需进行表面热处理。

行走轮的踏面宽度应比轨道的接触面的宽度大。其行走轮踏面宽度 B 与轨道面宽度 b 之间有下列关系（见图3-48）：

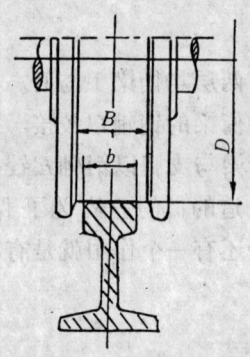

图 3-48　行走轮踏面宽度与轨道面宽度关系图

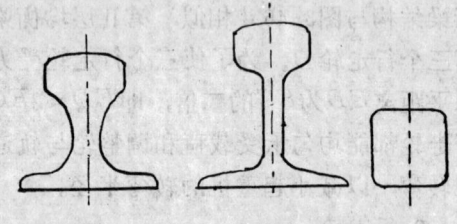

图 3-49　轨道的型式

(a)起重机钢轨；(b)P型钢路钢轨；(c)方钢

对于柱形大车行走轮踏面：

$$B = b + 30 \quad (\text{mm}) \tag{3-45}$$

对于锥形大车行走轮踏面：

$$B = b + 40 \quad (\text{mm}) \tag{3-46}$$

对于小车行走轮踏面：

$$B = b + (15～20) \quad (\text{mm}) \tag{3-47}$$

3.轨道：

轨道的作用是支承起重机的重量，并导引它的运动方向。对轨道的要求是：顶面——

能承受行走轮的压力；底面——具有足够的宽度以减小对基础的比压力；截面——应具有足够的抗弯强度。

圆柱形行走轮采用圆顶钢轨或平顶钢轨；圆锥形行走轮采用圆顶钢轨。作为圆顶钢轨的有QU型起重机钢轨（图3-49a）和P型铁路钢轨（图3-49b），作为平顶钢轨的是方钢（图3-49c）。根据轮压由表3-10选用钢轨。

钢轨的选用 表3-10

轮压（kN）	50	100	160	200	250	350	500	800
钢轨型号	P_{18}	P_{38}	P_{38}	P_{43} QU50	P_{43} QU50	P_{43} QU70	P_{50} QU80	P_{65} QU120

（三）夹轨器

在室外工作的起重机，由其是塔式起重机，为了防止起重机在非工作状态下被大风吹走（行走轮与轨道接触面很光滑），造成重大的起重机倾翻事故，通常在起重机行走底架下装有夹轨器。

塔式起重机最常用的防风装置是手动的螺杆夹钳式夹轨器。图3-50是这种夹轨器的构造示意图。底板1与起重机底架2相连接，当起重机处于非工作状态时，转动螺杆4使钳臂5沿轴3的轴向移动，实现钳口张开或者闭合时，夹紧轨道并产生摩擦力从而防止起重机被风吹走。当处于工作状态时应将夹轨器松开并扳动夹轨器钳臂5绕轴2向上转动靠在底板1上并插入挡销，使钳臂不得下落，以保证起重机

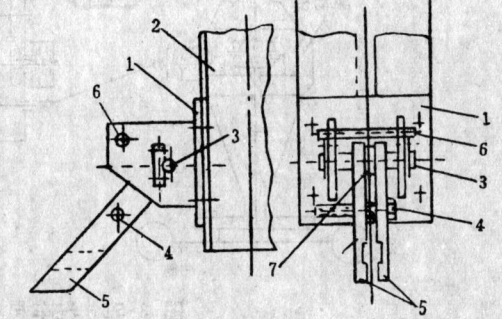

图 3-50 夹轨器
1—底板；2—起重机底架；3—销轴；4—螺杆；5—钳臂；6—挡销；7—钳臂中间定位块

行走机构正常工作。一般起重机在底架的四角都装有夹轨器。对于大型轨道式起重机则夹轨器更多些。

夹轨器的材料常用45号钢、50号钢或$65Mn60Si_2Mn$等。

二、无轨行走机构

无轨行走机构是各式起重机械（如轮胎式起重机）的重要组成部分。行走机构能使机械以所需的速度和牵引力沿规定的方向行驶。行走机构的性能直接影响整机的使用性能。

无轨行走机构一般分轮胎式和履带式两种，下面主要以轮胎式起重机的行走机构作一简单介绍。

轮胎式行走机构由传动系、行走系、转向系和制动系四部分组成。

1.传动系：

发动机和驱动轮之间的传动部件总称为传动系。传动系的基本功用是将发动机发出的动力传给驱动轮，并且能改善发动机的输出特性，以满足不同的使用要求。

传动系一般有机械传动、液力传动、液力—机械传动等几种型式。

普通机械传动的轮胎式行走机构主要包括：主离合器、变速箱、万向节、传动轴、主传动器、差速器、半轴和驱动桥壳等（图3-51）。

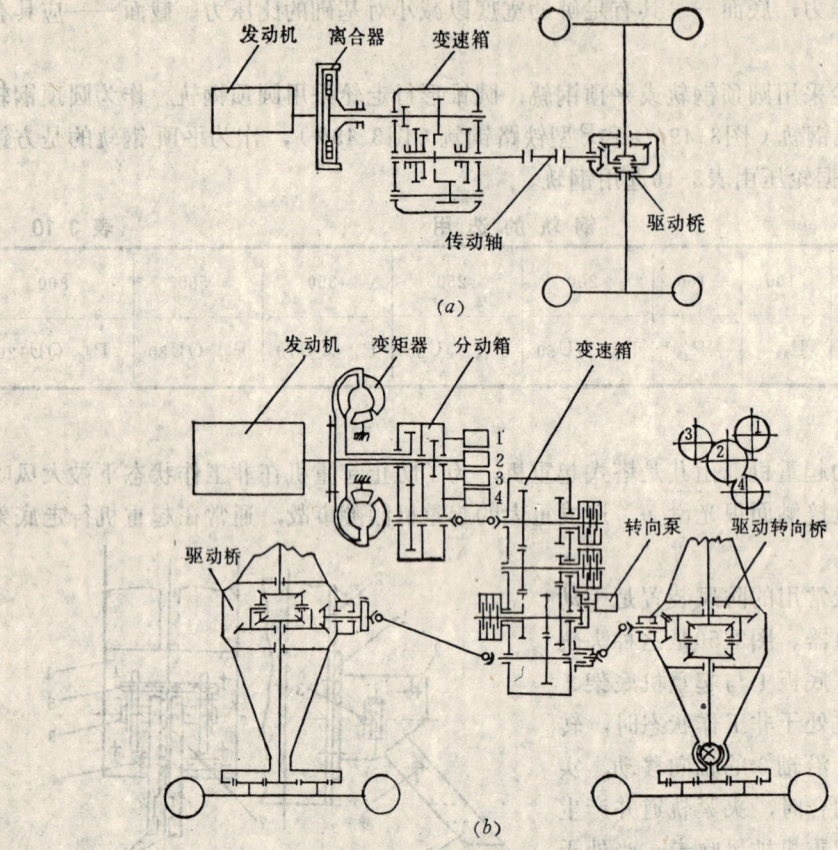

图 3-51 汽车起重机传动系简图
(a)机械传动；(b)液力—机械传动

2.行走系:

行走系的主要功用是把整机支承在地面上，并将传动系的扭矩通过车轮与地面的粘着作用而产生路面对机械行驶的牵引力。

行走系包括：车架、悬架、转向桥、车轮和轮胎等。

3.转向系:

转向系的基本功用是使机械按道路情况和作业需要随时改变其行驶方向。通常无轨行走式起重机械都是通过转向轮在水平面内偏转一定角度来实现转向的。因此使转向轮偏转以实现机械转向的机构称为转向系（图3-52）。

一般转向系包括：转向器和转向传动机构两个部分。

4.制动系:

制动系的基本功用是制约机械的行驶

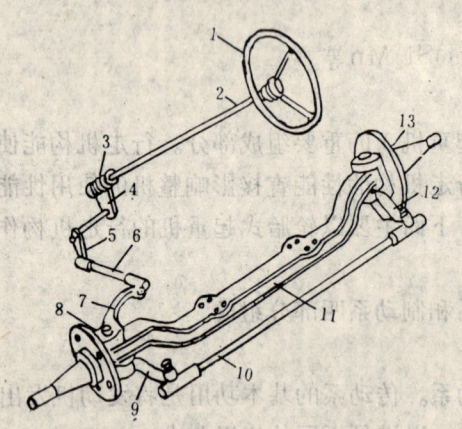

图 3-52 轮胎式起重机转向系示意图
1—方向盘；2—转向轴；3—蜗杆；4—齿扇；5—垂臂；6—纵拉杆；7—转向节臂；8—主销；9、12—梯形臂；10—横拉杆；11—转向梁；13—转向节

运动,用以降低行驶速度,直至安全停车,并能保证机械在坡道上停放以防止其自动溜滑。

制动系主要包括制动器和制动传动机构两个部分。制动系还可分为脚制动和手制动两个独立系统。

轮胎式起重机行走机构的结构型式,可采用通用汽车底盘和专用轮胎底盘两种。

通用汽车底盘基本上是采用汽车原来的底盘,由于原汽车底盘中车架的强度和刚度都不能满足起重机的工作要求,所以需要加强或附加副车架以支承上部转台结构。通用汽车底盘主要在小型的汽车起重机上使用。

专用轮胎底盘是专门为起重机的工作需要而设计的。对于大中型汽车起重机的专用底盘要比一般汽车底盘的轴距大、车架刚度更好、轮轴数目要多;对于轮胎起重机的专用底盘主要是从机动性能方面考虑,它的轴距小、车身短、转弯半径小,适合于狭窄的作业场所。另外这种专用底盘一般轮距较宽、稳定性好。

汽车起重机由于整机重量较大,其轮轴数目也相应增多。轮轴总数受轮轴的许用载荷和道路桥梁的许用承载能力的限制。我国公路工程技术标准规定公路车辆的单后桥轴荷最大为13t,而双后桥为$2\times12t$。汽车起重机底盘与普通汽车底盘相似,即后桥均为驱动桥,而前桥多为转向桥,在必要时也可做成驱动桥。汽车起重机底盘的轮轴布置形式如图3-53所示。

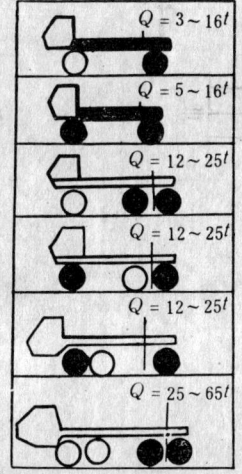

图 3-53 汽车起重机底盘轮轴布置示意图

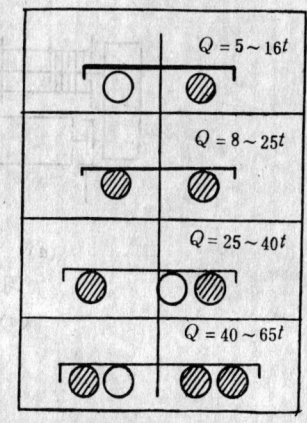

图 3-54 轮胎起重机底盘轮轴布置示意图

中小吨位的轮胎起重机一般采用双轴底盘,由于轮胎起重机可以吊重行驶和全周作业,因此轮胎起重机的前后桥一般都用单胎大轮胎或双轮胎小轮胎,以便使前后桥轴荷相近。

轮胎起重机底盘轮胎的布置型式如图3-54所示。

复 习 题 和 习 题

1."起重机的主要性能参数"是什么意思?主要包括哪些内容?确定原则是什么?

2.起重机有哪些主要工作机构?用途各是什么?

3.如何初选起升机构的电动机型号?

4.为什么要验算起升机构的电机起动时间?如何验算?

5.如何选择起升机构的制动器型号?如何验算制动时间?为什么要验算制动时间?

6. 如何进行起升机构总体计算，怎样正确选用参数？

7. 影响起升机构的因素有哪些？

8. 怎样选择回转支承装置型式？

9. 如何进行回转阻力矩的计算和电动机的选择？

10. 动臂变幅和小车变幅各有什么优缺点？

11. 有轨行走机构的驱动方式有哪些？

12. 起升机构计算，已知数据：

（1）起重量$Q = 3t$；

（2）起升速度$V = 20\text{m/min}$；

（3）滑轮组倍率$a = 4$；

（4）起升高度$H = 40\text{m}$；

（5）用ZQ型齿轮减速器或蜗轮蜗杆减速器。

传动型式：参见习题3-12图所示。

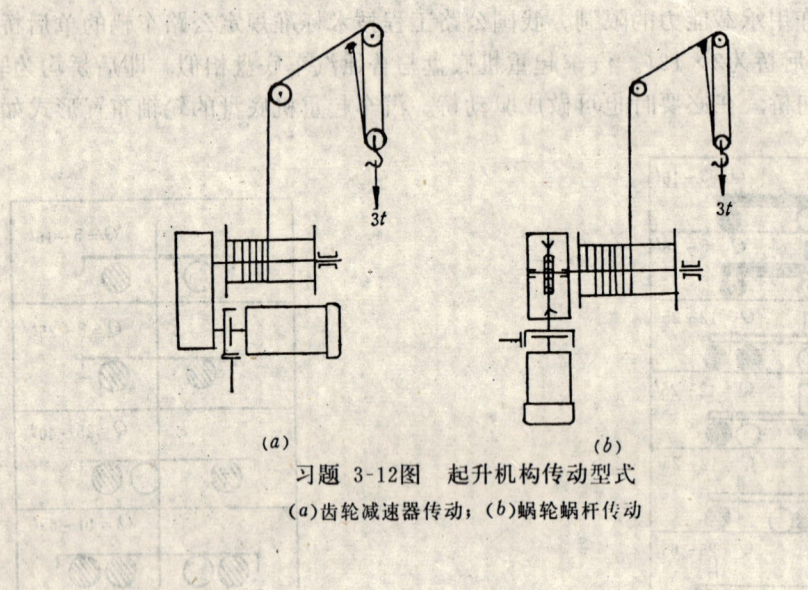

(a)　　　　　　　　(b)

习题 3-12图　起升机构传动型式

(a)齿轮减速器传动；(b)蜗轮蜗杆传动

第四章 起重桅杆与施工升降机

第一节 起 重 桅 杆

起重桅杆是建筑施工和设备安装中广泛采用的一种起重设备，它具有起重能力大、结构简单、造价低廉和制造、安装、拆卸均较容易等优点。同时也存在着机动性不好，缆风绳、地锚会造成施工现场零乱和移动不便等缺点。故宜于在吊装工作较集中、移动范围较小的施工场地工作。安装形大体重的设备及构件时，也多采用桅杆。

桅杆按制作的材料分，有木制桅杆和金属桅杆。金属桅杆又分有钢管制桅杆和用型钢制作的格构式桅杆等。木制桅杆的起升高度一般在15m以内，起重量在20t以下；钢管桅杆的起升高度一般在25m以内，起重量在100t以下；格构式桅杆的起升高度可达70多米，起重量可达350t，有的达到600t。

按桅杆的构造型式分，又有独脚桅杆（单桅杆）、人字桅杆和悬臂桅杆等。

桅杆由起重系统（包括桅杆、动力设备、索具、滑轮组等）和稳定系统（包括缆风绳、地锚等）两部分组成。下面主要介绍常用起重桅杆的构造和受力分析以及地锚、缆风绳的构造和受力计算方法。

一、独脚桅杆（单桅杆）

（一）独脚桅杆（单桅杆）的构造

独脚桅杆构造简单，使用较广泛，适用于预制的柱、梁和屋架等构件的吊装工作。

独脚桅杆的构造如图4-1所示。

桅杆的粗细和长短决定于起重量和起升高度。独脚桅杆常用一整根坚韧木料做成，当缺乏粗料时，可用两根或三根长木料扎在一起使用。必要

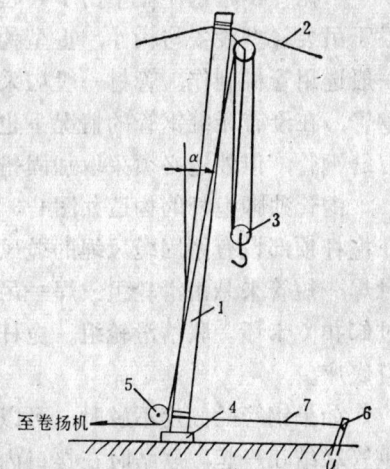

图 4-1 独脚桅杆的构造示意图

1—桅杆；2—缆风绳；3—滑轮组；4—支座；5—导向滑轮；6—地锚；7—固定桅杆脚的缆绳（封绳）

时，还可用型钢或钢管加固，以保证必须的强度和刚度。桅杆竖立后应有一定的倾角α，一般α在5°～10°之间，倾角过大时，桅杆容易滑动。保持一定的倾角，主要是利于吊装，不致使构件撞击桅杆。为了便于移动，可在桅杆的支座下装上滑橇或走板。

桅杆的稳定主要依靠于缆风绳，绳的一端固定在桅杆顶端，另一端固定在地锚上。缆风绳的多少，应根据起重量和起升高度以及缆风绳的强度等决定。一般不得少于三根。缆风绳与水平面的夹角不得超过45°，只有在特殊情况下，可增至60°。因为缆风绳的倾斜角大，将引起桅杆的内力增加。木制桅杆的正确绑结方法，如图4-2所示，起重用的滑轮应固定在桅杆与缆风绳的交点处，这样可以减少附加的弯矩作用。

圆截面的独脚木桅杆的规格和性能见表4-1所列。

木桅杆的起重量与有关技术参数　　　　　　　　　表 4-1

起重量 （t）	桅杆高 （m）	桅杆梢径 （cm）	缆风绳直径 （倾角45°） （mm）	滑　轮　组			卷扬机 牵引力 （t）
				起重钢丝绳直径 （mm）	定滑轮数	动滑轮数	
3	8.5	20	15.5	11.5	2	1	1
3	11.0	22	15.5	11.5	2	1	1
3	13.0	22	15.5	11.5	2	1	1
3	15	24	15.5	11.5	2	1	1
5	8.5	24	15.5	15.5	2	1	3
5	11.0	26	20.0	15.5	2	1	3
5	13.0	26	20.0	15.5	2	1	3
5	15.0	27	20.0	15.5	2	1	3
10	8.5	30	21.5	17.0	3	2	3
10	11.0	30	21.5	17.0	3	2	3
10	13.0	31	21.5	17.0	3	2	3

　　木桅杆在起重作业中由于其起重量及起升高度受到本身强度的限制，所以使用范围只限于吊装轻型设备与构件，重型构件要用强度大的金属桅杆来代替木桅杆。轻型金属桅杆一般选用管材制作，管材一般均采用无缝钢管，在没有无缝钢管的情况下也可以用有缝钢管，但外边必须采取加固措施。

　　钢管独脚桅杆的构造如图4-3所示，在桅杆顶部设有系固缆风绳的缆风盘，有时焊一短管来悬吊滑轮组或焊一吊耳再通过卸扣（卡环）联结滑轮组。桅杆底部焊有底座。

　　如果钢管的高度不够时，可以将两根钢管联结在一起，联结时在接口内加紧密套接的插管，在联结口外边用四根角钢对称焊牢。

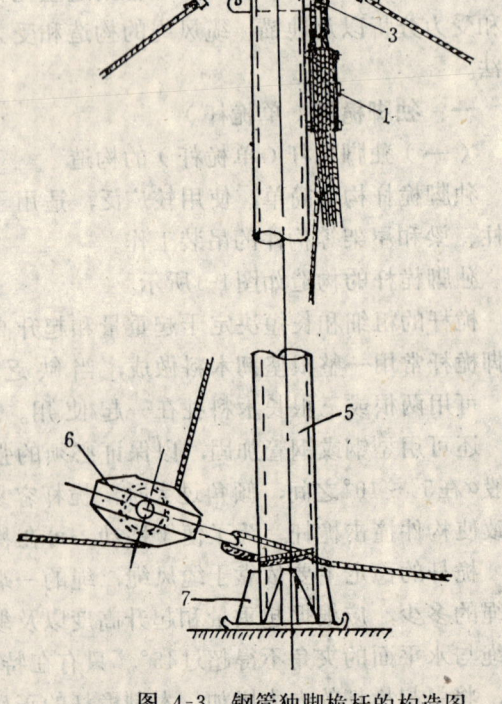

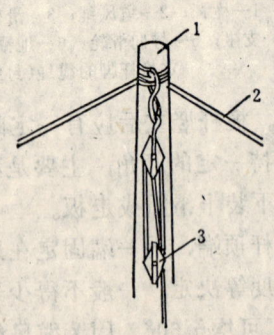

图 4-2　木桅杆正确绑结

1—木桅杆；2—缆风绳；3—滑轮组

图 4-3　钢管独脚桅杆的构造图

1—缆风盘；2—缆风绳；3—吊耳；4—定滑轮；5—管身（无缝钢管）；6—导向滑轮；7—底座

常用钢管独脚桅杆 的起重量、高度及管子断面尺寸见表4-2所列。

钢管桅杆的起重量与有关技术参数　　　　　　　　　　　　　　表 4-2

起 重 量	高		度		（m）	
	8	10	15	20	25	30
（t）	管 子 断 面 尺 寸 （外径/壁厚，mm）					
3	152/6	152/6	219/8	299/9	351/10	426/10
5	152/8	168/10	245/8	299/11	351/11	426/10
10	194/8	194/10	245/10	299/13	351/12	426/12
15	219/8	219/10	273/8	325/9	351/13	426/12
20	245/8	245/10	299/10	325/10	377/14	426/14
30	325/9	325/9	325/9	325/12	377/12	426/14

（二）独脚桅杆（单桅杆）的计算

独脚桅杆的计算内容，主要包括滑轮组的选择、卷扬机的选择、桅杆截面的复核、缆风绳的受力计算等。独脚桅杆有倾斜使用和直立使用两种。这里我们主要介绍倾斜独脚桅杆和直立独脚桅杆截面的复核方法和缆风绳的受力计算。

1.倾斜独脚桅杆的计算：

如图4-4所示为独脚桅杆的计算简图。桅杆 BC 受到荷载 Q 及吊具重量 q 的 作用，由于 $Q+q$ 是偏心地挂在桅杆顶部，所以在桅杆中产生轴向压缩力和弯矩的共同作用。

（1）桅杆所受的轴向力：

1）由荷载和吊具产生的轴向力 N_1：

由 $\Sigma M_A = 0$；可得

$$N_1 = \frac{K(Q+q)(d+b)L}{dH} \qquad (4-1)$$

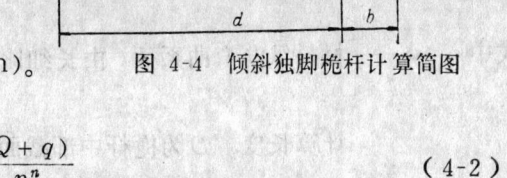

图 4-4 倾斜独脚桅杆计算简图

式中　K——动力系数1.1~1.2；

　　　L——桅杆的长度（m）；

　　　H——桅杆的高度（m）；

　　　Q——荷载重（kg）；

　　　q——吊具重（kg）；

　　　d——桅杆底至地锚的距离（m）；

　　　b——桅杆倾斜对水平面的投影长度（m）。

2）提升力 S 引起的轴向力 N_2：

$$N_2 = S = \frac{K(Q+q)}{a\eta_z\eta_d^n} \qquad (4-2)$$

式中　a——滑轮组倍率；

　　　η_z——滑轮组效率；

　　　η_d——导向滑轮效率；

　　　n——导向滑轮个数。

3）缆风绳自重引起的轴向力 N_3：

$$N_3 = \frac{G_0}{2} \qquad (4-3)$$

式中　G_0——缆风绳的全部重量（kg）。

4）桅杆自重 G 引起的轴向力 N_4，这一数值随桅杆截面位置而定，在顶部为零，在桅杆中部为：

$$N_4 = \frac{G}{2} \tag{4-4}$$

所以作用在桅杆顶端的轴向力为：

$$N_0 = N_1 + N_2 + N_3 \tag{4-5}$$

作用在桅杆中部的轴向力为：

$$N_0' = N_1 + N_2 + N_3 + N_4 \tag{4-6}$$

（2）桅杆所受的弯矩：

由于起重滑轮组偏心悬挂在桅杆的顶端，所产生的弯矩为：

桅杆顶端的弯矩

$$M_0 = [K(Q+q) + S]e \tag{4-7}$$

式中　e——偏心距，定滑轮中心和桅杆轴线的距离（cm）。

桅杆中部的弯矩

$$M_0' = \frac{1}{2} M_0 = \frac{1}{2}[K(Q+q) + S]e \tag{4-8}$$

（3）复核截面应力：

桅杆顶端弯矩最大，应复核其强度

$$\sigma = \frac{N_0}{F} + \frac{M_0}{W} \leqslant [\sigma] \tag{4-9}$$

式中　F——桅杆顶端截面面积（mm²）；

　　　W——桅杆顶端截面模数（mm³）；

　　　$[\sigma]$——木材许用应力（MPa），

　　　　　松木顺纹抗压 $[\sigma] = 10 \sim 12$ MPa；

　　　　　松木顺纹抗弯 $[\sigma] = 10$ MPa。

桅杆中部的挠度最大，应复核其稳定性

$$\sigma = \frac{N_0'}{\phi F} + \frac{M_0'}{W} \leqslant [\sigma] \tag{4-10}$$

式中　ϕ——材料纵向弯曲系数，由长细比 λ 决定 $\left(圆截面的 \ \lambda = \frac{l_0}{\dfrac{D}{4}}，其中 \ l_0 \ 为桅杆的 \right.$

计算长度，D 为桅杆中部截面的直径$\bigg)$，ϕ 值可由表4-3查得。

　　　F——桅杆中部截面的面积（mm²）；

　　　W——桅杆中部截面的断面模数（mm³）；

　　　M_0'——桅杆中部的弯矩（N·mm）。

2.缆风绳的受力计算：

桅杆在起吊重物时，分布在桅杆前面的缆风绳因松弛而不受力，分布在后面的缆风绳则受拉力。计算时假定由一根后缆风绳承担。其公式如下：（如图4-4所示，以 $\Sigma M_B = 0$）

桅杆长细比	系 数 φ		桅杆长细比	系 数 φ	
λ	钢 材	木 材	λ	钢 材	木 材
0	1.00		100	0.60	0.31
10	0.99		110	0.52	0.25
20	0.96		120	0.45	0.22
30	0.94	0.93	130	0.40	0.18
40	0.92	0.87	140	0.36	0.16
50	0.89	0.80	150	0.32	0.14
60	0.86	0.68	160	0.29	0.12
70	0.81	0.60	170	0.26	0.11
80	0.75	0.48	180	0.23	0.10
90	0.69	0.38	190	0.21	0.09

$$T = \frac{K(Q+q)b}{d\sin\alpha} \quad\quad (4-11)$$

式中 T ——作用在缆风绳上的总张力；

       α ——缆风绳与水平线的夹角。

对于桅杆所受的轴向力和缆风绳中的拉力也可以用图解的方法来确定。图解法简便，适用施工现场计算。其步骤及图形详见图4-5所示。

（1）先将桅杆 AO 及缆风绳 AF 按一定的比例画出，即定出 α 和 β 角。

（2）由 A 点开始作垂直线 AB 使 AB 等于荷载和吊具的重量，即 $K(Q+q)$。

（3）再由 B 点作 BC 与 AO 平行线段，使 BC 线段值等于提升力 S。

（4）过 C 点作垂直线段 CD，使 CD 线段等于桅杆自重及缆风绳自重，在桅杆中部截面引起轴向力的数值。

（5）过 D 点作缆风绳的平行线交 AO 于 E 点，则 DE 线段即为缆风绳中所受的力，AE 则为桅杆所受的轴向力。

3.直立独脚桅杆的计算

如图4-6所示，直立桅杆吊装重物时，则重物 Q 需要用牵绳拉力 P 来稳定，或把重物拉离一距离 b，以满足吊装位置的要求，这时，桅杆的受力又增加了 P 力的作用，其值由

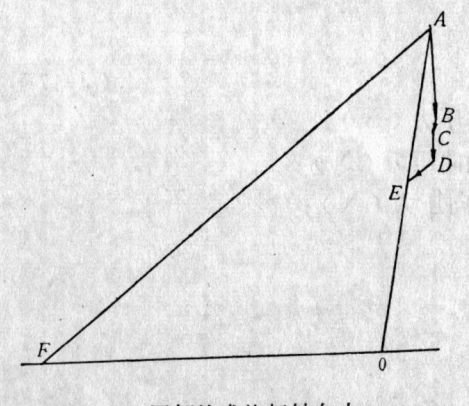

图 4-5 图解法求桅杆轴向力

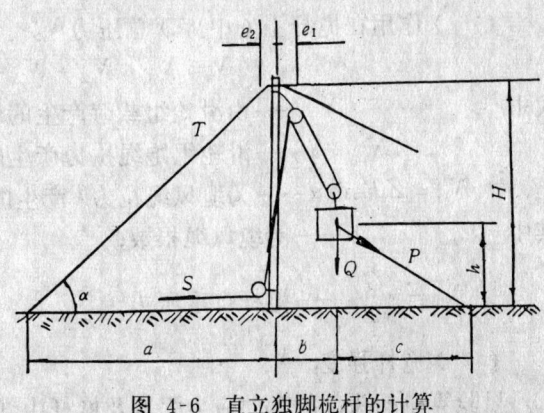

图 4-6 直立独脚桅杆的计算

下列各式确定。

（1）作用在滑轮组上的力Q_j：

$$Q_j = \frac{C(Q+q)\sqrt{b^2+(H-h)^2}}{CH-ch+bh} \quad (N) \tag{4-12}$$

式中　q——滑轮组的自重；

其他符号，见图4-6。

（2）作用在主缆风绳上的力T：

$$T = \frac{cb(Q+q)\sqrt{a^2+b^2}}{a(CH-ch+bh)} \quad (N) \tag{4-13}$$

式中各符号同前。

（3）作用在桅杆上的压力N_1：

$$N_1 = \frac{1.1c(Q+q)(Ha-ha+Hb)}{a(CH-ch+bh)} \quad (N) \tag{4-14}$$

式中　1.1——为动力系数；

其他各符号同前。

（4）拉偏设备Q的拉力P

$$P = \frac{b(Q+q)\sqrt{c^2+h^2}}{CH-ch+bh} \quad (N) \tag{4-15}$$

式中各符号同前。

（5）作用在桅杆头上的弯矩M：

$$M = M_1 + M_2 + M_3 \quad (N \cdot mm) \tag{4-16}$$

式中　$M_1 = Se_1$——为滑轮组跑绳拉力S的作用力矩（$N \cdot mm$）；

$$M_2 = \frac{1.1c(Q+q)(H-h)e_1}{CH-ch+bh} \quad (N \cdot mm)$$

为滑轮组载荷的作用力矩；

$$M_3 = \frac{1.1CHb(Q+q)e_2}{a(CH-ch+bh)} \quad (N \cdot mm)$$

为缆风绳拉力的作用力矩；

e_1——吊杆上滑轮中心偏离桅杆轴心距；

e_2——缆风绳拉力偏离桅杆轴心距。

（6）作用在桅杆上（中部）总压力N：

$$N = N_1 + N_2 + N_3 + N_4 \tag{4-17}$$

式中　N_1——由滑轮组载荷产生的轴向压力（N）；

$N_2 = S$——滑轮组跑绳拉力产生的轴向压力（N）；

$N_3 = ZT\sin\alpha$——为缆风绳拉力T产生的轴向压力（N）；

其中　Z——为缆风绳根数；

$N_4 = \dfrac{G}{2}$——桅杆自重压力（N）。

（7）桅杆强度：

只验算桅杆头部的弯曲应力强度及桅杆中部的抗挠强度。验算方法及公式同前。

对于钢管桅杆（独脚）除了可以采用上述方法外，还可以采用欧拉公式法进行计算。

欧拉公式法对于 A_3 钢管桅杆，当长细比 $\lambda \geqslant 100$ 时才能应用。因为钢管桅杆是两端铰接的长立柱，在轴向压力下要失去稳定。这种破坏不是因断面强度不够，而是由压杆临界载荷的影响。而压杆临界载荷由欧拉公式求出：

$$P_K = \frac{\pi^2 EI}{\mu^2 l^2} \tag{4-18}$$

$$\sigma_K = \frac{\pi^2 E}{\mu^2 \lambda^2} \tag{4-19}$$

式中　P_K——临界载荷（N）；

　　　E——材料弹性模量（N/mm²）；

　　　I——压杆截面最小惯性矩（mm⁴）；

　　　　　$I = Fi^2$

　　　i——截面最小惯性半径（mm）；

　　　F——截面面积（mm²）；

　　　μ——长度系数，两端看成铰接情况下 $\mu = 1$；

　　　l——压杆实际长度（mm）；

　　　λ——长细比，$\lambda = \dfrac{l}{i}$

所以

$$P_K = \frac{\pi^2 EI}{l^2} \tag{4-20}$$

$$\sigma_K = \frac{\pi^2 E}{\lambda^2} \tag{4-21}$$

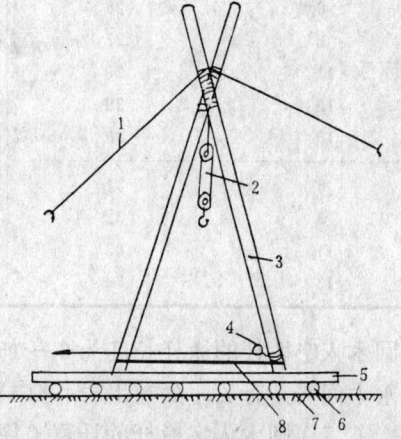

图 4-7　人字桅杆的构造图
1—缆风绳；2—起重滑轮组；3—人字桅杆；4—导向滑轮；5—走台板；6—滚杠；7—垫板；8—人字桅杆底脚拉绳

二、人字桅杆

人字桅杆的起重量比独脚桅杆（单桅杆）的起重量大，而且稳定性好，便于固定和使用，移动起来也方便。

（一）人字桅杆的构造与性能

人字桅杆是用两根圆木（或钢管）制成的。在两根圆木顶部的交叉处，一般搭成25°～35°的夹角，并用钢丝绳在交叉处绑扎两层，每层不少于10圈。在它的顶部绑扎处系挂一副起重滑轮组。在人字桅杆底脚还用另外的圆木或方木拉住，有时也用麻绳绑紧，以防两脚外滑，如图4-7所示。

圆木人字桅杆缆风绳的设置一般可用调节和不调节两种形式。不可调节的缆风绳，它在桅杆的纵向布置四根固定的单缆风绳，缆风绳与纵向中心线之间的夹角，一般在15°～25°之间（即缆风绳之间夹角为30°～50°），两根缆风绳与纵向中心线的夹角应相等。可调节的缆风绳，它能够调节桅杆的倾斜角度，即在桅杆吊重相反的方向（受力工作缆风绳）串绕一副滑轮组；在吊重相同的方向（稳定缆风绳）用两根单缆风绳，其与纵向中心线的夹角，与不可调缆风绳相同。

圆木人字桅杆和独脚桅杆相比，虽然在构造上比独脚桅杆多一根圆木，但其横向稳定性好，架设和移动方便，起重能力大和可起吊较大体积的设备。因此，它比较适用于检修设备，作临时性吊装工作及装卸车。圆木人字桅杆的规格及性能参见表4-4所列。由表中可

桅 杆 长 度	桅杆细端直径	桅杆与地面的夹角 α 及起重量（kg）		
（m）	（cm）	75°	65°	55°
6	20			
8	21	5000	3750	3000
11	23			
13	24			
15	25			
6	26			
8	27	9000	7000	5000
11	28			
13	29			
15	30			
6	31			
8	32	15000	12500	10000
11	33			
13	34			

知圆木人字桅杆的桅杆长度为 6～15m，起重量约为 3～15t。起重量的大小还与两圆木和水平间夹角有关，如超出表4-4中数值使用时，必须进行强度和稳定性核算。

（二）圆木人字桅杆的计算（图4-8）

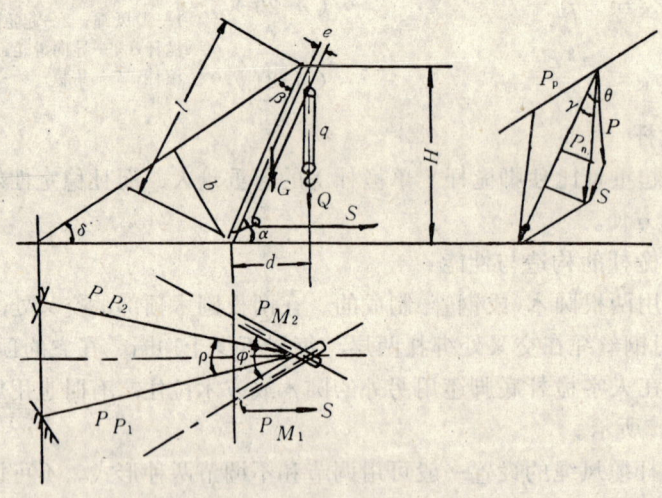

图 4-8　人字桅杆的受力分析图

1.桅杆的实际长度 l_1：

（注意：图4-8中 l 的长度是投影后的长度，$l ≒ l_1$）

$$l_1 = \frac{H}{\sin\alpha \cdot \cos\dfrac{\psi}{2}} \tag{4-22}$$

式中　H——桅杆的垂直高度（m）；

　　　α——桅杆与水平线的夹角，应大于75°；

ψ —— 人字桅杆间的夹角。

2.计算载荷：

$$P_j = K(Q + q) \tag{4-23}$$

式中　Q —— 荷载重量（kg）；

q —— 吊具重量（kg）；

K —— 动力系数，$K = 1.1 \sim 1.2$。

3.起重滑轮组跑绳的拉力：

$$S = \frac{P_j}{a \cdot \eta_z \eta^n} = \frac{K(Q + q)}{a \cdot \eta_z \eta^n} \tag{4-24}$$

式中　a —— 滑轮组倍率；

η —— 导向滑轮效率；

η_z —— 滑轮组效率；

n —— 导向滑轮个数。

4.作用在起重滑轮组定滑轮捆绑绳上的力P_n：

$$P_n = \frac{P\cos\theta + S}{\cos\gamma} \tag{4-25}$$

式中　θ —— 为计算载荷P_j与桅杆轴线间的夹角（度）；

γ —— 为捆绑绳力P_n与桅杆轴线间的夹角（度）。

$$\gamma = \mathrm{arctg}\frac{P_j\sin\theta}{P\cos\theta + S} \quad \text{（度）}$$

5.桅杆顶端缆风绳的总拉力：

$$P_p = \frac{P_j d + G \cdot \dfrac{d}{2} + S\cos\dfrac{\psi}{2} \cdot e}{b} \tag{4-26}$$

式中　$b = H\left(\dfrac{1}{\mathrm{tg}\delta} - \dfrac{1}{\mathrm{tg}\alpha}\right)\sin\delta$

$d = H\mathrm{ctg}\alpha$

G —— 两根桅杆的自重量和（kg）；

e —— 起重跑绳与桅杆轴线间偏心距（m）；

δ —— 缆风绳与水平线间的夹角（度）；

d —— 人字桅杆对地面的投影长度（m）。

斜立的人字桅杆，一般在背后拉两根缆风绳，每根缆风绳所承受的拉力按下式进行计算：

$$P_{p1} = P_{p2} = \frac{P_p}{2\cos\dfrac{\rho}{2}} \tag{4-27}$$

式中　ρ —— 为两根缆风绳间的夹角（度）。

6.作用在有导向滑轮桅杆轴线上的力：

$$P_{M1} = \frac{P_n\cos\gamma + P_p\cos\beta + G \cdot \sin\alpha}{2\cos\dfrac{\psi}{2}} + S \tag{4-28}$$

7.作用在无导向滑轮桅杆轴线上的力:

$$P_{M2} = \frac{P_n\cos\gamma + P_p\cos\beta + G\cdot\sin\alpha}{2\cos\dfrac{\psi}{2}} \qquad (4-29)$$

8.一根桅杆所承受的最大弯矩:

$$M = \frac{G}{2}\cos\alpha\cdot\frac{l_1}{8} \qquad (4-30)$$

9.作用在桅杆断面上的应力:

$$\sigma = \frac{P_{M1}}{\phi F} + \frac{M}{W} \leqslant [\sigma] \qquad (4-31)$$

公式中符号同前。

钢管式人字桅杆的构造型式如图4-9所示。图中尺寸系供起重量30t,而桅杆高度达24.65m的结构简图。

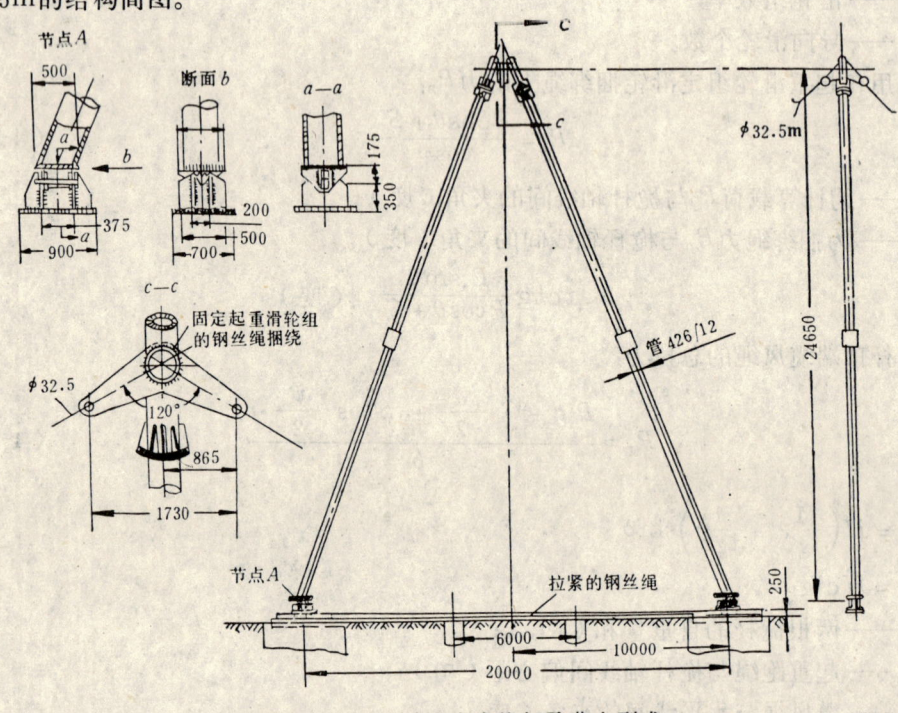

图 4-9 钢管式人字桅杆及节点型式

另一种型式的钢管人字桅杆,是一种人字架式的两脚桅杆(图4-10)。主要优点和一般人字桅杆一样,能在没有侧向缆风绳时进行安装。

当桅杆高度超过 9 m时,结构采取装拆式,使运输轻便。 整个桅杆在头部具有吊架(图4-10节点A),以便穿挂滑轮组,而不需吊环。缆风绳穿在吊架轴的后面。

三、悬臂桅杆

(一)悬臂桅杆的构造型式

悬臂桅杆在建筑施工中应用也较广泛,它是从独脚桅杆的基础上改进、发展而来的。由于增加了一个悬臂,并可回转和起落变幅,不仅能垂直吊起重物,还可以在悬臂活动范围内将重物进行水平移动,因而工作范围增大,使用较灵活。根据悬臂安装的不同位置可分两种类型：一种是悬臂位于独脚桅杆的上部，如图4-11所示；另一种悬臂位于桅杆的下端（亦称动臂桅杆），如图4-12所示。

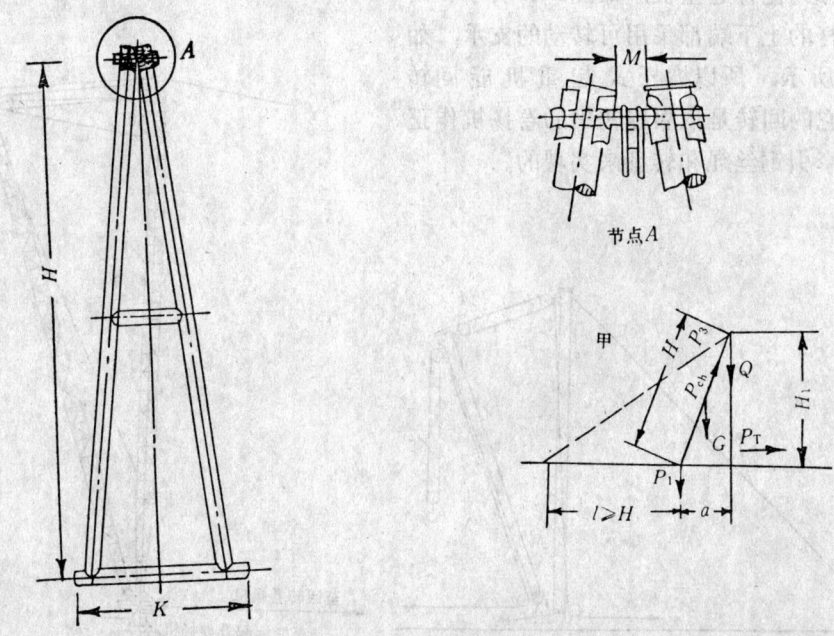

图 4-10　钢管人字架（两脚桅杆）

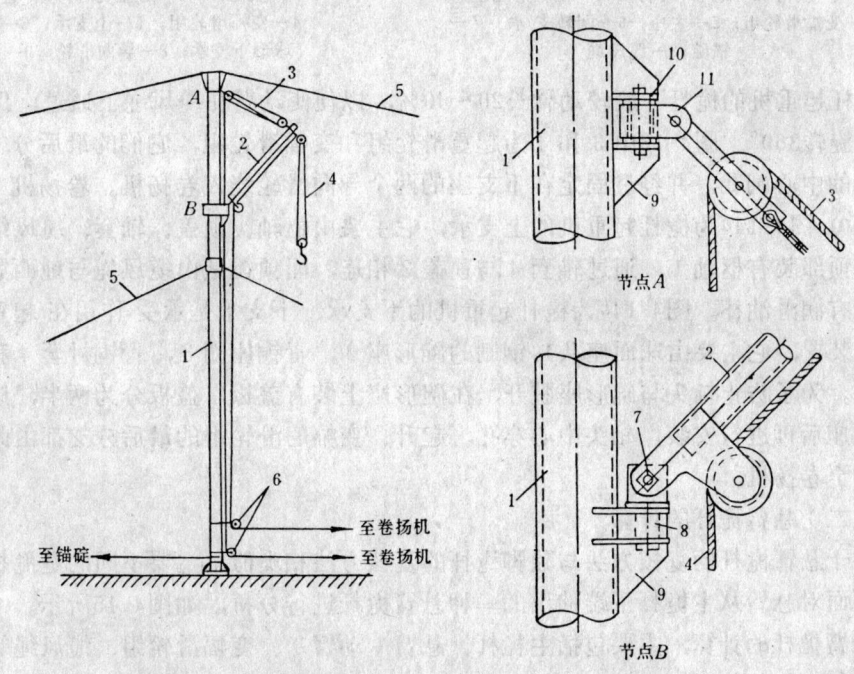

图 4-11　悬臂位于桅杆的上部

1—主桅杆；2—悬臂；3—变幅滑轮组；4—起重滑轮组；5—缆风绳；6—导向滑轮；7—拉绳；8—悬臂枢轴；9—转销；10—托架；11—旋转耳

悬臂桅杆主要是由主桅杆、动臂、起重滑轮组、变幅滑轮组、缆风绳和回转底座等组成。按桅杆所用的材料不同，可分为木制的、钢管制的和金属格构式的。金属格构式动臂桅杆又称为桅杆起重机，如图4-13所示。由于主桅杆的上下端都采用可转动的支承，如图4-14所示，所以桅杆式起重机能回转360°，它的回转是依靠旋转用的卷扬机作正反转来牵引钢丝绳和转盘来实现的。

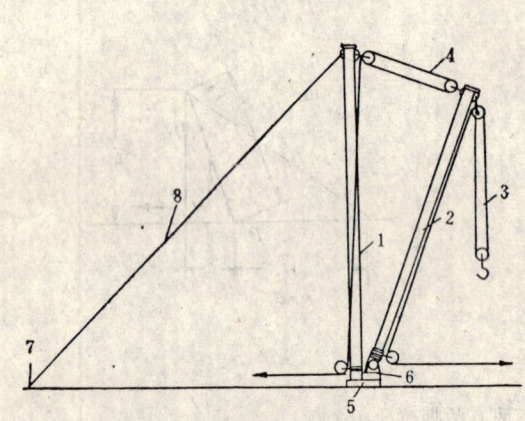

图 4-12 悬臂位于桅杆下端

1—主桅杆；2—悬臂（动臂）；3—起重滑轮组；
4—变幅滑轮组；5—主座；6—回转支承；7—
锚碇；8—缆风绳

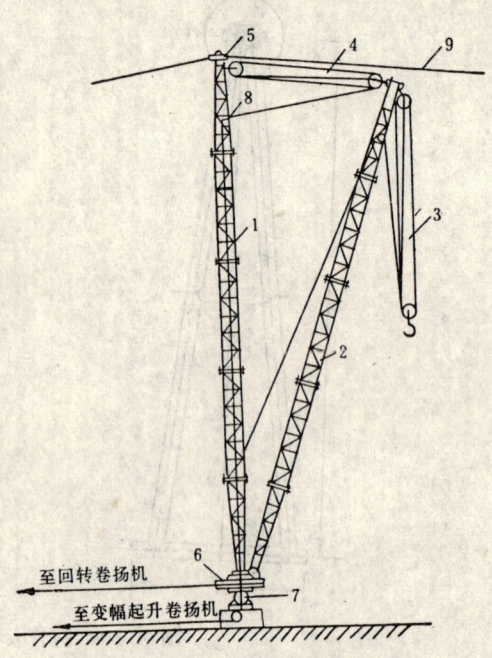

图 4-13 桅杆式起重机

1—主桅杆；2—起重桅杆；3—起重滑轮组；
4—变幅滑轮组；5—上支承；6—转盘；7—
球形下支承；8—导向滑轮；9—缆风绳

桅杆起重机的桅杆一般较动臂长20～40%，以便使动臂在缆风绳下通过，保证桅杆和动臂能旋转360°。图4-13中3和4为起重滑轮组和变幅滑轮组，它们的最后分支都穿过桅杆底座的中心圆孔，并经过固定在下支座的两个导向滑轮绕入卷扬机。卷扬机一般离桅杆15～30m。图4-14a为桅杆起重机的上支承，它主要由枢轴、顶盖、轴套、缆风绳等组成。在桅杆顶部装有枢轴1，通过轴套4与顶盖2相连，而顶盖是由缆风绳与地面固定。枢轴顶端装有润滑油杯。图4-14b为桅杆起重机的下支承，下支承是承受作用在起重机上全部载荷的装置，它主要由球面座头1，钢制的碗形座2，青铜座圈3，青铜衬套4和桅杆支座5组成。为了防止轴头与碗形座脱开，在碗形座上装有盖板，盖板分为两半，以便轴头放进碗形座后再进行安装，轴头中心穿孔，起升、变幅的滑轮组的最后分支都由此向下经导向滑轮至卷扬机。

（二）悬臂桅杆的计算

对于悬臂桅杆的复核方法与独脚桅杆的复核方法相类似，主要不同的是桅杆的受力分析。下面对悬臂从主桅杆下端伸出的一种悬臂桅杆进行分析，如图4-15所示。

悬臂桅杆的计算，主要包括主桅杆、悬臂（动臂）、变幅滑轮组、缆风绳等项计算。悬臂桅杆一般仍按平面力系处理：

1.动臂计算：

（1）作用在动臂中部的轴向力：

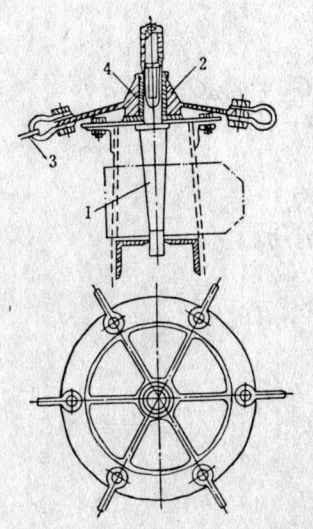

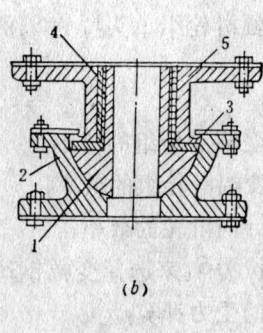

(b)

(a)

图 4-14　主桅杆的上下支承

(a)上支承：1—枢轴；2—顶盖；3—缆风绳；4—轴套
(b)下支承：1—球面座头；2—底座；3—青铜座套；4—青铜衬套；5—支座

$$N = N_1 + N_2 \qquad (4\text{-}32)$$

式中　N_1——由荷载、吊具及动臂自重引起的轴向力；

　　　　N_2——提升力S引起的轴向力。

图4-15以$\Sigma M_B = 0$

$$N_1 = \frac{[K(Q+q) + 0.5G_2 + 0.5G_3]\cos\beta}{\sin(\alpha+\beta)}$$

$$(4\text{-}33)$$

$$N_2 = S = \frac{K(Q+q)}{a\eta_z} \qquad (4\text{-}34)$$

式中Q、q、K、a、η_z意义同前。

　　　　G_2——动臂的自重（kg）；

　　　　G_3——变幅滑轮组的自重（kg）；

　　　　α——动臂与水平线的夹角（度）；

　　　　β——变幅绳与水平线的夹角(度)。

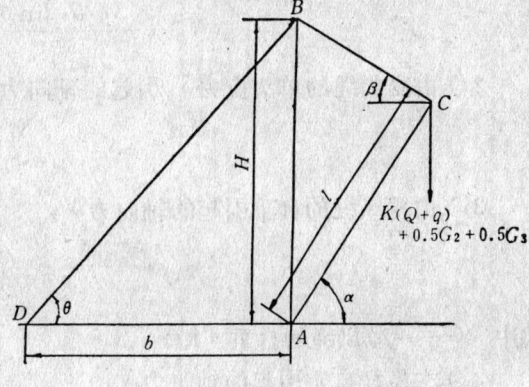

图 4-15　悬臂桅杆计算简图

（2）动臂中部所受的弯矩：

$$M = M_1 + M_2 \qquad (4\text{-}35)$$

式中　M_1——起重滑轮组的提升力因偏心引起的弯矩；

$$M_1 = \frac{S \cdot e_1}{2} \qquad (4\text{-}36)$$

　　　　M_2——由动臂的自重引起的弯矩。

$$M_2 = \frac{G_2 \cdot l \cdot \cos\alpha}{8} \qquad (4\text{-}37)$$

以上未考虑风力产生的弯矩。

2.变幅滑轮组的计算：

115

（1）变幅滑轮组总张力S_b的计算：

图4-14以$\Sigma M_A = 0$

$$S_b = \frac{[K(Q+q)+0.5G_2+0.5G_3]\cos\alpha}{\sin(\alpha+\beta)} \qquad （4-38）$$

（2）变幅滑轮组单头拉力S_0的计算：

$$S_0 = \frac{S_b}{a\cdot\eta_z\cdot\eta_d} \qquad （4-39）$$

式中　a——变幅滑轮组的倍率；

　　　η_z——变幅滑轮组的效率；

　　　η_d——导向滑轮的效率；

根据单头拉力S_0来选择变幅钢丝绳。

3.缆风绳的受力计算：

$$T = \frac{S_b\cdot\cos\beta}{\cos\theta} \qquad （4-40）$$

式中　S_b、β意义同前；

　　　θ——缆风绳与水平线的夹角。

根据缆风绳拉力T来选择缆风绳和地锚。

4.主桅杆的计算

（1）主桅杆所受的轴向力：

1）由变幅滑轮组的总张力S_b引起的轴向力N_1

图4-15中以$\Sigma M_D = 0$

$$N_1 = \frac{S_b\cdot b\cdot\sin\beta + S_b\cdot H\cos\beta}{b} \qquad （4-41）$$

2）由变幅绳的单头拉力S_0引起的轴向力N_2

$$N_2 = \frac{S_b}{a\cdot\eta_z} \qquad （4-42）$$

3）由缆风绳的自重引起的轴向力N_3

$$N_3 = \frac{G}{2} \qquad （4-43）$$

式中　G——缆风绳的自重（kg）。

4）主桅杆自重引起的轴向力N_4

因此作用在主桅杆顶端的总轴向力N_0

$$N_0 = N_1 + N_2 + N_3 \qquad （4-44）$$

作用在主桅杆中部的总轴向力N_0'

$$N_0' = N_1 + N_2 + N_3 + N_4 \qquad （4-45）$$

（2）主桅杆所受的弯矩

1）作用在主桅杆顶端的弯矩

$$M_0 = S_0\cdot e \qquad （4-46）$$

式中　S_0——变幅绳单头拉力（N）；

　　　e——偏心距（mm）。

2）作用在主桅杆中部的弯矩（按顶部弯矩的50％计算）

$$M'_0 = \frac{1}{2} S_0 \cdot e \qquad (4-47)$$

根据所受的轴向力和弯矩，可以对主桅杆及动臂进行强度和稳定性复核。

上述求桅杆的轴向力也可用图解法求得，其步骤如下：

1）以适当的比例绘出计算简图，如图4-16所示，并将计算简图分区编号如①②③④。

2）以动臂顶端C点的平衡，作力平衡图。即作垂直线1、2按比例大小等于$[K(Q+q)+0.5G_2+0.5G_3]$，经1、2两点分别作动臂$\overline{DC}$的平行线和变幅绳$\overline{AC}$的平行线，两直线相交于3点，则2、3即为动臂由荷载、吊具及动臂自重引起的动臂轴向力N，1、3即为变幅滑轮组总张力S_b。

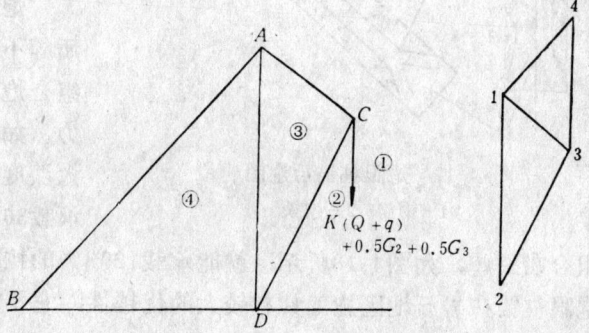

图 4-16 图解法求轴向力

3）以主桅杆顶点A的平衡，作平衡图，将此图合并在以C点的力平衡图上。即过3点作平行于主桅杆$\overline{DA}$的垂直线，再过1点作平行于缆风绳$\overline{AB}$的直线，此两直线相交于4，则3、4即代表桅杆所受的轴向力N_1，而1、4即为缆风绳的受力T。

四、地锚

地锚又称锚碇，是用来固定缆风绳、卷扬机、导向滑轮等不可缺少的一种设施。它的可靠性直接关系到起重作业的安全性，因此，必须予以足够的重视。

（一）桩式地锚

桩式地锚是由直径18～30cm的圆木（其直径应大于系缆风绳直径的10倍），按不同的需要分为一排、两排或三排埋入或打入土中而成的。其埋设深度约为1500mm，水平圆木的直径采用和桩相等，其长度不应小于1000mm。桩和被锚固的缆风绳应保持垂直，桩的尺寸是根据所锚固的缆风绳受力而定，可参考表4-5。

桩 锚 规 格 及 允 许 拉 力　　　　　　　　表 4-5

允许拉力　（kN）	10	15	20	30	40	50	60	80	100
木 桩 根 数			1		2			3	
木桩直径　　第 一 根	18	20	22	20	25	26	28	30	33
第 二 根	—	—	—	20	22	24	22	25	26
（cm）　　第 三 根	—	—	—	—	—	—	20	22	24
土壤最小允许压力（N/cm²）	15	20	28	15	20	28	15	20	28

在山区或土层很薄的岩石上，不易挖坑和打桩，可采用炮眼桩锚，如图4-17所示。采

用炮眼桩锚时，先在岩石上打一个直径为40～60mm，深为1.2～1.8m的孔，将需埋入孔中的钢筋下端对半破开，破开长度为80～120mm，根据孔径大小选择一块楔铁（长为90～120mm，最厚处为30～50mm），塞在钢筋破开处，将破口撑开并抵紧孔壁至拔不出钢筋为止。然后用水泥砂浆浇灌桩孔，并养护一段时间。锚桩钢筋露出岩石外面部分可加工成螺纹或弯成圆环形。

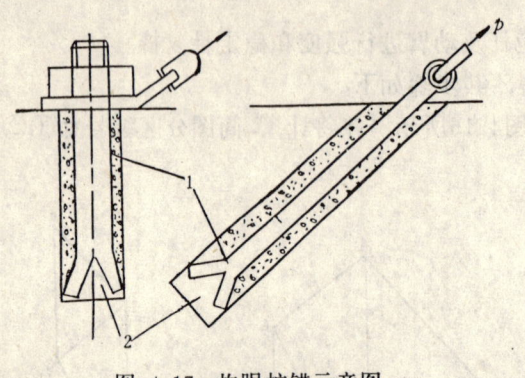

图 4-17　炮眼桩锚示意图

1—钢筋；2—楔铁

炮眼桩锚还可根据受力大小和岩石性质等不同情况，选用多根连在一起，构成组合炮眼桩锚，以提高炮眼桩锚的承载能力。如采用直径为28mm的螺纹钢筋，埋入深度为1.5m时，则每一个炮眼桩锚能承载30kN的拉力。如用四个这样的炮眼桩锚组合在一起，如图4-18所示，就能承载120kN的拉力。

炮眼桩锚在岩石地区施工具有较大的优越性，它不需要钻眼放炮大开挖，操作简单方便，比较安全经济，但要加工铁件。

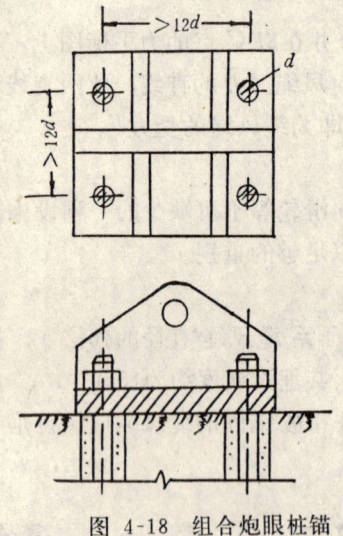

图 4-18　组合炮眼桩锚

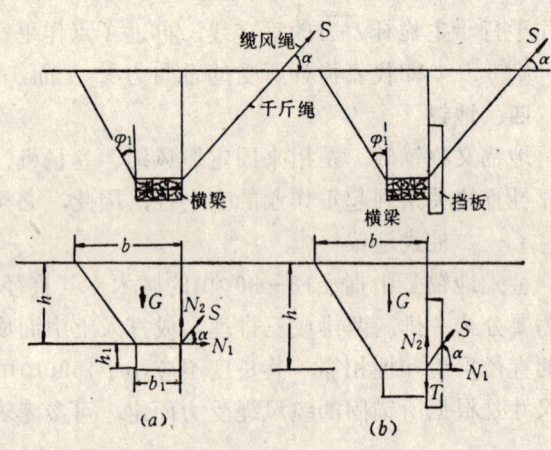

图 4-19　全埋式地锚的结构与受力分析图

（二）全埋式地锚

全埋式地锚又称水平地锚，它是将横梁横卧在预先挖好的坑底，用千斤绳捆在横梁的一点或两点上，千斤绳的一端从坑前端的槽中引出，埋好后用土回填夯实即成，如图4-19所示。全埋式地锚可承受较大的拉力，埋入深度及横梁的尺寸应根据地锚受力的大小和土质情况而定。这种地锚在吊装作业中应用很普遍。

水平地锚的横梁可以用数根圆木、方木或钢管集束而成。也有的用钢板焊制成横梁，其连接千斤绳的拉耳可以沿耳孔旋转。

1.全埋式地锚的受力分析

全埋式地锚承受的拉力可分解成两个分力；一个是水平分力，它对锚坑前壁产生压力；另一个是向上的垂直分力，它形成一个向上的拔力，因此在设计这种地锚时，要考虑如下的问题。

（1）怎样使土壤的压力不超过土壤的允许侧压力，为此，必要时用垂直挡板来扩大受压面积，降低土壤的侧向压力，见图4-19中b图所示。

（2）怎样增加横梁的稳定性，防止从土壤中被拔出来，为此，土坑要有一定的深度和长度，回填土必须夯实。必要时可增设水平压板，使坑内回填土形成整体，充分发挥土重的作用。为增大横梁上拔的抗衡力，有时还在回填土的上方加压钢锭。

（3）横卧坑内的横梁尺寸要根据拉力的大小和系绳点的多少来确定，保证木料不被拉断，一般在圆木或方木四周用钢管或角钢加以保护，以免勒伤木料。采用两个系点时，两根千斤绳的夹角应为30°左右。

2.全埋式地锚的计算

在起重吊装作业中常用的全埋式地锚有两种：有挡板和无挡板的（图4-19）。

（1）在垂直分力作用下地锚的稳定性：

$$\frac{G+T}{N_2} \geqslant K \qquad (4-48)$$

式中　K——安全系数，取$K = 1.8 \sim 2.2$常取$K = 2$；

　　N_2——地锚所受拉力S在垂直方向的分力，其值为：$N_2 = S\sin\alpha$；

　　G——土重，其值为：

$$G = \frac{b+b_1}{2} h \cdot l \cdot \gamma$$

　　h——地锚横梁埋设深度；

　　l——地锚横梁的长度；

　　γ——土的容重（密度），见表4-6，（kg/cm³）；

　　b_1——地锚横梁宽度；

　　b——锚坑上部的宽度，它与土的性质及埋设深度有关，$b = b_1 + h \cdot tg\varphi_1$；

　　φ_1——与土的内摩擦角φ_0有关的计算抗拔角；

　　T——摩擦力，其值为$T = \mu \cdot N_1$；

　　μ——摩擦系数，对于无挡板地锚，一般取0.5，当地下水位较高时取0.4，对有挡板地锚取0.4；

　　N_1——地锚所受载荷S在水平方向的分力，其值为：$N_1 = S\cos\alpha$。

（2）在水平分力作用下地锚的稳定性：

1）对于无挡板地锚：

$$[\sigma]_{\text{H}} \geqslant \frac{N_1}{h_1 \cdot l \cdot \eta} \qquad (4-49)$$

式中　h_1——横梁高度；

　　$[\sigma]_{\text{H}}$——深度h处的被动土压力强度（N/cm²）；其值为：

$$[\sigma]_{\text{H}} = h \cdot \gamma \cdot tg^2\left(45° + \frac{\varphi_0}{2}\right) + 2 \cdot C \cdot tg\left(45° + \frac{\varphi_0}{2}\right) \qquad (4-50)$$

　　C——土的凝聚力（N/cm²），见表4-6所列。

其余符号同前。

土 的 特 性 系 数 表 4-6

土 的 名 称		土的状态	单 位 容 重 γ (kg/cm³)	内 摩 擦 角 $\varphi_。$	凝 聚 力 C (N/cm²)	计算抗拔角 φ_1
粘性土	粘 土	坚 硬	1.8×10^{-3}	18°	5	30°
		硬 塑	1.7×10^{-3}	14°	2	25°
		可 塑	1.6×10^{-3}	14°	2	20°
		软 塑	1.6×10^{-3}	8°~10°	0.8	10°~15°
	亚 粘 土	坚 塑	1.8×10^{-3}	18°	3	27°
		硬 塑	1.7×10^{-3}	18°	1.3	23°
		可 塑	1.6×10^{-3}			19°
		软 塑	1.6×10^{-3}	13°~14°	0.4	10°~15°
	亚 砂 土	坚 塑	1.8×10^{-3}	26°	1.5	27°
		可 塑	1.7×10^{-3}	22°	0.8	23°
砂性土	砾砂及粗砂	任何湿度	1.8×10^{-3}	40°		30°
	中 砂	任何湿度	1.7×10^{-3}	38°		28°
	细 砂	任何湿度	1.6×10^{-3}	36°		26°
	粉 砂	任何湿度	1.5×10^{-3}	34°		

2）对于有挡板的地锚：

$$[\sigma]_H \eta \geqslant \frac{N_1}{A} \qquad (4-51)$$

式中 A ——挡板的挡土面积（cm²）；

η ——土压力不均匀的降低系数，可取 0.5~0.7。

3.地锚的强度核算

（1）单点固定的圆木地锚，如图 4-20a 所示，按以下公式进行核算：

$$\sigma = \frac{M_{\max}}{W} \leqslant [\sigma] \qquad (4-52)$$

式中 $M_{\max}$ ——地锚横木中部的弯矩（N·cm）；

$$M_{\max} = \frac{q \cdot l^2}{8} \qquad (4-53)$$

q ——地锚横木单位长度上的均布载荷，（N/cm），其值为

$$q = \frac{s}{l} \qquad (4-54)$$

式中 s ——地锚许用拉力（N）；

l ——地锚横木长度（cm）；

W ——地锚横木的抗弯截面模数（cm³）；

对于圆木其值为：

$$W = 0.1 D^3 \cdot n \qquad (4-55)$$

D ——单根圆木的直径（cm）；

n ——地锚横木的根数；

$[\sigma]$ ——木材许用弯曲应力（N/cm²）。

（2）两点固定的圆木地锚，如图4-20b所示，按下式进行核算：

$$\sigma = \frac{N}{F} + \frac{M_{max}}{W} \leqslant [\sigma] \qquad (4-56)$$

式中　M_{max} ——地锚横木悬臂部分的弯矩（N·cm）；

$$M_{max} = \frac{q \cdot c^2}{2} \qquad (4-57)$$

c ——地锚横木悬臂部分长度（cm）；

N ——地锚横木所受的轴向压力（N）；

$$N = \frac{s}{2} \text{tg}\beta \qquad (4-58)$$

s ——地锚许用拉力（N）；

β ——地锚捆绑千斤绳与拉力 s 之间的夹角（度）；

F ——地锚横木的断面积（cm²）；

$[\sigma]$ ——木料许用应力，可取1000N/cm²。

（三）活动地锚

活动地锚又称积木式地锚。对安装现场受力不大或现场有条件时，可用块状物体，如条石、钢锭等组合而成。它的优点是不需挖坑或挖浅坑，简便省工。如图4-21所示，在垂直分力和水平分力作用下的稳定条件，取二者的最小值作为活动地锚的许用抗拉力。

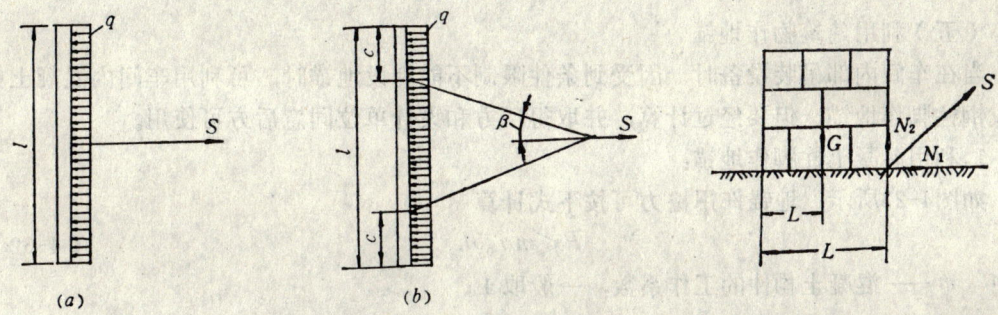

图 4-20　全埋式地锚强度核算示意图　　　图 4-21　活动地锚的计算简图
（a）单点固定圆木地锚强度计算简图；（b）两点固定
圆木地锚强度计算简图

由图可知：

$$SL\sin\alpha = Gl$$

取2倍的安全系数，则：

$$S = \frac{Gl}{KL \cdot \sin\alpha} \qquad (4-59)$$

$$G\mu = S\cos\alpha + S \cdot \sin\alpha\mu$$

$$= S(\cos\alpha + \sin\alpha\mu)$$

取2倍的安全系数

$$S = \frac{G \cdot \mu}{K(\cos\alpha + \mu\sin\alpha)} \qquad (4\text{-}60)$$

式中　S ——缆风绳的拉力（N）；

　　　G ——活地锚总重量（kg）；

　　　α ——缆风绳与地面夹角（度）；

　　　K ——安全系数，取 $K = 2$；

　　　μ ——摩擦系数。

（四）混凝土地锚

混凝土地锚是依靠其自重来平衡作用力，一般不考虑土压，即

$$\frac{Gb}{S \cdot L} \geqslant K \qquad (4\text{-}61)$$

式中　G ——混凝土块自重（kg）；

　　　K ——稳定系数；$K \approx 2$；

其余如图4-22所示。

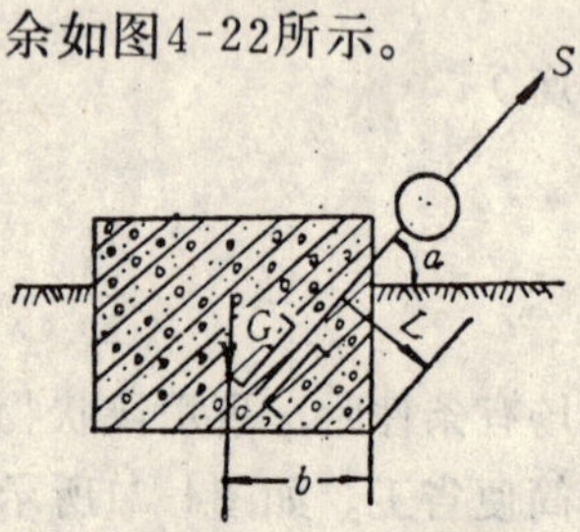

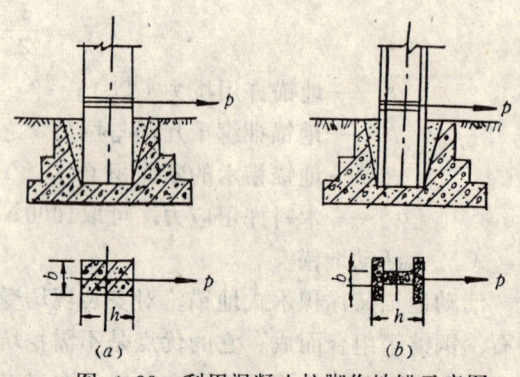

图 4-22　混凝土地锚

图 4-23　利用混凝土柱脚作地锚示意图

（a）矩形截面；（b）工字形截面

（五）利用建筑物作地锚

当在车间内部吊装设备时，因受到条件限制不能埋设地锚时，可利用车间内混凝土柱脚或钢柱脚作地锚，但要经过计算，并取得厂方和设计单位同意后方可使用。

1.利用混凝土柱脚作地锚：

如图4-23所示，地锚许用拉力可按下式计算

$$P \leqslant m\sigma_b bh \qquad (4\text{-}62)$$

式中　m ——混凝土构件的工作系数，一般取1；

　　　b ——矩形截面宽度；工字型截面的翼缘宽度；

　　　h ——截面高度；

　　　σ_b ——混凝土的抗拉强度，见表4-7所列。

混凝土抗拉计算强度（N/cm²）　　　　　　　　　　　　表 4-7

混凝土标号　R	75	100	150	200	250	300	400	500
混凝土抗拉计算强度σ_b	32	40	52	64	81	95	110	125

2.利用钢柱脚作地锚时：

如图4-24所示，地锚的许用拉力，按钢柱的两个地脚螺栓受剪切计算

$$P \leqslant \frac{\pi d^2}{2}[\tau] \qquad (4\text{-}63)$$

式中　　P——钢柱地锚许用拉力；

d——地脚螺栓直径；

$[\tau]$——地脚螺栓的抗剪许用应力。

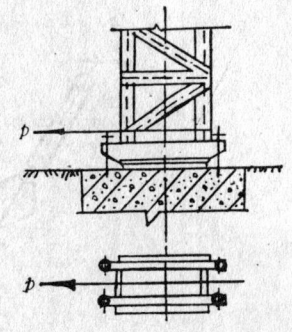

图 4-24　利用钢柱脚作地锚示意图

（六）使用地锚的注意事项

地锚在起重作业中起着重要的作用，它是影响安全吊装的关键。组立地锚应注意下列事项：

1.根据土质情况按设计尺寸开挖土方，开挖的基槽要求规整。

2.地锚埋设地点要比较平整，不潮湿，不积水，因为雨水渗入坑内会泡软回填土壤，降低土壤的摩擦力。

3.重要地锚经过试拉以后，才能正式使用。使用时应指定专人检查，如发生变形，应采取措施修整，避免发生事故。

第二节　单桅杆吊装的方法

单桅杆使用的机索具最少，操作也较容易，在工程建设中应用较多。

单桅杆吊装的方法有：直立单桅杆夺吊、直立单桅杆扳吊、直立单桅杆双侧吊、倾斜单桅杆正吊和倾斜单桅杆侧偏吊等工艺方法。

一、直立单桅杆夺吊（如图4-25）

直立单桅杆夺吊，桅杆呈直立状态，在动滑轮的吊索处（或吊物上）设曳引索并串绕滑轮组（力不大时也可不串滑轮），使起吊滑轮组力线与桅杆呈一定角度，从而保证被吊物件（设备、结构）不致碰杆。这里要注意曳引索的方向，它直接影响起吊滑轮组的受力大小。根据图4-26可知，动滑轮受力P_1为

$$P_1 = \sqrt{P^2 + P_y^2 + 2PP_y\cos\varphi} \qquad (4\text{-}64)$$

式中　　P——吊物计算载荷；

P_y——曳引力；

φ——P与P_y间夹角。

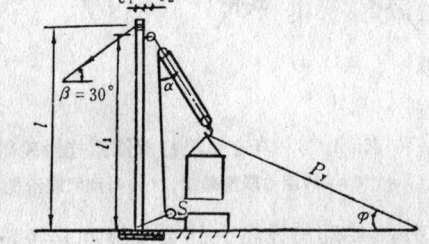

图 4-25　直立单木桅杆夺吊示意图

当$\varphi < 90°$，$P_1 = \sqrt{P^2 + P_y^2 + 2PP_y\cos\varphi}$；

当$\varphi = 90°$，$P_1 = \sqrt{P^2 + P_y^2}$；

当$\varphi > 90°$，$P_1 = \sqrt{P^2 + P_y^2 - |2PP_y\cos\varphi|}$。

显然，图4-26(a)中的P_1最大，图4-26(c)中的P_1最小。在实际施工中，单杆夺吊多为图4-26(a)所示情况。为了改善起吊滑轮组的受力状况，当曳引索引向地面时，其锚点宜远不宜近，即曳引索与地面夹角愈小愈好，最大不得大于30°。曳引索要随设备起升而调整控制，在保证设备不碰杆的前提下，应尽量减小起吊滑轮组与桅杆的夹角。

二、直立单桅杆扳吊

直立单桅杆扳吊是用扳起设备就位的。桅杆最大受力发生在设备抬头时，是一种较为安全的吊装方法，且使用的机索具少而小；但产生较大的水平推力，需增设止推索具，另

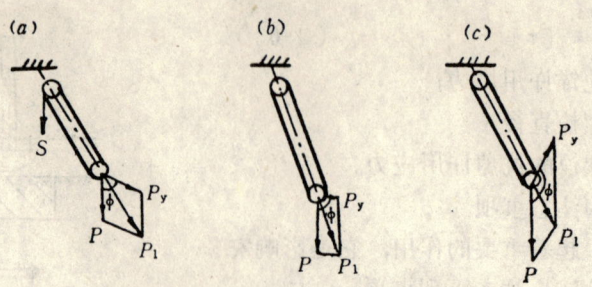

图 4-26 夺吊时动滑轮受力的情况

（a）φ＜90°；（b）φ＝90°；（c）φ＞90°

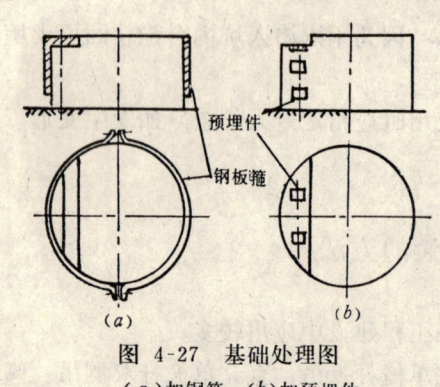

图 4-27 基础处理图

（a）加钢箍；（b）加预埋件

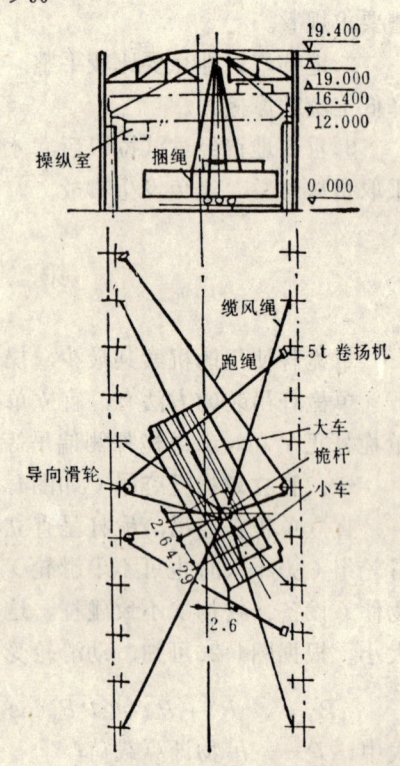

图 4-29 整体吊装桥式起重机布置图

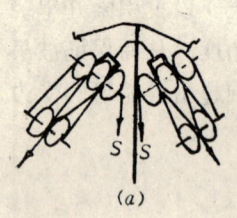

图 4-28 直立单桅杆双侧系挂滑轮组图

（a）两副单联滑轮组；（b）两副双联滑轮组

外，基础与设备之间要加设回转铰链，因此基础需要加以特殊处理，如图4-27所示；如若不用铰链，可用止推索具控制调整。用这种方法扳吊，基础高度不宜高（一般在2m以下）。基础上的地脚螺栓不能预埋，而只能预留孔。由于吊装时产生较大的水平推力，因此要对设备底部处的局部强度和稳定性验算，符合要求后才允许吊装，必要时要采取加固措施。

三、直立单桅杆双侧吊

直立单桅杆双侧吊装经常用于整体吊装中小型桥式起重机。此时，在桅杆的两侧系挂两套起升滑轮组，用两台卷扬机（单联滑轮组）或四台卷扬机（双联滑轮组）起升，如图4-28所示。

桥式起重机从制造厂是分成几大件（大梁、小车、操纵室等）运到安装现场。整体吊装时，在地面上先把几大件组装成整体，再进行吊装。这种整体吊装，高空作业少，省人力，进度快；但一次起重量大。

当用直立单桅杆双侧吊装桥式起重机时，先将桥式起重机的两扇大桥搬运至吊装位置进行组装，桅杆直立在两扇大桥中间，再将小车和操纵室装上，把小车捆牢，使用卷扬机牵引起升，一次整体吊装完毕，如图4-29所示。

由于屋架纵向支撑的影响，桅杆一般不能站立在车间中心线上，而要偏向一边。为了保证两套滑轮组受力均衡和正确就位，可调整小车的位置。

四、倾斜单桅杆正吊

倾斜单桅杆正吊时（如图4-30所示），桅杆要高于设备，滑轮组力线垂直设备基础，且其投影在设备基础的中心点上。

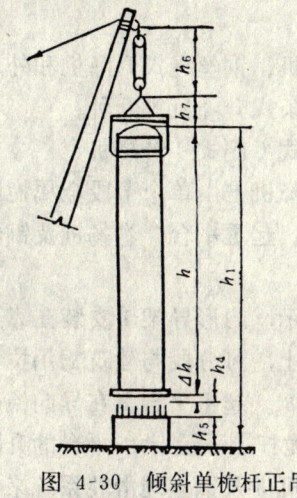

图 4-30　倾斜单桅杆正吊

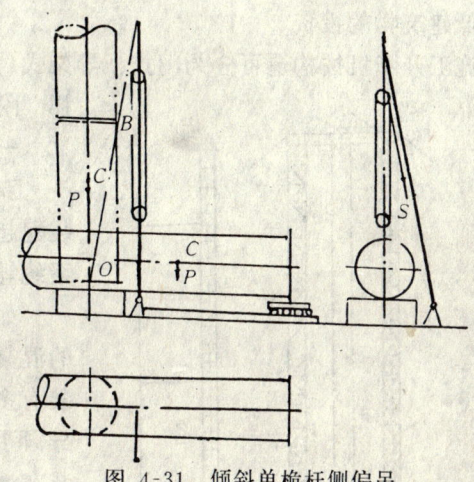

图 4-31　倾斜单桅杆侧偏吊

五、倾斜单桅杆侧偏吊

倾斜单桅杆侧偏吊是利用低桅杆吊高设备的一种方法。

倾斜单桅杆侧偏吊时（如图4-31所示），起吊滑轮组垂线投影到基础边缘外侧；吊点在设备的侧边；桅杆的倾斜角度α，以设备不碰杆为原则；设备就位时，一般要在设备底部加曳引力P_y夺正，因此出现侧偏角α_1。加曳引力夺正为最不利状态。此时设备受到P、P_1、和P_y三力而平衡。为了正确就位，P、P_1和P_y三力汇交点O'（设备底面中心）和基础中心O应在垂直于基础的垂线上，这时落钩才能保证设备准确就位。

根据三力平衡条件，落位前最不利状态的受力计算如下：

$$P_1 = \frac{P}{\cos\alpha_1} \tag{4-65}$$

$$P_y = P\,\mathrm{tg}\,\alpha_1 \tag{4-66}$$

$$\mathrm{tg}\,\alpha_1 = \frac{r'}{n_0} \tag{4-67}$$

式中　　P_1——滑轮组动滑轮的受力；

P——计算载荷，$P = K_1(Q + q)$；

P_y——夺正的曳引力；

r'——吊点至设备轴线的距离；

n_0——吊点至设备底面的距离；

a_1——设备夺正时出现的侧偏角；

K_1——动荷系数，对于机械驱动的，轻级取1.1，中级取1.3，重级取1.5。

第三节 施工升降机

施工升降机是用来垂直提升各种建筑材料和建筑构件的一种起重设备。常用的大都具有敞露的起重平台，其上放置拟提升的物品，通过卷扬机与钢丝绳滑轮组系统来实现平台的升降运动。另外，也可用吊斗代替平台，来提升散碎及浆液状的物料（如混凝土）。

升降机简单易制、造价低，用它来辅助或代替（在砖混结构建筑中）塔式起重机可大大降低建筑物的投资。

施工升降机按构造可分为门式、导架式、井式升降机、钢丝绳式升降机和外用施工电梯、附墙齿轮齿条式升降机等几种。

一、双导架式（门式）升降机

双导架式升降机是由单个节段金属桅杆及顶架装配起来的门架、起重平台、卷扬机及钢丝绳滑轮系统等组成。

如图4-32所示，门形导架1安装在靠近建筑物的混凝土基础之上，可分段与建筑物用拉杆锚固或装有多根缆风绳8。起重平台2在导向滚轮9的引导下可沿门架桅杆上下运动，平台的升降是靠安装在地面的卷扬机3及钢丝绳滑轮系统来实现的。钢丝绳的一端固定在门架顶端上，另一端绕过起重平台上的滑轮5、门架横梁上的滑轮6和7并经门架底部滑轮4连结到卷扬机卷筒上。

起重平台不能在水平面内回转，因此，在布置升降机时应使门架平行于建筑物，并使起重平台有一边直接靠近建筑物，以利于在楼层上或是窗孔中卸载。

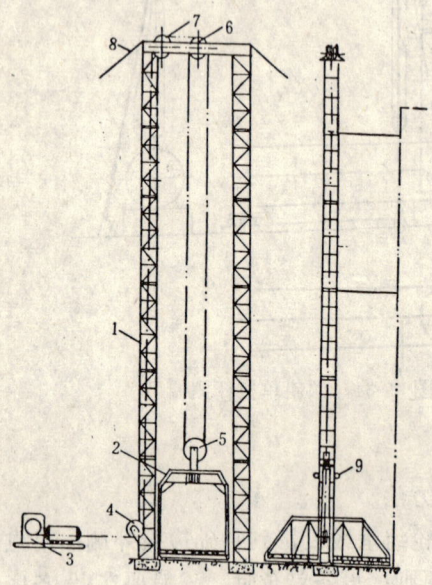

图 4-32 双导架式升降机外形示意图
1—导架；2—起重平台；3—卷扬机；
4、5、6、7—滑轮；8—缆风绳；9—滚轮

金属桅杆式导架是由型钢（或钢管）焊成断面为矩形或三角形的桁架，每节长3.5～5 m，彼此间用螺栓连接，以适应不同安装高度时的需要。门架的顶架多采用两根型号较大的工字钢或槽钢组成。

起重平台由槽钢和角钢等制成，其上设有四组滚轮，滚轮可沿门架桅杆滚动。平台上铺有木板，两侧有围栏以策安全。

这种升降机的卷扬机，一般离导架二、三十米，以保证操纵人员视野开阔，利于安全。为提高生产效率，常使用快速卷扬机，并可重力下降平台。

二、单导架式升降机

单导架式升降机的构造与门式升降机相类似，只不过是把门形架换成单根整体或由单个节段接长的金属桅架，一般多装在设有卷扬机的可移动的底架之上。这种升降机大都采用旋转法架设，起升高度较低。

图4-33所示为折叠式三角形断面单导架升降机。该机底架8是由型钢焊成的矩形框架，其一端与下桅架铰接，上下桅架12、11主弦杆采用两根槽钢和一根钢管及管状杆焊成为断面呈三角形的桁架。起重平台1以槽钢为滑道上下移动，底架的另一端焊接有门架9，起重和立架共用的双筒卷扬机置于其下方。门架顶部有一"V"形槽，用来安放折叠后的上桅架。底架四个角上各设有轮胎和支腿，现场使用时，利用支腿使轮胎离地，转移时收起支腿即可进行整体拖运。撑杆10两端分别与上桅架和门架铰接，立架时用来顶起上桅架，工作时以使桅架平稳可靠。

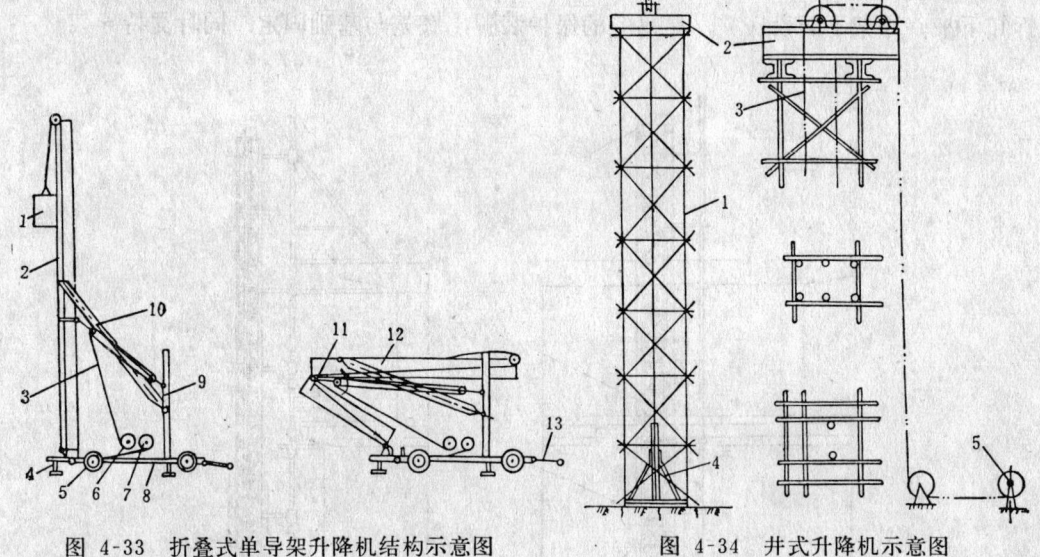

图 4-33 折叠式单导架升降机结构示意图
1—起重平台；2—起重钢丝绳；3—立架钢丝绳；4—支腿；5—拖运轮胎；6—立架卷筒；7—起重卷筒；8—底架；9—门架；10—撑杆；11—桅架下节；12—桅架上节；13—牵引杆

图 4-34 井式升降机示意图
1—井架；2—顶架；3—钢丝绳；4—起重平台；5—卷扬机

该机架设过程如下：竖桅架时，使双筒卷扬机上的滑移齿轮与立架卷筒6的齿圈相啮合，然后开动卷扬机，即可利用两节桅架中间铰接处及门架之间的钢丝绳滑轮组的牵引力及撑杆10将桅架竖起，当桅杆竖直时，卷扬机停止，并用螺栓将上下桅架固接。最后再将双筒卷扬机上的滑移齿轮拨动，重新使之与起重卷筒上的齿圈相啮合，并把起重钢丝绳端部固接在起重平台1上即可开始工作。

架设前应注意将四个支腿的支点夯实放置垫板，使用时加上压重，以保证安全。

折叠式单导架升降机结构简单，能自行折叠，可整体拖运、搬迁、架设方便，适用于6层楼以下的民用建筑。这种升降机的卷扬机靠按钮操纵，一般不能重力下降平台。

三、井式升降机

常用的井式升降机（图4-34）是由井架1，装有两个导向滑轮，用角钢或槽钢制成的顶架2，钢丝绳3，起重平台4和卷扬机5等组成。

井架1多采用$\phi 40 \sim \phi 50mm$，长约3～4m的钢管用夹箍联接而成，支承于夯实的地面上。

井式升降机的高度可根据建筑物的高度随意拼装。当起升高度小于25m时采用单层井架，当起升高度为25～60m时多采用双层井架，并用缆风绳牵拉。

四、施工电梯（附墙齿轮齿条式施工升降机）

在高层建筑施工中应用施工电梯，既运送施工人员上下，又运输各种轻、小型的建筑材料和设备，对提高劳动生产率相当显著。施工电梯分单笼和双笼两种。

图4-35及图4-36是单笼施工电梯的基本结构图。导架2是由四根无缝钢管为主肢焊成桁架式的标准节段，承插节之间用螺钉连接，施工时可以按需要高度，用小起重机6逐节接高，再通过稳固撑8、附壁撑9、10与建筑物连接。吊笼1置于导架2的侧面，借八只滚轮7将吊笼扣于导架上。小起重机6装于吊笼的顶端，可以回转；导架组装完毕后应予以拆卸下来。导架下面设底笼，是吊笼的保护装置，底笼与基础固定，同时支持导架。

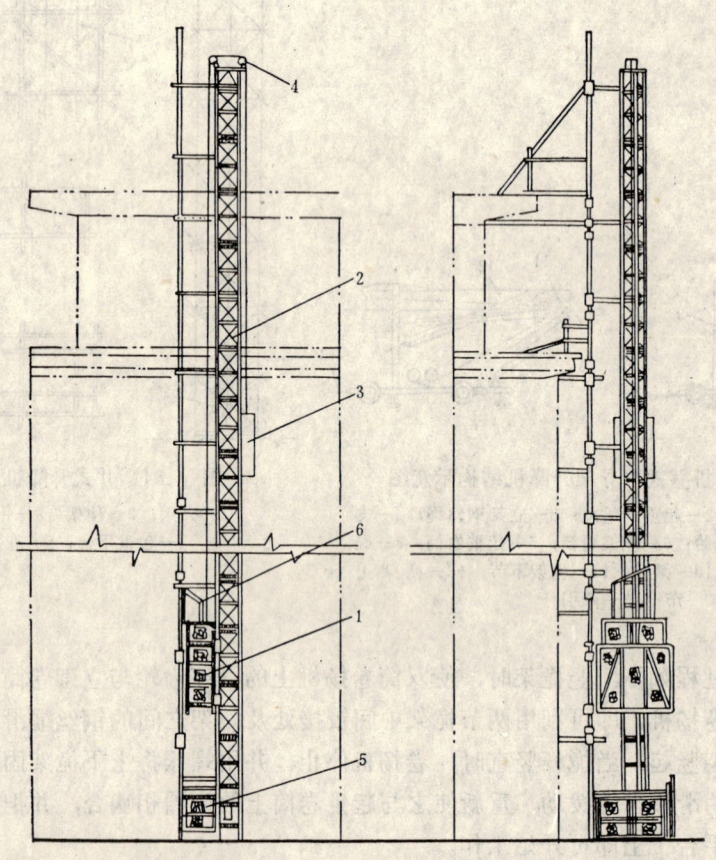

图 4-35 施工电梯

1—吊笼；2—导架；3—平衡重箱；4—天轮；5—底笼；6—小起重机

吊笼顶部受钢丝绳悬吊，钢丝绳经导架顶端的天轮4最后吊挂着平衡重箱3。这样就使吊笼的升降功率大为降低。平衡重箱总重等于吊笼自重加1/2的额定起重量。

导架侧面固定着与节段等长的齿条作为吊笼升降的传动主体。

驱动升降装置装于吊笼内壁上，如图4-37所示。每个吊笼用两套驱动装置驱动，且各有一个制动器，如任何一个驱动装置或制动器发生故障，另一套都能单独完成升降活动，

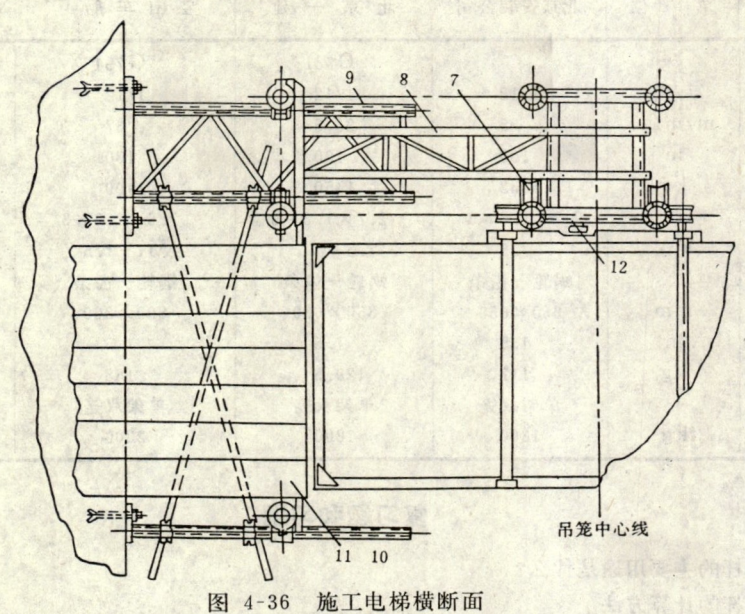

图 4-36　施工电梯横断面

7—滚轮；8—稳固撑；9、10—附壁撑；11—过桥；12—齿条

并保证安全。

绕线式电动机 1 为双出轴式的，一端传动，另一端装涡流制动器，以使停降平稳。万一两套驱动、制动完全失效，为了防止自由坠落，笼内还附有双向限速止动装置和一个脚踏液压制动器。当吊笼坠落速度超过规定的数值时；限速器在小齿轮随动作用下，自行启动并带动一套止动装置把吊笼刹住在导架上。脚踏液压制动器是由笼内的司机作为紧急制动的第四套保险装置。

吊笼门在升降过程中是不能开启的。吊笼的底下还设有缓冲弹簧。必须到吊笼降至地面，笼门才能打开，且笼门一开升降机构即不能启动。

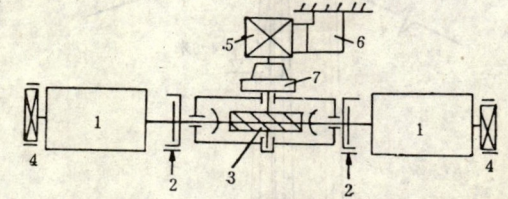

图 4-37　施工电梯的驱动机构

1—电动机；2—制动器；3—蜗轮蜗杆传动；4—涡流制动器；5—小齿轮；6—齿条；7—滚轮

导架的顶部及底部装有限位撞板，当它与吊笼上的限位开关作用时，升降机构自动停车；另外还有三相紧急开关，一旦限位器失灵时，可立即动作，切断电源，使升降机停车。

吊笼由一名司机操纵，笼内设有楼层控制装置，对每个停靠站有一按钮；另外，每个停靠站设有呼唤按钮，吊笼可以按照按钮的指令停靠而自动停车。万一吊笼在运行中突然断电时，吊笼在常闭式制动器控制下可自动停车。另外还有手动装置，使吊笼缓慢下降，安全到达停靠站。

这种用齿轮、齿条驱动的施工电梯比用钢丝绳驱动式的安全性大为提高。几种施工电梯的技术性能见表4-8所列

指 标	单 位	北京安装公司	北京一建	宝山车船厂	连云港机械厂
型 号			G731	G791	SF12
载重量	t/人	1/12	1/12	1/12	1.2/12
提升速度	m/min	35	33.6	37	35
提升高度	m	100	100	100	100
吊笼重	kg	1433	1450	1900	1700
吊笼尺寸	m	2.7×1.3×3	2.7×1.3×3	2.6×1.3×3	2.6×1.3×3
电动机功率	kW	7.5	7.5+1.5	11+1.5	2×4.5×1.5
传动形式		蜗轮一齿条	蜗轮一齿条	蜗轮一齿条	蜗轮一齿条
导架断面	mm	650×650	650×650	800×800	800×800
每节高度	m	1.5	1.5	1.5	1.5
每节重量	kg	117	129.5	168	160
结构型式		单架双笼	单架双笼	单架双笼	单架双笼
平衡重	kg	1800	1800	2300	2200

复习题和习题

1. 起重桅杆的主要用途是什么？

2. 独脚桅杆的计算方法。

3. 各种桅杆的起重量和起升高度范围。

4. 地锚的计算方法。

5. 施工升降机有哪些特点？安装时应注意什么事项？

6. 简易起重桅杆的计算：利用松木须纹圆木独脚桅杆 起吊管道，管道重量 $Q = 1500kg$，起吊高度为4.6m（参见习题4-6图）。

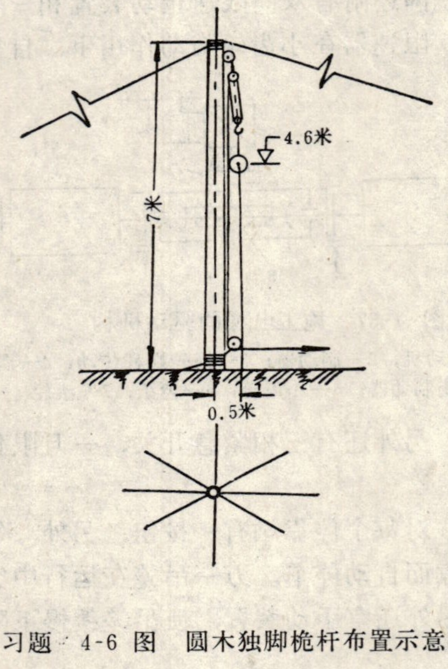

已知：桅杆长度（从根部到起重滑轮组定滑轮系结点的距离）$L = 7m$，自重 $G = 96 kg$；

桅杆细直径（梢径）$D_A = 160mm$；

桅杆根部中心至管道中心的垂直距离 $b = 0.5m$；

锚碇系结点至桅杆根部中心的距离 $d = 11.5m$；

桅杆根部至滑轮组定滑轮的垂直距离 $H = 6.93m$；

起重滑轮组偏心距 $e = 100mm$；

起重滑轮组倍率 $a = 4$，其自重 $q = 100 kg$ 用卷扬机牵引；

缆风绳6根等分布置，与地面的夹角相等均为 $\theta = 30°$。采用 $6×19+NF$ 钢丝绳，直径为9.3mm。

试对该圆木独脚桅杆进行校核性计算。

习题 4-6 图 圆木独脚桅杆布置示意图

（图中标注：4.6米、7米、0.5米）

第五章 建筑工程起重机

第一节 塔式起重机

支承于高塔上的旋转臂架起重机，称为塔式起重机。它是一种塔身竖立起重臂回转的起重机械。

塔式起重机具有使用范围广、回转半径大、起升高度大、效率高、操作简便等特点，它是现代工业与民用建筑的主要施工机械之一。在高层建筑施工中，它的幅度利用率比其它类型起重机高。如图5-1所示为塔式起重机和轮式起重机的使用情况比较。塔式起重机由于能靠近建筑物，其幅度利用率可达全幅度的80%。普通履带式、轮式起重机幅度利用率不超过50%，而且随着建筑物高度的增加还要急剧地减少。轮式起重机加装副吊臂时，条件虽有所改善，但起重机离建筑物的距离仍不得小于建筑物高度的20%。因此，塔式起重机在高层工业和民用建筑施工中的使用一直处于领先地位。应用塔式起重机对于加快施工进度、缩短工期、降低工程造价起着重要作用。由于塔式起重机性能参数不断完善，使建筑工艺也有可能进行许多重大改革，如采用大型砌块、大板结构甚至箱形结构后，建筑物结构件的预制装配化、工厂化达到了很高的水平。同时随着这些新工艺、新技术应用的不断扩大，反过来又对塔式起重机的性能和参数提出了更高的要求。为了适应这些要求，现代塔式起重机必须具有下列特点：

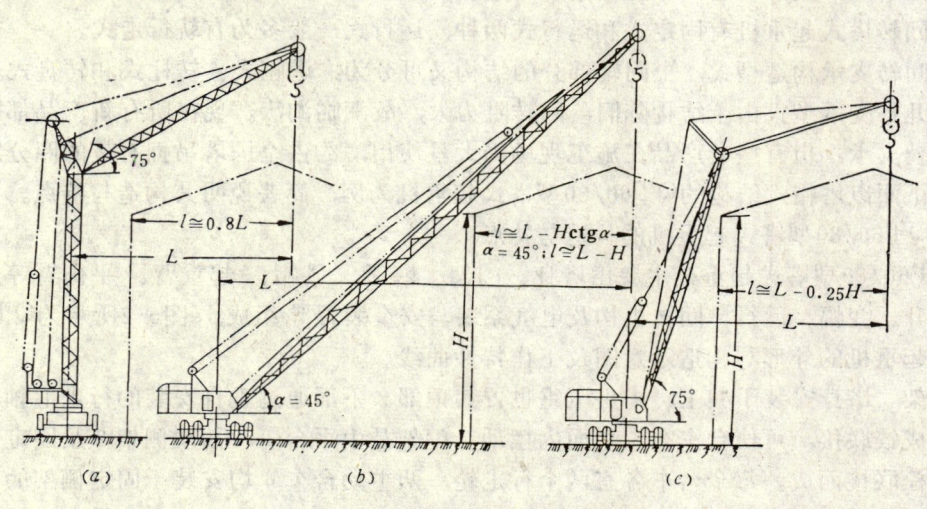

图 5-1 幅度利用率比较

1. 起升高度和工作幅度较大，起重力矩大；
2. 工作速度高，具有安装微动性能及良好的调速性能；
3. 要求装拆、运输方便迅速，以适应频繁转移工地的需要。

一、塔式起重机的类型及构造

根据我国专业标准《建筑机械与设备分类》（ZBJ 04007—88），建筑用塔式起重机以产品的结构特点为主，结合产品的用途共分为九种类型：

1）上回转塔式起重机；

2）下回转塔式起重机；

3）上回转自升塔式起重机；

4）固定式塔式起重机；

5）快速安装塔式起重机；

6）内爬升塔式起重机；

7）轮胎塔式起重机；

8）汽车塔式起重机；

9）履带塔式起重机。

以下仅就常用的几种塔式起重机类型及构造作介绍。

（一）上回转塔式起重机

这类起重机的塔身不转，回转装置装设在塔身上部，起重臂和平衡臂安装在塔帽的相对两侧，平衡臂用来安装变幅机构和平衡重。上部平衡重的作用在于改善塔身受力，减少弯矩作用。起重机的下部压重用来降低起重机的重心，保证起重机的整体稳定性。

上回转塔式起重机的主要优点是：底部轮廓尺寸小，对场地空间要求较小，可靠近建筑物工作；塔身不回转，故回转惯量小，使塔身与下部的门架式基础联接简化，便于改装成附着式起重机以适应多种型式建筑物的施工需要。其缺点是：当建筑物高度超过塔身时，由于平衡臂的影响，限制了起重机的回转；同时因平衡臂在塔吊的顶部，使重心提高，风荷增大，底部的压重相应的增加，整机的重量也随之增大。

上回转塔式起重机有固定式和运行式两种，运行式一般多为有轨行走式。

按回转支承构造型式，上回转部分的结构又可分为：塔帽式、转柱式和转盘式。近年来，这几种支承型式由于结构陈旧，回转阻力大，故濒临淘汰。现在所有新产品都采用轴承式回转支承，但有些老产品在施工现场仍大量使用，约占全国塔吊拥有量的四分之一以上，故下面以塔帽式结构的QT60/80型塔式起重机为例，简要说明其构造与特点。

1. QT60/80型塔式起重机的构造与特点

QT60/80型塔式起重机主要由塔身、门架、塔顶、塔帽、起重臂、平衡臂等金属结构和起升、变幅、运行、回转机构及电气系装与安全装置等组成。图5-2所示为QT60/80型塔式起重机的外形与构造示意图及工作特性曲线。

门架　塔身安装于其上，中央压重也置其顶部，下部通过垂直安装的行走枢轴与行走台车构成铰联接，可使台车在水平面内摆动。门架是由平台1，活动侧架2及固定侧架3等用螺栓联接而成。每个台车各有两个行走轮，两主动台车4均安装于固定侧架的下部，其上除各有一套驱动装置外，其内侧端部还设有行程开关，当大车行走与极限位置挡板相撞时，即可切断电路，使塔机不再前进，以防出轨。活动侧架两端铰接有两个三角形构架，装于两组从动台车上方，从而使起重机在弯道上行驶方便灵活。门架两侧四个立柱的下部，分别装有夹轨器19，在塔式起重机停止工作时做固定用。另外，在门架内侧还装有电缆卷筒，供行走时收放电缆用。

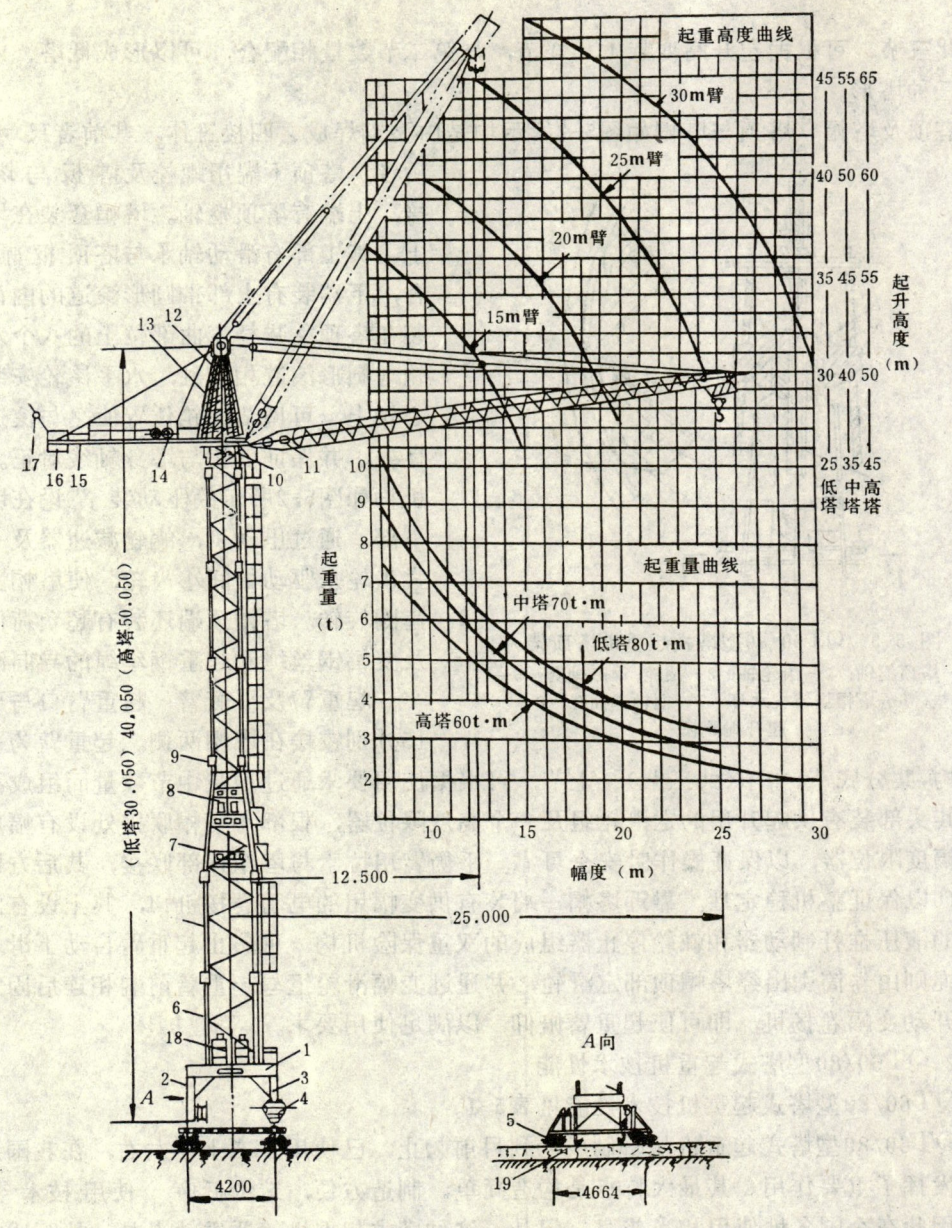

图 5-2　QT60/80型塔式起重机

1—平台；2—活动侧架；3—固定侧架；4—主动台车；5—被动台车；6—第一节架；7—起升卷扬机；8—操纵室；9—延接架；10—回转机构驱动装置；11—起重臂；12—塔顶；13—塔帽；14—变幅卷扬机；15—平衡臂架；16—平衡重；17—滑轮；18—中央压重；19—夹轨器

　　塔身　塔身是塔式起重机的主体，它是由型钢焊接而成的桁架式方形结构架。塔身由不同的塔节组成，包括有压重室（第一节架）、第二节架、操纵室和延接架等几部分，它们之间均用精制螺栓通过搭接板横向连接。第一节架在塔身最下部，其断面尺寸比其它各段都大，中间放置压重18。第二节架共两节，其断面尺寸与第一节架相同，可视需要加1～2节于第一节架上方或不用。操纵室节为一平截长方正棱锥体构架，安装于第二节架上面，分为上、下两层，上层为操纵室，内部装设电气控制设备，下层装有起重卷扬机。延接架共三节，可根据起升高度装1～3节，与第二节数量相配合，可以形成低塔、中塔及高塔三种塔形。

塔顶及塔帽　塔顶与塔帽如图5-3所示均是由型钢焊成之四棱锥体，其前者尺寸小于后者。塔顶下端用螺栓及搭板与塔身联接，上端有塔顶枢轴。塔帽套装在塔顶之上，其上部有滑动轴承与塔顶枢轴相配合，下端装有上部带圆形滚道的内齿圈，装在塔顶主弦杆弯曲部位上的八个水平滚轮与圆形滚道相接触，水平滚轮安装在偏心轴上，可调节滚轮位置使之与滚道接触良好，并保证塔帽与塔身轴线对正。回转机构如图5-2所示的驱动装置设在塔顶的下部，通过电动机，蜗轮减速器及一对开式齿轮来驱动中间小齿轮，使塔帽上的内齿圈旋转。塔帽顶端还装有超负荷保险器及变幅钢丝绳和起重钢丝绳的导向滑轮。

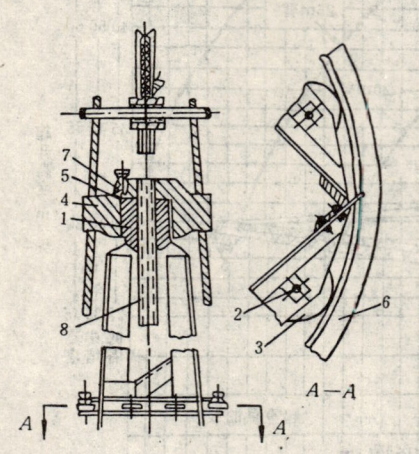

图 5-3　QT60/80型塔式起重机塔顶架
1—塔顶枢轴；2—滚轮架；3—滚轮；4—轴套；5—衬垫；6—塔帽旋转支承环；7—枢轴加油孔；8—起升绳导管

起重臂及平衡臂　起重臂11与平衡臂15分别铰接在塔帽两侧。起重臂为一桁架式结构，共分底节、中节（共三节）、上节，可根据使用要求通过增减中节数量而组成不同臂长。其头部装有供起升用的定滑轮组及一个高度限位器，根部与塔帽联接处设有幅度指示器和幅度限位器，以保证操作时安全可靠。平衡臂用拉索与塔帽顶部联接，其后方设有平衡重16以保证整机稳定性。靠近塔帽一端装有供变幅用的电动卷扬机14，其上设有由电磁控制的液压推杆制动器和棘轮停止器组成的双重保险机构，可防止起重臂自动下滑。变幅钢丝绳则由卷筒引出经塔帽顶部定滑轮，并通过变幅滑轮组与起重臂前端相连后固定于塔顶，开动变幅卷扬机，即可使起重臂俯仰，以满足使用要求。

2. QT60/80型塔式起重机技术性能

QT60/80型塔式起重机技术性能见表5-1。

QT60/80型塔式起重机从研制成功到目前为止，已使用了二十年左右，在我国建筑施工中发挥了重要作用。其最大特点是构造简单，制造方便，造价低廉，使用技术要求不高，因此在全国各地使用相当普遍。但是，这种塔式起重机的严重缺点是：轨距比轮距小得多（图5-2），因此，侧向稳定性差；采用旋转法（图5-4）进行安装，安装场地大（安装时至少要80m长的空地）；安装时需设牢固的地锚，并需大量垫土，费工费时，且具有一定的危险性；操纵室高度较低，又不能自由回转，使司视野受到很大限制；起升卷扬机置于操纵室下方，起重钢丝绳又通过操纵室，既限制了起重臂回转角度（≥420°），又给司机操作带来极大不便等。

为了使原机继续发挥作用，并保持其优点，有些单位对它进行了改造，其中以改成自升式为多。

（二）下回转塔式起重机

下回转塔式起重机的起重臂装在塔身顶部，塔身、平衡重和所有的机构均装在转台

项　　　目		单位	数　据			项　　　目		单位	数　据
起重数据	幅　　度	m	7.5	15	20	外形尺寸	轨　距	m	4.2
	起 重 量	t	8	4.5	3		轴　距	m	4.8
	起重高度	m	52.5～35				钢　轨	kg/m	43
工作速度	回转速度	r/min	0.6				轨中至主动台车外侧	m	0.5
	行走速度	m/min	17.5				轨中至被动台车外侧	m	0.35
	变幅速度(单绳)	m/min	8.56				最小转弯半径	m	6.5
	起重速度 双绳	m/min	21.6			钢丝绳	起重机构		6×37+1−17.5 长250m
			16.4				变幅机构		6×37+1−17.5 长75m
	三绳	m/min	14.3				起重臂拖拉绳		
			11			重量	低塔	自　重　t	34.9
电动机	起重机构 型号		JZR-51-8					压　重　t	30
	功率	kW	22					配　重　t	4.5
	转速	r/min	723					总　重　t	69.4
	JC	%	25				中塔	自　重　t	37.4
	行走机构 型号		JZR-31-8					压　重　t	30
	功率	kW	7.5×2					配　重　t	4.5
	转速	r/min	702					总　重　t	71.9
	JC	%	25				高塔	自　重　t	40.5
	回转机构 型号		JZR-22-6					压　重　t	46
	功率	kW	3.5					配　重　t	4.5
	转速	r/min	910					总　重　t	91
	JC	%	25			使用地区条件	最高气温		40℃
	变幅机构 型号		JZR-31-8				最低气温		−20℃
	功率	kW	7.5				工作时最大风压	kg/m²	25
	转速	r/min	702				使用地区最大风压	kg/m²	45
	JC	%	25				电机总重量	kW	48

上，并与转台一起回转。

下回转塔式起重机根据头部构造可分为下列三种型式：

1.具有杠杆式起重臂的下回转塔式起重机（图5-5）。该型式起重机的塔身顶部是一个侧面为三角形的格架，顶端通过铰轴与起重臂中部铰接，此时起重臂受弯，但塔身上的附加弯矩小，受力情况较好，变幅机构及其钢丝绳缠绕方式简单。但由于这种型式塔式起

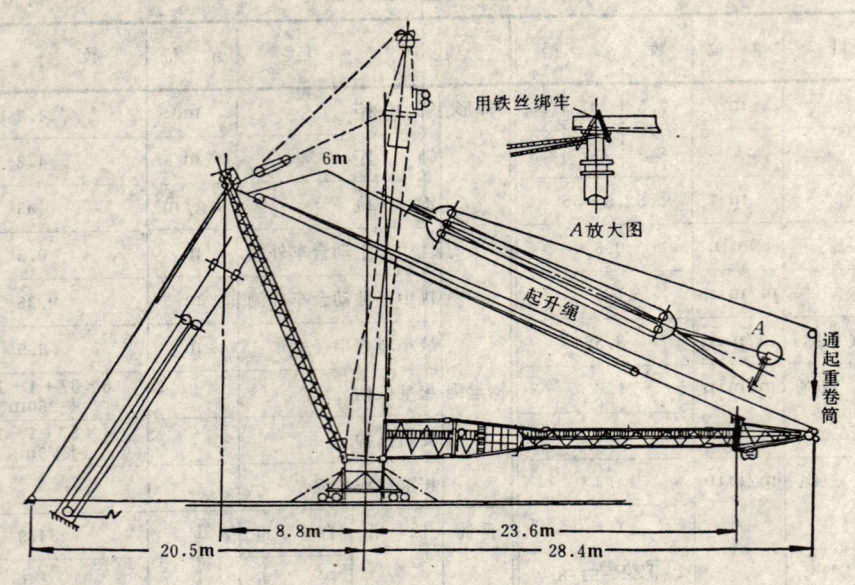

图 5-4 旋转法安装塔式起重机

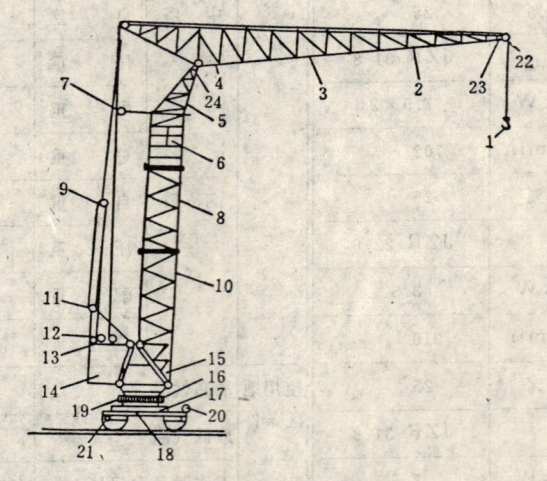

图 5-5 下回转塔式起重机

1—吊钩；2—起重臂第一节；3—起重臂第二节；4—起重臂第三节；5—塔身上节；6—驾驶室；7—导向 滑
轮；8—塔身中节；9—变幅动滑轮；10—塔身下节；11—变幅定滑轮；12—变幅卷筒；13—起升卷筒；14—
配重箱；15—旋转架；16—回转支承装置；17—回转装置底座；18—行走架；19—回转架底盘；20—电缆卷
筒；21—行走限位开关；22—起升高度限位开关；23—起重量限位开关；24—起重臂高度限位开关

重机起升高度小，对窄小工地进场困难，目前已濒临淘汰，由新型的快速安装下回转塔式
起重机取代。

2.具有固定支撑的下回转塔式起重机（图5-6）。该型式起重机的塔身带有 尖顶， 起
人字架作用。起重臂端部铰接在塔顶下方，铰点离塔顶的距离必须使变幅钢丝绳与起重臂
具有一定的夹角。这种型式起重机，起重臂受力比上一种（杠杆式）要好，起重臂只是一

个压杆，但塔身要承受很大的附加弯矩，因此，变幅钢丝绳必须按图5-7所表示的方式穿绕，使塔身承受一反弯矩，并尽可能使其接近平衡。图中变幅绳5、6、7分支，在正常变幅时虽不起作用，但对塔身造成一反弯矩作用。

具有固定支撑的下回转塔式起重机，头部金属结构加工费时；由于塔顶不能折叠，拖运长度较长；变幅绳长，容易磨损。目前在中型的起重机采用此型式还较普遍。

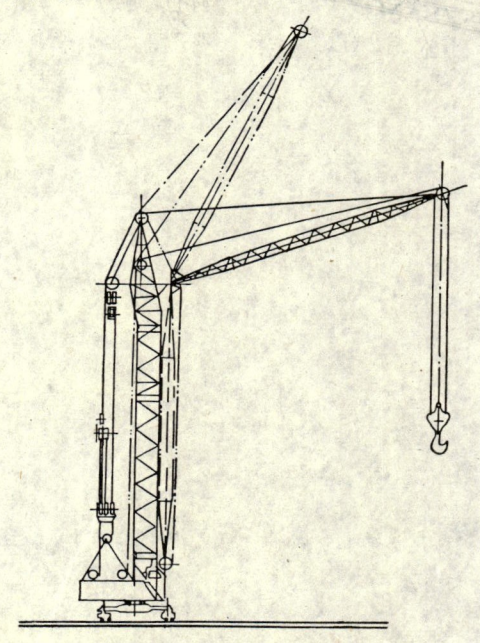

图 5-6   具有固定支撑的下回转塔式起重机

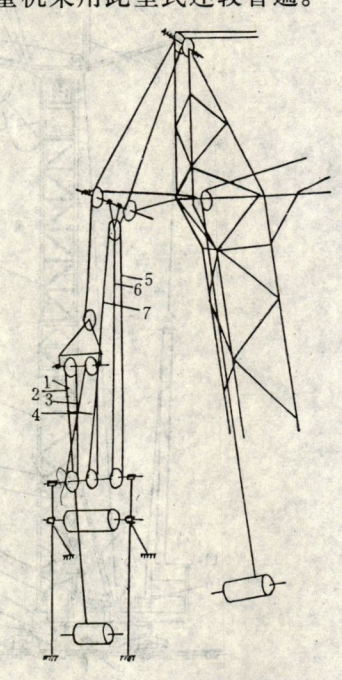

图 5-7   变幅钢丝绳穿绕图

3.具有活动支撑的下回转塔式起重机（图5-8）。该型式起重机的塔身顶端做成平顶，活动的三角形支撑（起人字架作用）铰接在塔顶上，而起重臂根部也铰接在塔身顶部。塔身顶部构造简单，重量轻；拖运时三角架因挠性件连接故不占空间，拖运长度短，所以下回转塔式起重机采用这种型式越来越多。

下回转塔式起重机按行走方式的不同又可分为：轨道式、轮式和履带式。

轨道式塔式起重机（图5-5、6、8）是目前用得最广泛的一种型式。它可以带载行走，在较长的一个区域范围内进行水平运输，生产效率较高，工作平稳、安全可靠。特别是由于出现了水母式底架及其它辅助装置后，起重机能沿曲线轨道行走，故能适应不同造型建筑物的需要，在大型建筑工区通过铺设弯道，起重机就能在不用拆、运、装的情况下，由一个建筑物施工点转移到另一个新的建筑物施工点进行施工。

我国生产的QT45型塔式起重机（图5-8），在结构上采用活动支撑、下回转、动臂变幅、轨道运行；塔身为双层伸缩式，后部与底盘回转台铰接可向后放倒；采用液压式折放和架设机构；动臂端部可下折；行走底盘采用"水母式"，四个活动支腿可内摆。因此使这种塔式起重机架设迅速、转移方便。

下回转塔式起重机的主要优点是：塔身结构受力情况比较有利（上回转塔身弯矩由对角线布置的两根主弦杆承受，下回转则由四个弦杆共同承受），自重较小；配重设在位于

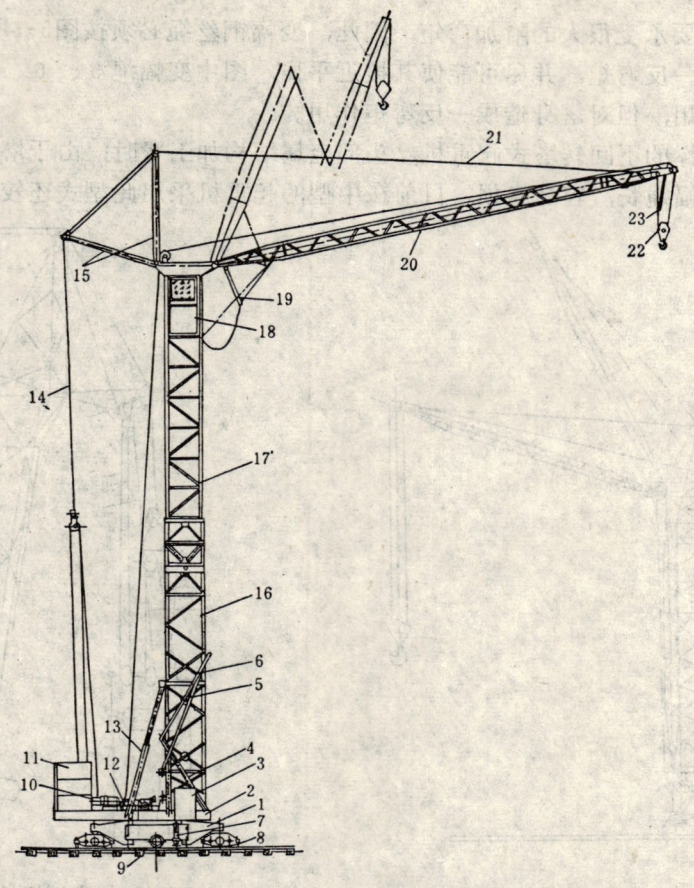

图 5-8 具有活动支撑的下回转塔式起重机（QT₄₅型塔式起重机）

1—行走底盘；2—回转平台；3—配电箱；4—支架；5—架设压杆；6—架设拉杆；7—上、下轨油缸；8—夹轨器；9—拖运机构后桥；10—变幅机构；11—配重；12—起升机构；13—架设油缸；14—撑架拉索；15—塔顶支撑架；16—塔身外层；17—塔身内层；18—驾驶室；19—动臂大仰角限制器；20—起重臂；21—起重臂变幅拉索；22—吊钩滑轮；23—起升高度限制器

塔身底部的转台上，重心低，冲击载荷影响小，整机稳定性较好，由于机构都集中布置在转台上，所以检修方便。

下回转塔式起重机的缺点是：由于机构布置在转台上，转台尺寸较大，尾部回转空间大，因而在起重机运转范围内要占用很大空间，不利于建筑工地、材料堆放场面积的使用。

（三）快速安装塔式起重机

随着建设任务的日益繁重，建筑工程出现了施工期越来越短，施工机械转移愈来愈频繁的局面。这就要求塔式起重机具有快速装拆、快速转移的性能。我国从70年代开始发展快速安装塔式起重机，目前已可生产从16～80t·m十余种型号，形成了独立的品种系列。它一般适用于八至十二层以下民用建筑的施工。

快速安装塔式起重机为了缩短整体拖运长度，塔身一般都为伸缩式（极少数为折叠式）；大中型塔机还可采用标准节自行接高塔身；运输状态时塔身后倒与转台相叠；臂架可以自行折叠成两折或三折；为了便于在一般场地上使用，均有轨道行走与固定支腿两种装置，可以互换使用；为了扩大塔机工作范围，一般还具有30°臂架小车带载水平变幅的性能。

下面主要介绍快速安装塔式起重机的基本构造型式、特点及典型机型。

1.基本型式及架设系统

快速安装塔式起重机的结构虽然多种多样、各有特点，但大多数是伸缩式塔身、小车式臂架、折叠拖运，绳索滑轮架设系统的结构。因此主要介绍这种型式，如图5-14所示。

除某些大型快速安装塔式起重机采用液压架设系统外，大多数采用绳索滑轮架设系统，该系统用双卷筒的起升机构驱动，一个卷筒用于起升，一个卷筒用于架设，采用机械式的离合机构，使两个卷筒处于一个结合、一个脱开的状态。架设绳索系统如图5-17所示。架设钢丝绳的末端固定，立塔滑轮组安装在外塔身的根部与转台之间。立塔时，驱动架设卷筒收紧立塔滑轮组，使折叠在一起的塔身和起重臂绕转台A形架的上铰点O转动，至垂直位置后，把外塔身底部与转台用销轴固定，再驱动架设卷筒，通过安装在外塔身顶部和内塔身底部的伸缩滑轮组使内塔身伸出。当内塔身伸出一定距离后，由于塔身后部拉索的作用，把臂架拉起进入工作状态。吊装平衡重时，则把固定在外塔身上的滑轮脱开，成为动滑轮，（架设钢丝绳末端）绕过平衡重吊杆，开动架设卷筒，拉动平衡重吊索进行吊装。

这种架设绳索系统的特点是：一个动力一根钢丝绳，多种功能，既可用于立塔、塔身伸缩，又能吊装平衡重，还可实现起重臂的折叠。

对于轻型快速安装塔式起重机（一般指起重力矩在25t·m以下），其架设系统更加简化。由于起升高度较小，可以不采用内外伸缩的塔身，而用具有固定长度的塔身，或者在整体拖运时将塔身下段侧向折叠，因此，可以省去伸缩滑轮组。架设时先将折叠的塔身转直，当收紧立塔滑轮组使塔身竖立时，在塔身后部拉索的作用下，同时拉起臂架，一次完成立塔、拉臂动作，如图5-9所示。

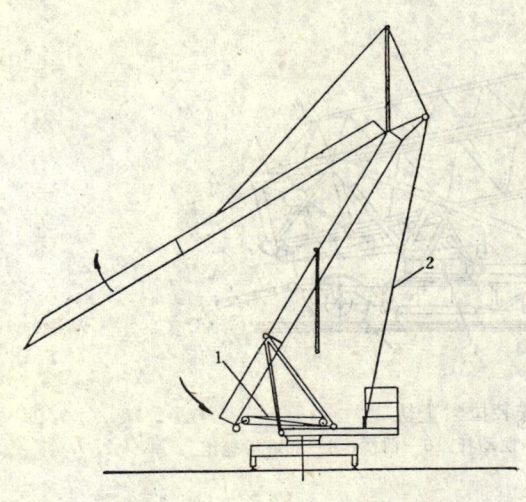

图 5-9　同时立塔、拉臂

1—立塔滑轮组；2—后部拉索

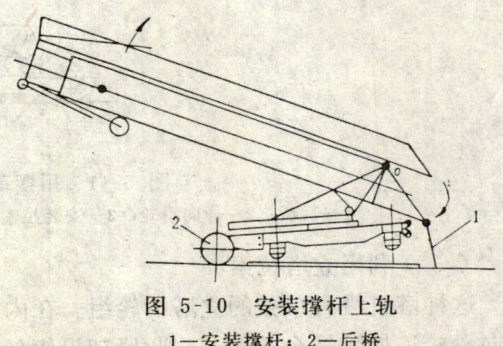

图 5-10　安装撑杆上轨

1—安装撑杆；2—后桥

2.整体拖运状态的上下轨方法：

快速安装塔式起重机在工地现场上下轨是架设过程中一个重要的环节，在塔机全部架设时间中占有相当大的比重。现把几种主要上下轨的方法介绍如下：

（1）采用安装撑杆：

139

轻型快速安装塔式起重机的上下轨，可以采用在下塔身端部铰接一根安装撑杆的方法（图5-10）。拖运用的前后桥分别支承在底架的前后方，安装撑杆支承在地面上。当塔机在立塔滑轮组拉力作用下向上抬起时，右端则要绕O点向下转动，由于安装撑杆的作用，右端不能向下，因此塔机整体以后轮胎为支点向上抬起，此时即可把四个行走台车或支腿放下来，再放松架设钢丝绳，使塔身下落，直至四个台车支承在钢轨上，前后桥的轮胎就会离地，即可卸下。下轨时可按此方法逆序进行。

有的塔机把安装撑杆连接到前桥梁上，整体拖运时可作为塔身后部的支撑，上下轨时用立塔滑轮组拉紧外塔身底部，安装撑杆顶紧前桥梁，可卸下前桥与底架连接的上铰轴，继续拉塔身，则使底架抬起，再按上述方法上轨。

这种方法的优点是结构简单，除一、二根安装撑杆外，不需增加任何装置，上下轨也非常方便。

（2）利用专用安装拉索：

对于起重力矩25～40t·m的轻型快速安装塔机，可采用安装拉索上下轨的方法（图5-11）。它的立塔滑轮组不是固定在转台上，而是安装在一根摆动杆上，摆动杆与转台横梁铰接，安装拉索与摆动杆连接，另一端穿过后桥的导向滑轮再连接到前桥。前后桥梁均用二个销轴分别与底架及转台尾部连接。当收紧架设钢丝绳时，通过摆动杆拉紧安装拉索，同时把前后桥往里拉，即可分别卸下前后桥与底架及转台尾部连接的一个销轴（图5-11中3、4），再放松架设钢丝绳，使塔身下落，四个台车落到钢轨上，再卸去前后桥，即可立塔投入工作。下轨时，按此方法逆序进行。

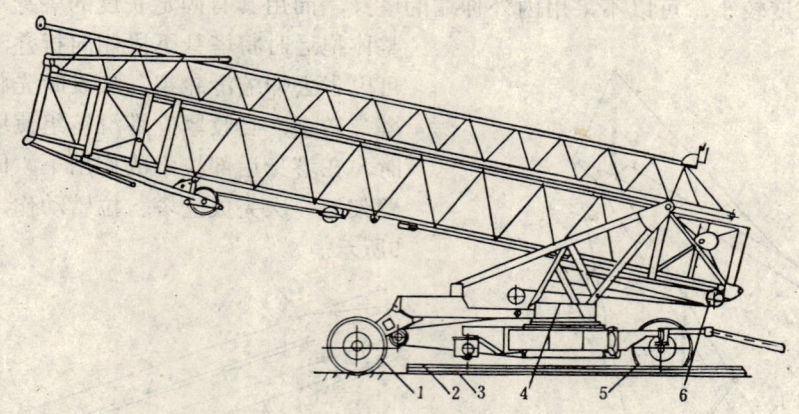

图 5-11 用摆动杆安装拉索上轨
1—后桥；2—导向滑轮；3—安装拉索；4—摆动杆；5—前桥；6—立塔滑轮组

（3）利用立塔拉索：

这种塔机没有单独的立塔滑轮组。在内塔身的底部装有两根拉索，绕过外塔身根部的导向滑轮连接到转台前部。当收紧架设钢丝绳使内塔身伸出时，同时拉紧拉索，使塔身绕O点转动竖立（图5-12）。而在上轨时，则把这两根拉索连接到桥梁的后部，当拉紧拉索时，使前桥与底架连接的上铰轴卸载，便可卸下。再继续拉紧拉索，前桥梁绕下铰轴转动，直至前桥的摆动梁触地，而后把底架抬起。然后放下台车，放松拉索，使台车落到钢轨上，前后桥即可卸下。

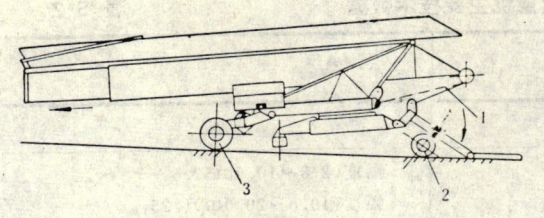
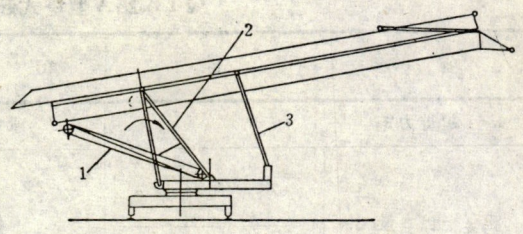

图 5-12　用拉索上轨　　　　　　图 5-13　铰接A型架及撑杆立塔

1—拉索(虚线用于立塔)；2—前桥；3—后桥

这种方法可利用共同的拉索，分别用于立塔和上下轨(仅改变拉索的连接位置即可)，所以结构更加简单。

3.塔身的竖立：

具有伸缩式塔身的快速安装塔机，在整体架设时，其立塔的方法主要有以下两种：

（1）利用立塔滑轮组：

这种立塔方法如前面1所述，不再赘述。需要说明的是，有些轻型塔机，其A形架不是固定在转台上，而是与转台铰接。拖运状态时，只将A形架的前铰点连接，另在塔身后部增加一根与转台尾部铰接的杆件，组成四连杆机构，如图5-13所示。立塔时，在滑轮组拉力作用下，塔身先向上抬起，A形架同时向后转动，直至其后铰点与转台连接，然后卸下后撑杆3与转台的连接销，继续立塔，使塔身转动竖立。

（2）利用立塔拉索：

立塔时通过伸缩滑轮组及内塔身底部的拉索使塔身绕O点转动、竖立（图5-12）。这种结构非常简单，是一种很有价值的新型架设方法。但由于受到拉索及导向滑轮尺寸的限制，一般只用于40t·m以下的轻型塔式起重机。

4.QTK25A型塔式起重机：

这种起重机为下回转式、快速安装架设、整体拖运、轨道行走、小车变幅的塔式起重机。它的额定起重力矩为25t·m，最大起重量为2.5t，最大工作幅度为20m，起升高度为23m，其它技术参数见附表5-2，它适用于六层以下民用建筑。当起重臂成30°仰角、工作幅度为17.7m时，起升高度可达32m，适用于八层以下民用建筑。

（1）QTK25A塔式起重机主要特点：

1）快速整体安装。利用本身的动力机构能在较短的时间内进行整体安装（包括上轨、立塔、伸塔、拉臂、吊装平衡重等），不要任何辅助设备。

2）采用两节伸缩塔身。如将塔身缩回，起重臂折叠转挂后，可整体随车队在公路上拖运及在工地之间转移。

3）采用小车变幅。在不增加小车运行牵引力的情况下，臂架可倾斜30°，而小车仍可带载水平变幅。

4）设有上、下两个司机室。下司机室用以完成起重机全部的安装动作，上司机室作为吊装工作室。

（2）主要构造（图5-14）：

项　　　　目		单　位	参　　　　　　数
起 重 力 矩		t·m	25
起 重 量	水 平 臂	t	幅度(2.8～10.0m)2.5 幅度(10.0～20.0m)1.25
	30°臂		幅度(2.8～9.0m)2.5 幅度(9.02～17.7m)1.25
工 作 幅 度	水 平 臂	m	2.8～20.0
	30°臂		2.8～17.7
起 升 高 度	水 平 臂	m	23
	30°臂		23.2～32.2
工 作 速 度	满 载 提 升	m/min	20.0
	重 载 下 降		23.0
	低 速 下 降		3～5
	大 车 行 走		24.0
	小 车 行 走		20.0
	塔 身 伸 缩		3.8
	回 转	r/min	0.8
电 动 机 功 率	卷 扬 机	kW	11(JZR₂-31-6)
	大 车 行 走		2×2.2(JO₂-31-4)
	小 车 行 走		1.5(JO₂-31-6)
	回 转		2.2(JO₂-31-4)
重 量	结 构 自 重	t	11.6
	平 衡 重		11.2
	压 重		3
轨 距		m	3.2
轮 距		m	3.8
尾 部 回 转 半 径		m	2.8
运输尺寸(长×宽×高)			12.88×2.88×4.00m

1）回转机构（图5-15）：是由立式电机 1 通过液力偶合器 2 和行星摆线针轮减速器 3，驱动回转小齿轮 4 围绕回转支承的外齿圈 5 回转。回转速度为每分钟0.8转。在减速机输入端装有常开式盘式制动器 6，可便于起重机的安装就位。

2）起升、架设的卷扬机构（图5-16）是由电动机 1 通过减速器10，驱动起升卷筒 5 或安装架设卷筒 6；两个卷筒可用拨叉 4 分别与减速器10内的被动轴Ⅲ上的滑动接合齿轮 9 相啮合，实现起升或架设两种功能。电动机 1 与减速器10之间用弹性联轴器 2 联接，并装有电力液压推杆制动器 3。在减速器的高速轴Ⅰ上还装有涡流制动器11。

3）塔身及塔身伸缩原理如图5-17所示，塔身由上塔身 1，下塔身 2，伸缩塔身滑轮组 3、起重量限制器 4（见图5-18，由起重钢丝绳 1、滑轮 2、杠杆 3、复位弹簧 4 和行

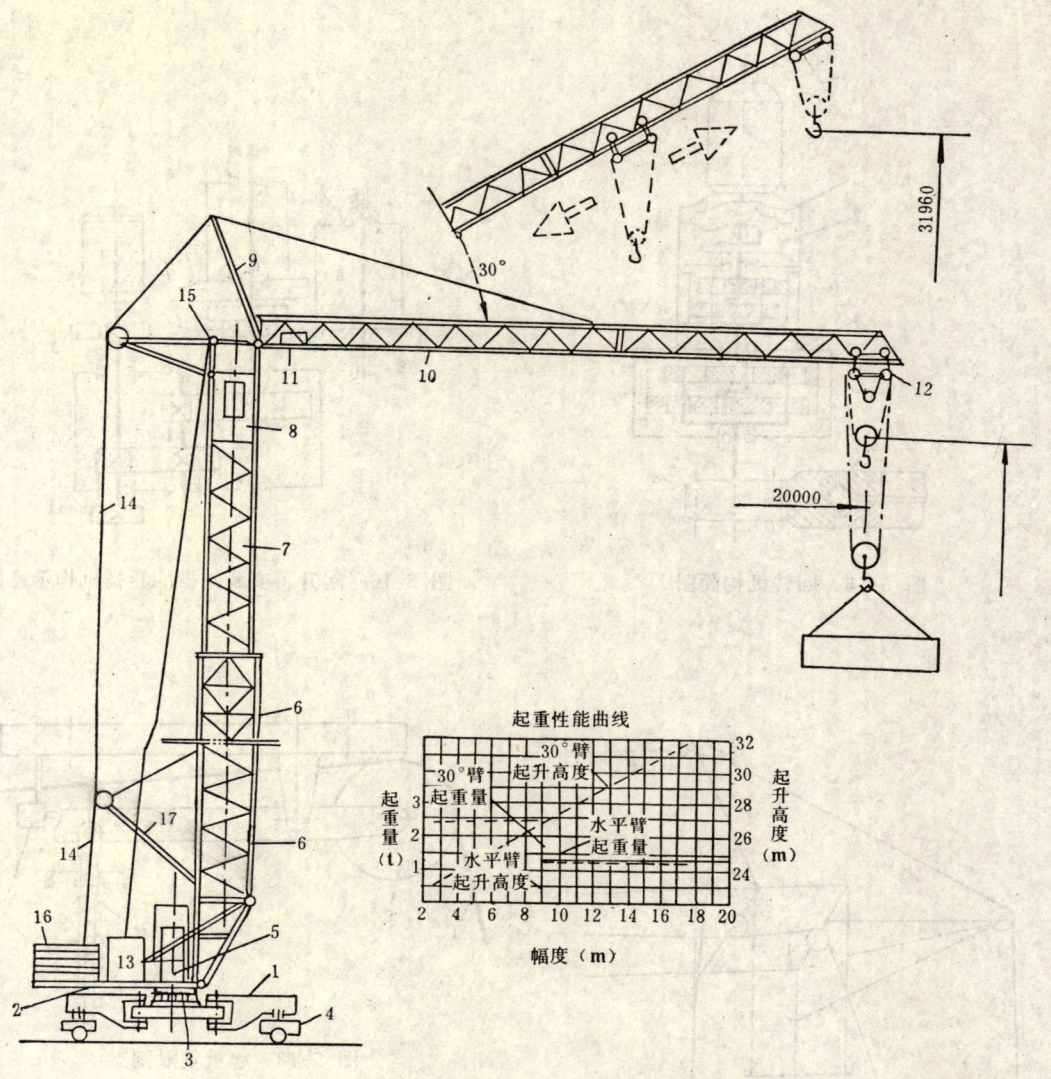

图 5-14　QTK25A型塔式起重机构造简图

1—底架；2—回转平台；3—回转机构；4—台车；5—回转支承；6—下塔身；7—上塔身；8—司机室；9—塔顶撑架；10—起重臂；11—小车牵引机构；12—起重小车；13—卷扬机；14—拉索；15—起重量限制器；16—平衡重；17—平衡重吊杆

程开关 5 等组成）、起重臂 5、起重臂拉索 6、起重钢丝绳 7、立塔身滑轮组 8、起重卷筒 9、安装架设卷筒10和导轮11、12所组成。其伸缩原理见本节（三）、1中所述。

　　4）起重臂如图5-19所示，臂架1由槽钢及钢管焊接为三角形截面的桁架结构，起重小车3通过滚轮2沿臂架下弦运行。小车牵引机构安装在臂架根部。为了减少整体拖运长度，起重臂分为臂头和臂尾两部分，可以折叠起来。

　　5）小车牵引机构如图5-20所示，电动机1经弹性联轴器2、蜗轮减速器3驱动摩擦卷筒4，再经过牵引钢丝绳5带动起重小车。

　　臂架30°仰角时，小车仍能带载变幅，且重物又保持水平移动。图5-21所示为臂架仰角30°，小车带载水平变幅的工作原理图。

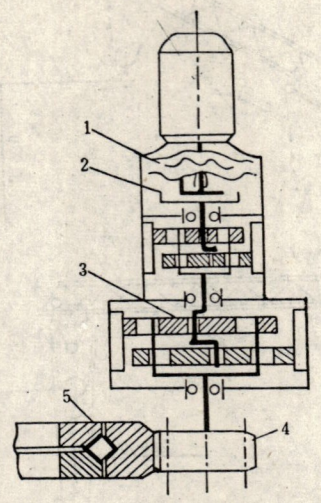

图 5-15 回转机构简图

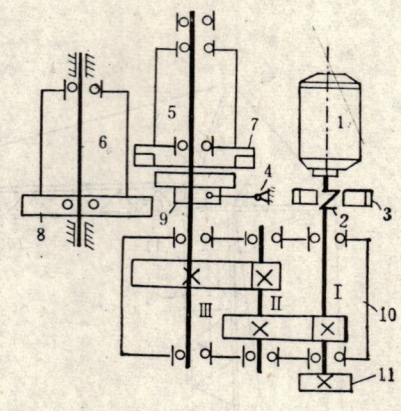

图 5-16 起升、安装架设的卷扬机构示意图

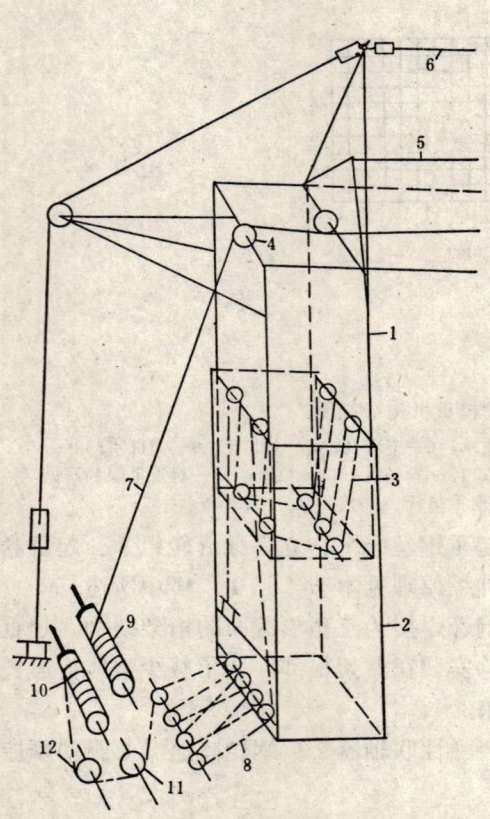

图 5-17 塔身伸缩钢丝绳缠绕示意（架
设绳索系统）

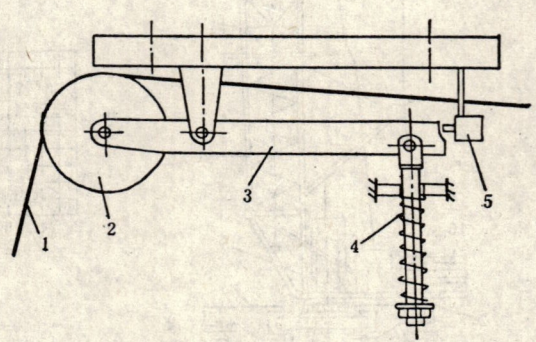

图 5-18 起重量限制器

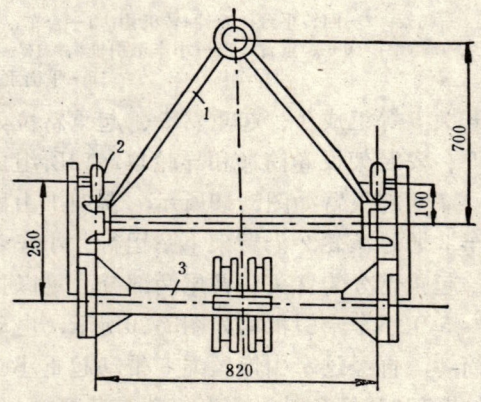

图 5-19 起重臂横截面和起重小车

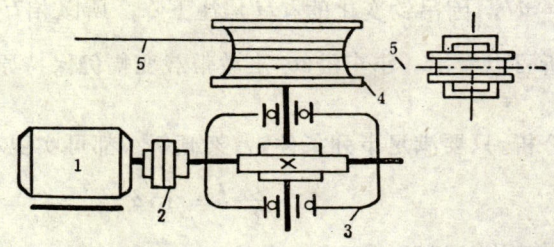

图 5-20　小车牵引机构

1—电动机；2—弹性联轴器；3—蜗轮减速器；4—摩擦卷筒；5—牵引钢丝绳

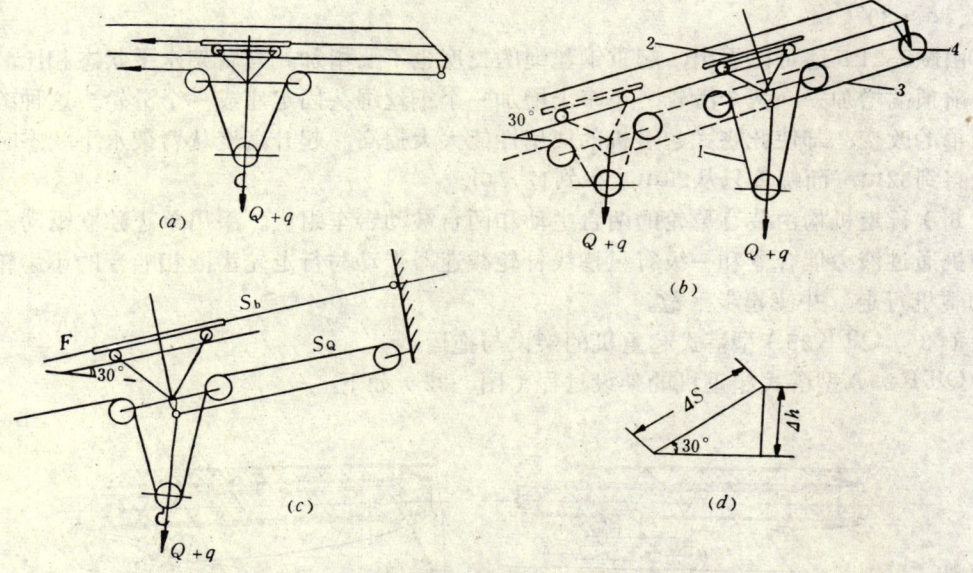

(a)　(b)　(c)　(d)

图 5-21　臂架仰角30°小车带载水平变幅原理图

1—起升钢丝绳；2—小车；3—起升绳回绳分支；4—臂端滑轮

　　由图5-21（b）可知：与臂架水平状态不同之处只是将起升钢丝绳 1 绕过臂架前顶端上的滑轮，再把起升绳绕回的分支 3 固定在小车上。当变幅小车带载沿30°上坡时（图5-21c），载重$(Q+q)$使小车产生的下滑力 $F=(Q+q)\sin 30°=\dfrac{1}{2}(Q+q)$，由于起升滑轮组的倍率为2，则绕过臂架前顶端滑轮的起重绳分支的拉力S也为$\dfrac{1}{2}(Q+q)$，且方向与下滑力F相反，又同作用于小车上，因此，S与F相平衡。虽小车自重产生的下滑力没有被S平衡，但小车的自重不大，且此时使车轮与轨道间产生 摩擦力的正压力为$(Q+q)\cos 30°=0.866(Q+q)$，即其摩擦力比臂架水平状态时为小。所以，小车沿30°上坡带载变幅时变幅卷扬机的牵引力没有增大。

　　由图5-21（d）可知：当小车沿30°上坡移动一个距离$\varDelta S$时，其高度增加$\varDelta h=\varDelta S\cdot\sin 30°=\dfrac{1}{2}\varDelta S$。由于吊钩滑轮组倍率为2，起重钢丝绳末端从臂架前顶端滑轮绕回的分支数为$b=1$（图5-21b），故当小车沿30°上坡移动 $\varDelta S$ 距离，吊钩的高度变化 $\varDelta H=$

$\frac{\Delta S}{2}$，即 $\Delta H = \Delta h$，因吊钩变化的 ΔH 是往下降，所以相互补偿。

由上述分析可以看出，小车沿30°上坡带载变幅仍保持原变幅牵引力和重物水平移动不变。

根据上述分析，只要满足下列条件，臂架倾斜，都可实现小车带载水平变幅。即满足：

$$\frac{1}{2}b = \sin\alpha \qquad\qquad (5-1)$$

式中　b —— 起重钢丝绳臂端回绳分支数；

　　　α —— 臂架仰角（度）。

但实际使用中，塔式起重机起重滑轮组倍率 a 一般不超过4，故最常用的是 $b = 1$、$a = 2$、$\alpha = 30°$。

由图5-21 b 还可以看出，起重钢丝绳的长度也不要增加。与臂架水平状态相比，只是在臂前顶端增加一、两个滑轮，小车上增加一个钢丝绳头固定座或一个滑轮。这种结构上很简单的改变，却使此塔式起重机的使用性能大大提高，起升高度从臂架水平状态时的23m提高到32m，而幅度只从20m减少到17.7m。

6）行走机构由装有单轮的两台主动和两台被动台车组成。采用单边独立驱动。驱动电动机通过液力偶合器和一级行星摆线针轮减速器带动与行走轮齿圈相啮合的小齿轮后，驱动整机行走，并使起步平稳。

（3）QTK25A型塔式起重机的架设与拖运：

QTK25A型塔式起重机的架设过程（图5-22）如下：

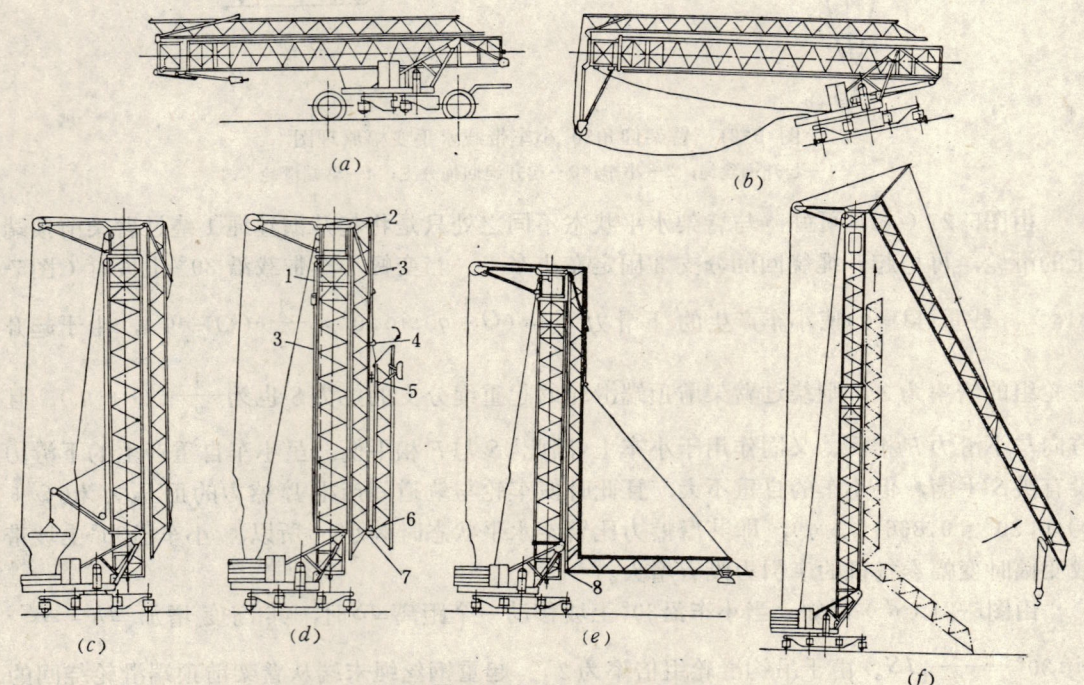

图 5-22　QTK25A型塔式起重机架设过程示意图

1—安装钢丝绳；2、4—导向滑轮；3—折臂钢丝绳；5、6、7、8—销轴

146

上轨

1）用牵引车将塔式起重机整体拖入已铺好的轨道上，并对准轨道中心（图5-22a）；

2）把安装撑杆装在平台尾部，去掉塔身与平台之间的运输托架；

3）重新把安装撑杆的一端连接在下塔身根部的支耳上，并使另一端撑于地面。然后驱动安装卷筒进行立塔，此时前桥被抬起直至脱离地面后，卸下前桥，前台车即可上轨（图5-23a）；

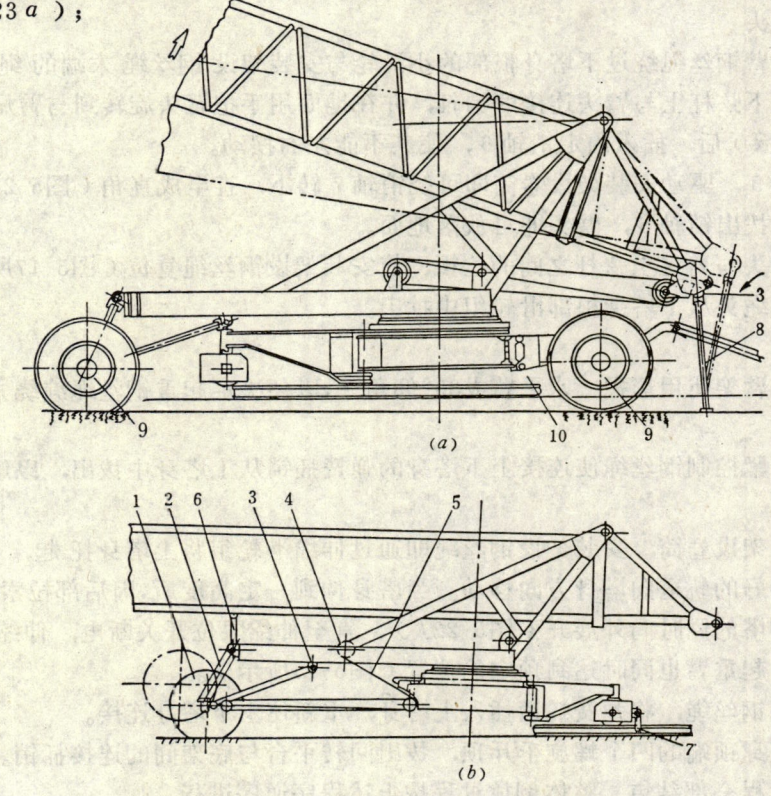

图 5-23　QTK25A型塔式起重机上轨

（a）卸前桥；（b）卸后桥

1—后桥；2—滑轮组；3—轴销；4—安装架设卷筒；5—安装架设钢丝绳；6—运输托架；7—夹轨器；8—安装撑杆；9—前桥；10—销轴

4）首先将前台车夹轨器夹紧轨道，把平台与塔身之间的运输托架装好。然后用一个倍率为4的滑轮组分别挂在后桥梁及底架梁上，并把滑轮组钢丝绳头换接在安装架设卷筒上，再驱动卷筒拉紧钢丝绳，使轴销3松动后卸下，即可卸去后桥，使后台车上轨（图5-23b）。

立塔

1）沿轨道中央从塔身起，用钢板或槽钢铺长约7m、宽0.3m的跑道，供放下臂头及伸塔时臂头滑轮的滚动使用；

2）松开下塔身上四个小千斤顶，再夹紧后台车上的夹轨器；

3）开动卷扬机收紧安装架设钢丝绳，拔出运输托架与平台间的销子；

4）驱动安装架设卷筒，使安装架设钢丝绳通过回转平台和下塔身根部的立塔滑轮组拉动塔身绕人字架铰点回转，当达到直立位置时，用销轴将下塔身与回转平台固定之（图5-

22 b 所示）。

吊装压重与平衡重

将安装架设钢丝绳的末端绕过装在下塔身后侧并围绕其下部垂直铰回转的吊杆上的两个滑轮后，驱动安装架设卷筒即可吊放压重与平衡重（图5-22 c 所示）。吊装结束后钢丝绳复位。

放下起重臂臂头

1）首先使折臂钢丝绳绕过下塔身根部的小滑轮与安装架设 钢丝绳 末端的 绳环 相连接。然后取掉臂尾下弦杆上与臂头连接的销轴，并在地面用手把臂头旋转到与臂尾对称的位置（图5-22 d 所示）后，插入固定销轴6，使其不能左右摆动。

2）拔出销轴5，驱动安装架设卷筒即可绕销轴7转下，直至成直角（图5-22 e 所示）时，插入销轴8，拔出销轴6，臂头即可放落地面。

3）连接好臂头与臂尾上弦杆之间的拉板，使安装架设钢丝绳复位（图5-17所示），最后再把折臂钢丝绳头从下塔身根部滑轮组中抽出。

伸塔和扬臂

1）首先确定臂架使用形式（水平臂或30°仰角），以便决定起重钢丝绳缠绕方式和撑架拉索的组合。

2）在地面拉紧控制钢丝绳使连接上下塔身的弹簧插销从上塔身中拔出，以解除其间的约束。

3）驱动安装架设卷筒，安装架设钢丝绳即通过伸缩滑轮组将上塔身托起，与 此 同时，臂头则沿已铺好的轨道向塔身方向移动。当塔身伸到一定高度后，因后部拉索的作用，使起重臂在继续伸塔的同时向外展开（图5-22 f），直至伸缩限位开关断电，伸缩行 程结束，上塔身就位，起重臂也同时达到预定的位置（图5-14所示）。

4）松开控制钢丝绳，将弹簧插销插入上塔身，重新使上下塔身连接。

5）旋紧下塔身顶端的四个螺旋千斤顶，拔出回转平台与底架间的连接插销。

至此，架设过程全部结束。整体倒放过程按上述程序逆序进行。

QTK25A型塔式起重机的拖运

QTK25A型塔式起重机的拖运装置由装在回转平台下部的前后拖运桥构成。拖运时，后桥制动器气管必须与索引车的制动气路相接通，以保证行驶安全。其整体拖 运 速 度 为 15～20km/h（图5-24）。

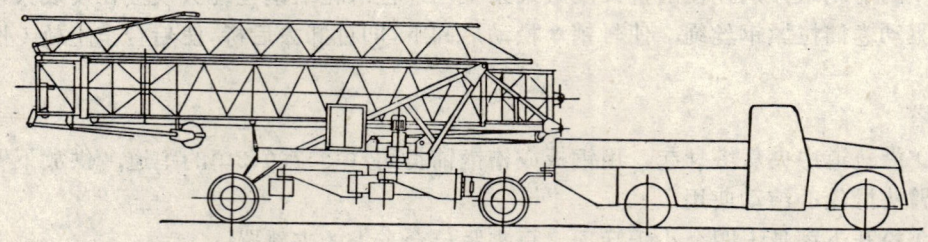

图 5-24 QTK25A型塔式起重机整体拖运示意图

据统计，一台中型的整体拖运塔式起重机的安装费用仅是同吨位组装的上回转塔式起重机的60%，安装时间仅需几小时。所 以 整 体 拖运的塔式起重机目前发展很快。但由于整体拖运时外廓尺寸受道路运输尺寸的限制，80t·m以上的塔式起重机在运输时会超高、超宽、超长。故目前国内生产的整体拖运式塔式起重机的起重能力一般不超过60t·m。

（四）自升式塔式起重机

近年来，高层建筑发展很快，不论数量和高度都在不断增加，一般的塔式起重机已不能适应高度的要求。因建筑物高度超过50m时，由于强度要求，会使塔式起重机的结构过于笨重，安装也较为困难，这时，常采用自升塔式起重机，它可以随着建筑物的升高而升高。

1.自升塔式起重机的顶升方式及顶升机构：

自升塔式起重机主要有上回转式和下回转式两大类。

上回转自升塔式起重机的顶升方式有：上加节和下加节两种形式。上加节形式又分为外套架顶升，和内套架顶升两种不同方式。下加节形式为，外套架固定——塔身顶升。

下回转自升塔式起重机的顶升方式也有：上加节和下加节两种形式。上加节形式为外套架顶升。下加节形式为外套架固定——塔身顶升。

下面分别介绍上述各种不同形式的顶升方式。

（1）上回转自升塔式起重机，上加节形式，外套架顶升的方式：

这种顶升方式的塔式起重机又可分为中央顶升和侧置顶升两种。

我国1978年以前生产的自升塔式起重机，均为顶升油缸布置在塔身断面中心的中央顶升式。从1978年试制成的QTZ80型（原QT80型）塔式起重机开始，顶升油缸布置在塔身的侧面，使油缸行程缩短，缸径减小，塔机安装高度下降。安装用的辅助起重机吨位也大大减小。

侧置顶升塔式起重机的顶升方式见后QTZ80型自升塔式起重机。

中央顶升塔式起重机的顶升方式，如图5-25所示，其顶升程序如下：

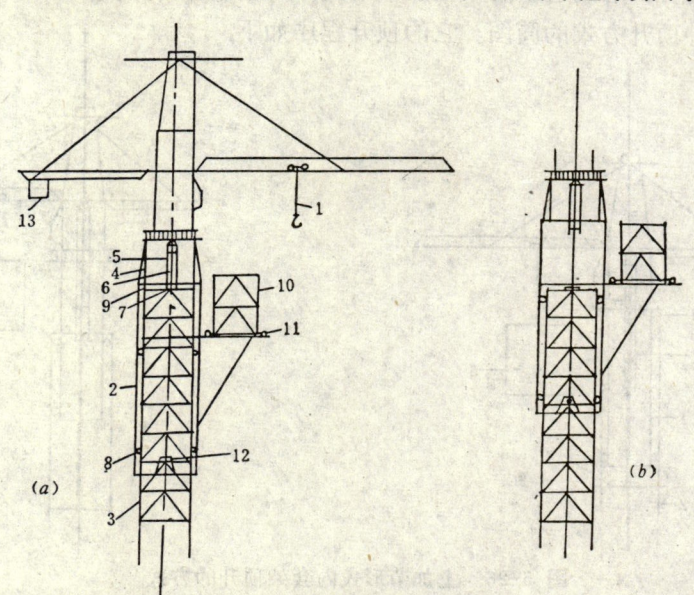

图 5-25　上加节形式，套架（中央）顶升的方式

1—吊钩及载重小车；2—外套架；3—内塔身；4—过渡节；5—顶升油缸；6—活塞杆；7—横梁；8—顶升滚轮；
9—过渡节与塔身的联接螺栓；10—待加节；11—小车；12—支承插销；13—平衡重

1）起升吊钩吊起一个待加节，放在小车上，空钩再外移停在一定位置；

2）平衡重向塔身中心移到一定位置，使塔身向前和向后的力矩相等；

（上述两个位置，是设计时确定的）

3）拆除过渡节与塔身的联接螺栓；

4）顶升油缸上腔进油下腔回油，活塞杆及横梁支承在塔身上，外套架及起重机顶部沿塔身向上顶升，顶升两个标准节高度后停止；

5）插入支承插销；

6）顶升油缸下腔进油上腔回油，活塞杆及横梁向上缩回，起重机上部及外套架的重量通过支承插销，支承在内塔身上；

7）待加节推进外套架内；

8）顶升油缸上腔进油下腔回油，使活塞杆及横梁稍向下，然后停止，将横梁与推入的待加节系牢；

9）顶升油缸下腔进油上腔回油，将待加节稍许向上提起，推出小车；

10）顶升油缸上腔进油下腔回油，将待加节落在塔身上；

11）新加节与塔身用螺栓联牢；

12）拔出支承插销，使起重机上部及外套架重量，支承在活塞杆上，顶升油缸上腔进油下腔回油，使起重机上部及外套架下落，过渡节落在塔身上，联接过渡节与塔身的螺栓；

13）平衡重外移，并使顶升油缸上下腔均通油箱，消除油压，顶升加节完成。

这种加节顶升方法，并不是从塔身正上方进行加节，而是从塔身上方的侧面进行加节，所以新加节的长度受到限制，是其缺点。

（2）上回转自升塔式起重机，上加节形式，内套架顶升方式：

图5-26为这种顶升方式的简图。它的顶升程序如下：

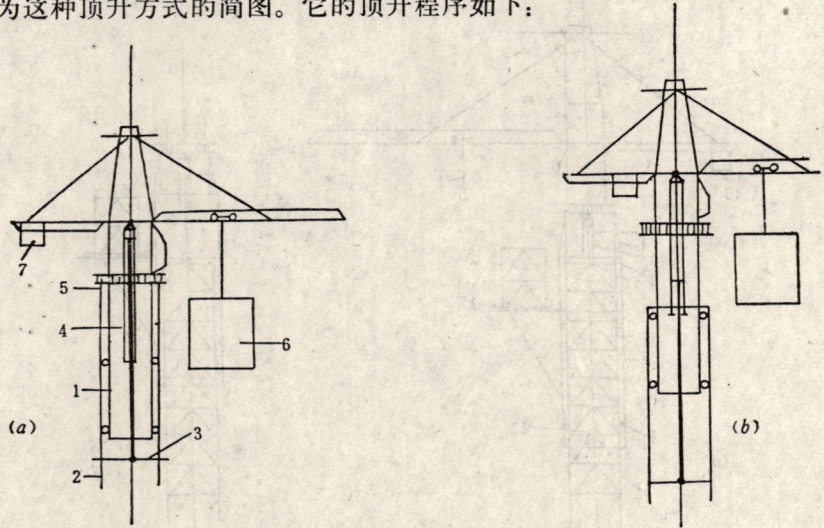

图 5-26 上加节形式内套架顶升的方式

1—内套架；2—塔身；3—活塞杆及横梁；4—顶升油缸；5—转台与塔身的联接螺栓；6—待加节；7—平衡重

1）起升吊钩吊起一个待加节，挂在悬挂的手动小车上（未画出）；

2）平衡重向内移到一定的位置；

3）拆除转台与塔身的联接螺栓；

4）横梁3支承在塔身上，顶升油缸上腔进油下腔回油，内套架沿塔身向上顶升，顶升一个标准节后停止；如图5-26(b)所示。

5）将待加节移入塔身中央，分片与塔身联接；

6）顶升油缸下腔进油上腔回油，内套架稍许下落，使转台落在新加节上面，并固紧联接螺栓；

7）顶升油缸下腔进油上腔回油，活塞杆向上缩回，同时需转动横梁使处于塔身的对角线位置，活塞杆缩回完毕后，再将横梁支承在塔身上，并消除上下腔的油压；

8）平衡重外移，顶升加节完成。

这种顶升方式的缺点是：新加节要分片拼装，不仅安装麻烦，而且转度要求高，互换性要好，由于内套架占据了塔身的内部空间，所以，在新加节拼装时，不能同时装好塔身对角线的十字横杆。

（3）上回转自升塔式起重机，下加节形式，外套架固定—塔身顶升：

上回转自升塔式起重机，与下回转自升塔式起重机相比，其塔顶部分的重量较大，是其缺点。而上加节形式的顶升方式，把顶升系统都放在上部，更增加了塔顶部分的重量，而且要进行高空安装作业。下加节形式可以避免这些缺点，但顶升时顶升力大，而且不适合于附着式的塔式起重机。

图5-27是上回转自升塔式起重机，下加节形式，外套架固定—塔身顶升方式的示意简图。图中钢丝绳绕法仅表示工作原理。这种顶升方式的顶升程序如下：

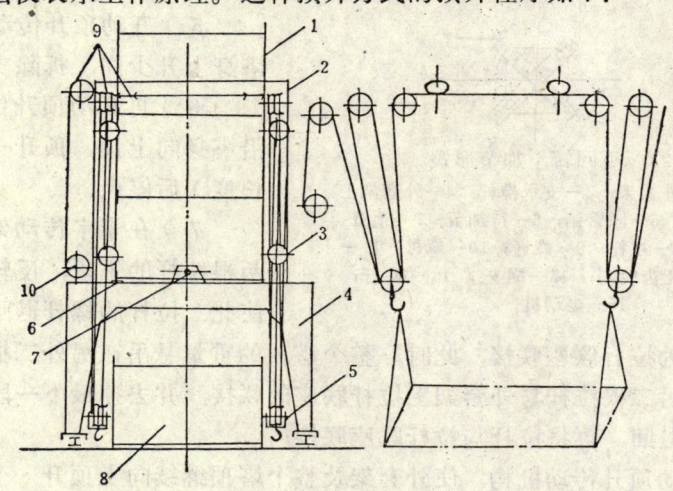

图 5-27 上回转下加节形式

1—塔身；2—外套架；3—导向滚轮；4—门座；5—顶升吊钩；6—支承板；7—支承插销；8—待加节；9—装在外套架上的顶升滑轮组；10—顶升卷扬机

1）起升吊钩将待加节吊放在轨道中央，并将起重机开行到待加节的正上方；

2）平衡重向内移动到一定位置；

3）拆除支承板与门座和塔身底部的联接螺栓；

4）开动顶升卷扬机，利用顶升吊钩将塔身稍许提起，插入支承销，使塔身及塔顶重量支承在支承销上；

5）拆除支承板，开动顶升卷扬机，将待加节提起，使待加节上部与塔身底部相接，并用螺栓联固；

6）拔出支承销，开动顶升卷扬机，使塔身沿外套架上的导向滚轮向上顶升，顶升一个待加节高度后停止；

7）放上支承板，并与门座联固牢；

8）开动顶升卷扬机，使塔身下落到支承板上，并用螺栓联固，同时放松顶升滑轮组；

9）平衡重向外移，加节顶升完成。

（4）下回转自升塔式起重机，上加节形式，外套架顶升的方式：

这种顶升方式（如图5-28所示）。它的顶升程序如下：

1）起升吊钩将顶升十字传动架吊装在待加节的上部，（如图5-28b所示）；

2）起升吊钩将待加节吊装在塔身的上部，与塔身联接，拉杆与拉杆座联接；

3）吊臂与塔顶用固定销固定；

4）松开变幅机构及起升机构的制动器；

5）开动顶升传动机构，使外套架沿塔身上升少许，拆除支承横杆；

6）再开动顶升传动机构，使外套架沿塔身向上顶，顶升一个行程（或螺杆的长度）后停止；

7）在十字传动架的对角线上，松拆两根拉杆的下段，反转其顶升传动机构，使此二拉杆的螺杆退回，然后再将此二拉

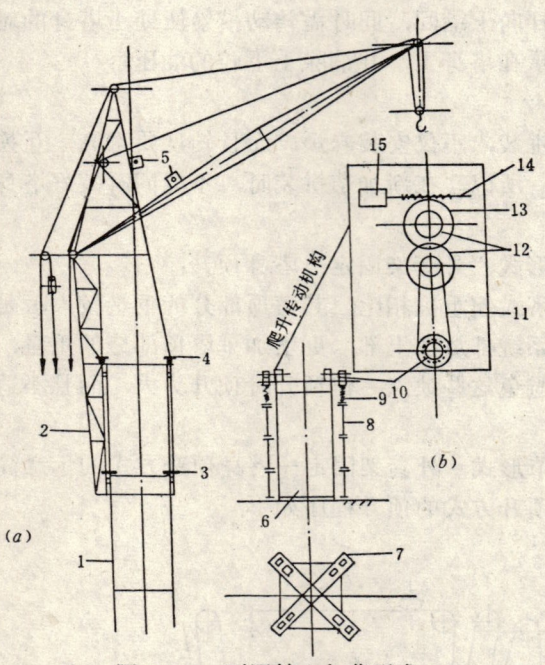

图 5-28 下回转上加节形式

1—塔身；2—外套架；3—支承横杆；4—外套架上的拉杆下联座；5—固臂销；6—待加节；7—顶升十字传动架；8—拉杆；9—螺杆；10—螺母；11—链轮副；12—正齿轮副；13—蜗轮；14—蜗杆；15—电动机

杆与外套架上的拉杆联座联接，此时，整个塔顶的重量悬吊在另外二根拉杆上；

8）拆除另二根拉杆与外套架上拉杆联座的联接，并去掉最下一段，反转其顶升传动机构，使螺杆退回，再将拉杆与拉杆联座联接；

9）再开动顶升传动机构，使外套架及整个塔顶继续向上顶升一个行程；

10）同样，再拆除一段拉杆，再退回螺杆，再继续顶升，直至完成一个标准节的高度；

11）塞进支承横杆，并与塔身和套架固牢；

12）拆除顶升十字传动架（装在新的待加节上）；

13）接合起升和变幅机构的制动器，拔出固臂销，加节顶升完成。

下回转塔式起重机，主要特点之一是塔顶部分重量较轻。而上加节形式，由于塔顶部分结构复杂，增大了头部重量，这就抵消了下回转塔式起重机的一些优点，加之上加节是高空作业，带来许多不便。但是这种方式是从正上方进行加节，所以新加节的长度可以较

大，是其优点。

（5）下回转自升塔式起重机，下加节形式，外套架固定—塔身顶升的方式，这种顶升方式（如图5-29所示）。

顶升程序如下：

1）起升吊钩将待加节吊放在轨道中央，起重机开行，使塔身位于其正上方；

2）吊臂与塔顶用固臂销锁住；

3）拆除支承板与内塔身和外套架的联接；

4）松开起升机构及变幅机构的制动器；

5）顶升油缸下腔进油上腔回油，活塞杆上升，通块顶块使塔身沿外套架向上顶升少许，插入插销，拿去支承板，活塞杆退回；

6）活塞杆通过顶块将待加节升起，使与塔身下部相接，并用螺栓联牢；

7）活塞杆上升少许，拔出

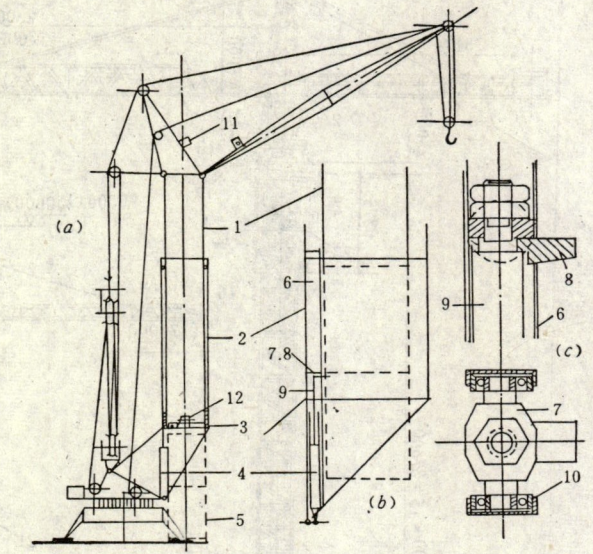

图 5-29　下回转下加节形式

1—塔身；2—外套架；3—支承板；4—顶升油缸；5—待加节；
6—槽钢；7—横梁；8—顶块；9—活塞杆；10—导向滚轮；
11—固臂销；12—插销

插销，之后继续上升，使塔身沿外套架顶升（如图5-29b所示），如果油缸活塞行程不够长，可分段进行顶升，直至顶完一个标准节为止；

［注意：活塞杆通过横梁及导向滚轮保证沿槽钢作上下直线运动（如图5-29c所示）］

8）放入支承板，活塞杆稍下退，使塔身落在支承板上，紧固支承板与塔身和外套架的联接，油缸上下腔通油箱，消除油压；

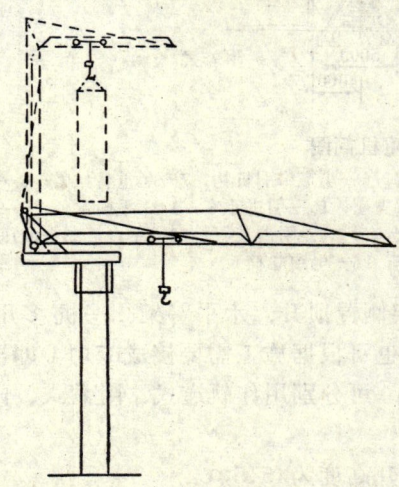

图 5-30　上回转正上方加节形式

9）接合起升机构及变幅机构的制动器；

10）拔出吊臂的固臂销，加节顶升完成。

下加节形式的顶升机构，除了图5-29所示的液压方案之外，还有采用（如图5-27所示）的钢丝绳滑轮方案的。

总之，目前的发展趋势，起升高度大于50m的自升塔式起重机，为了使塔身与建筑物附着，以及加节顶升方便；以采取上回转—上加节—外套架爬升的方式较多。特别是从正上方进行加节的形式，有重要意义。因为新加节的长度大（如图5-30所示）；塔身高度小于50m的自升塔式起重机，下回转下加节和下回转上加节两种形式都在发展。

下面仅以目前各地区广泛使用的QTZ80型塔

式起重机（原QT80塔式起重机）为例，介绍其它主要构造及自升原理。

2.QTZ80型塔式起重机（如图5-31所示）

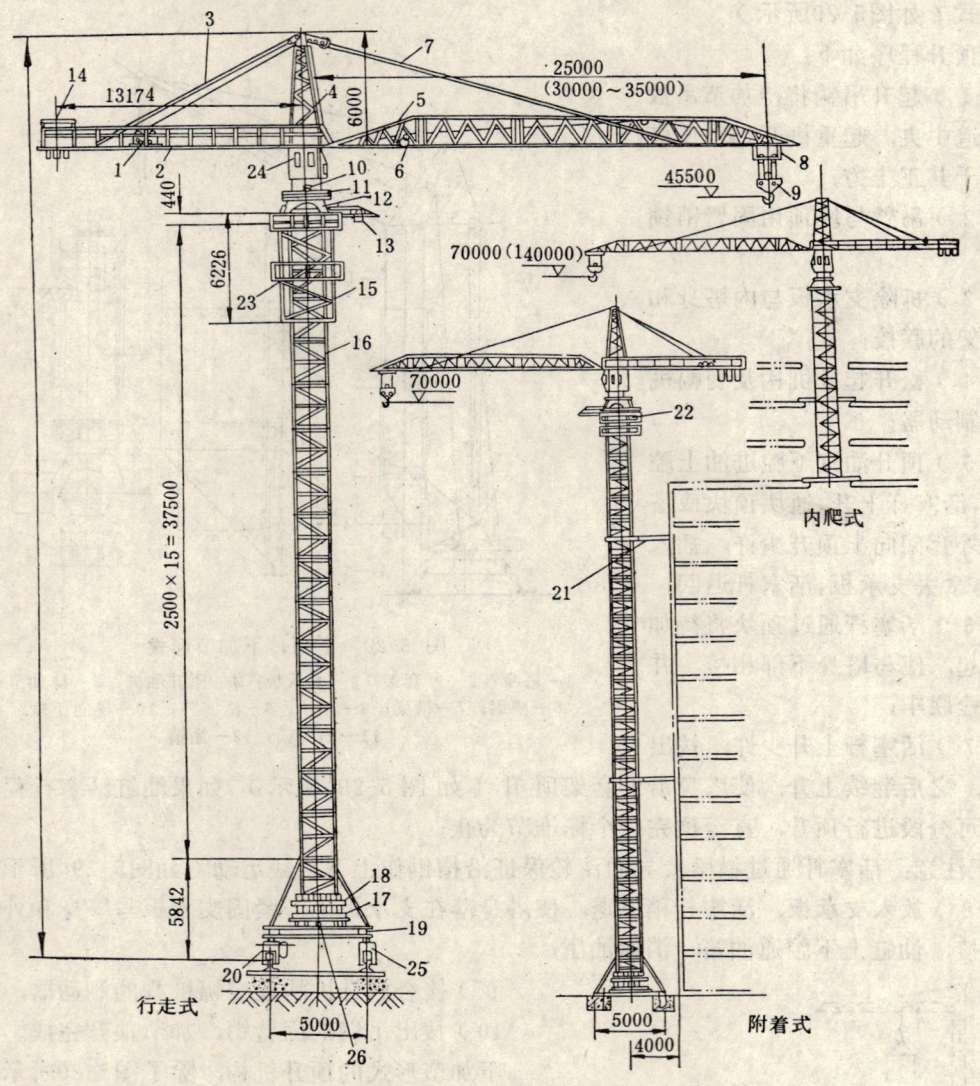

图 5-31 QTZ80型塔式起重机简图

1—起升机构；2—平衡臂；3—平衡臂拉索；4—塔帽；5—起重臂；6—小车牵引机构；7—起重臂拉索；8—起重小车；9—吊钩滑轮；10—回转机构；11—回转支承；12—下支座；13—引进小车；14—平衡重；15—顶升架；16—塔身；17—压重；18—压重；19—底架；20—主动台车；21—附着装置；22—平台；23—液压顶升机构；24—操纵室；25—被动台车；26—电缆卷筒

QTZ80型塔式起重机为上回转、上加节、外套架侧置顶升、水平臂架、一机多用的自升塔式起重机。其标准臂长25m，出厂臂长30m，也可根据施工需要接成35m（即再增加一个中间节）。本机通过更换或增减一些辅助装置，可分别用作轨道式、附着式、内爬式及独立固定式起重机。

当用作轨道式时，轨距与轴距均为5m，最大起升高度为45.5m。

当用作附着式时，起重机的底架直接安装在建筑物或构筑物近旁的混凝土基础上，随

154

着建筑物的施工进程借助本身的顶升系统向上接高。最大起升高度可达70m。为了减少塔身计算长度以保持其设计起重能力，设有两套附着装置，一套附着装置距轨面25m，另一套附着装置距第一套附着点20m。起重机悬高（第二附着点至起重臂根部铰接点距离）不大于27m。附着点的高度允许根据楼层高做适当调整。

当用作内爬式时，塔机安装在电梯井或其它适当的结构部位上，最大起升高度可达140m。

当用作独立固定式时，起重机的底架直接安装在独立混凝土基础上，塔身不与建筑物或构筑物发生联系，最大起升高度为45.5m。

由于该机具有以上特点，因而它适用于高层民用建筑、多层工业厂房以及采用滑模法施工的高大烟囱及筒仓等的吊装工作。

（1）QTZ80型塔式起重机主要构造：

1）底架（如图5-32所示） 由基础节1、纵梁2、横梁3、夹轨器4以及撑杆5等组成。

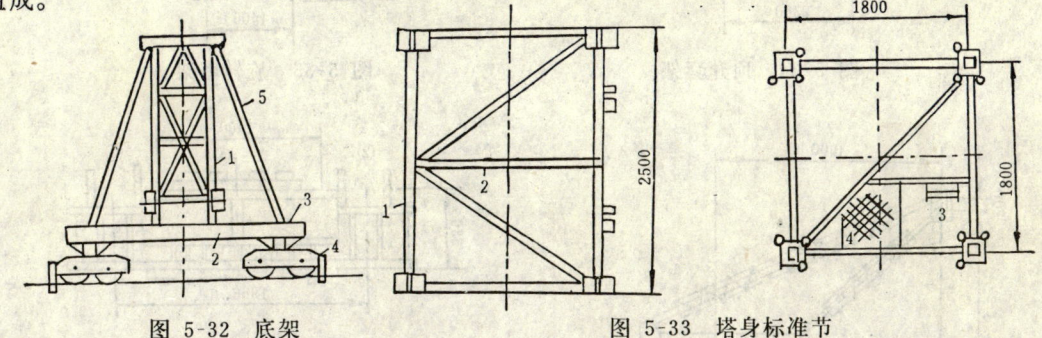

图 5-32 底架　　　　　　　　图 5-33 塔身标准节

2）塔身标准节（如图5-33所示） 塔身截面为1.8m×1.8m，每节长2.5m。标准节要求具有互换性，通过顶升机构可将其增加或减少，使塔达到所需的高度。各标准节均设有垂直扶梯3和休息平台4。

3）顶升套架（如图5-34所示） 主要由套架1、平台2及液压顶升装置3等组成。套架套在塔身标准节顶端，上部用螺栓与上支承座相连。

4）旋转塔架（如图5-35所示） 由塔帽1、司机室2及平台3等组成。上端通过拉索4与起重臂、平衡臂相连。

5）臂架 起重臂架是由无缝钢管与槽钢组成三角形截面。第一节5.4m，其余5m。共有六节，总长30.4m。下弦杆由槽钢加钢板封焊成矩形结构，作为牵引小车轨道，其上有钢板网走道板，便于安装、检查及维修。臂根部一节与塔身铰接，在该节上放置有小车牵引机构。

6）平衡臂 平衡臂与塔身铰接，上有扶栏和走道板。平衡重根据起重臂长度而定。

7）附着装置（如图5-36所示） 附着装置由四个撑杆1和一套环梁2等组成。它主要是把塔机与建筑物固接，起依附作用。使用时环梁套在标准节上，四角用八个调节螺栓通过顶块3将标准节顶着

8）上支承座（如图5-37所示） 上部①处用高强度螺栓与旋转塔架相连，下部与回转支承的内圈连接。在支座两侧②处，对称地安装两套回转机构。回转机构下部的小齿轮与回转支承外齿圈啮合（如图5-39所示）。

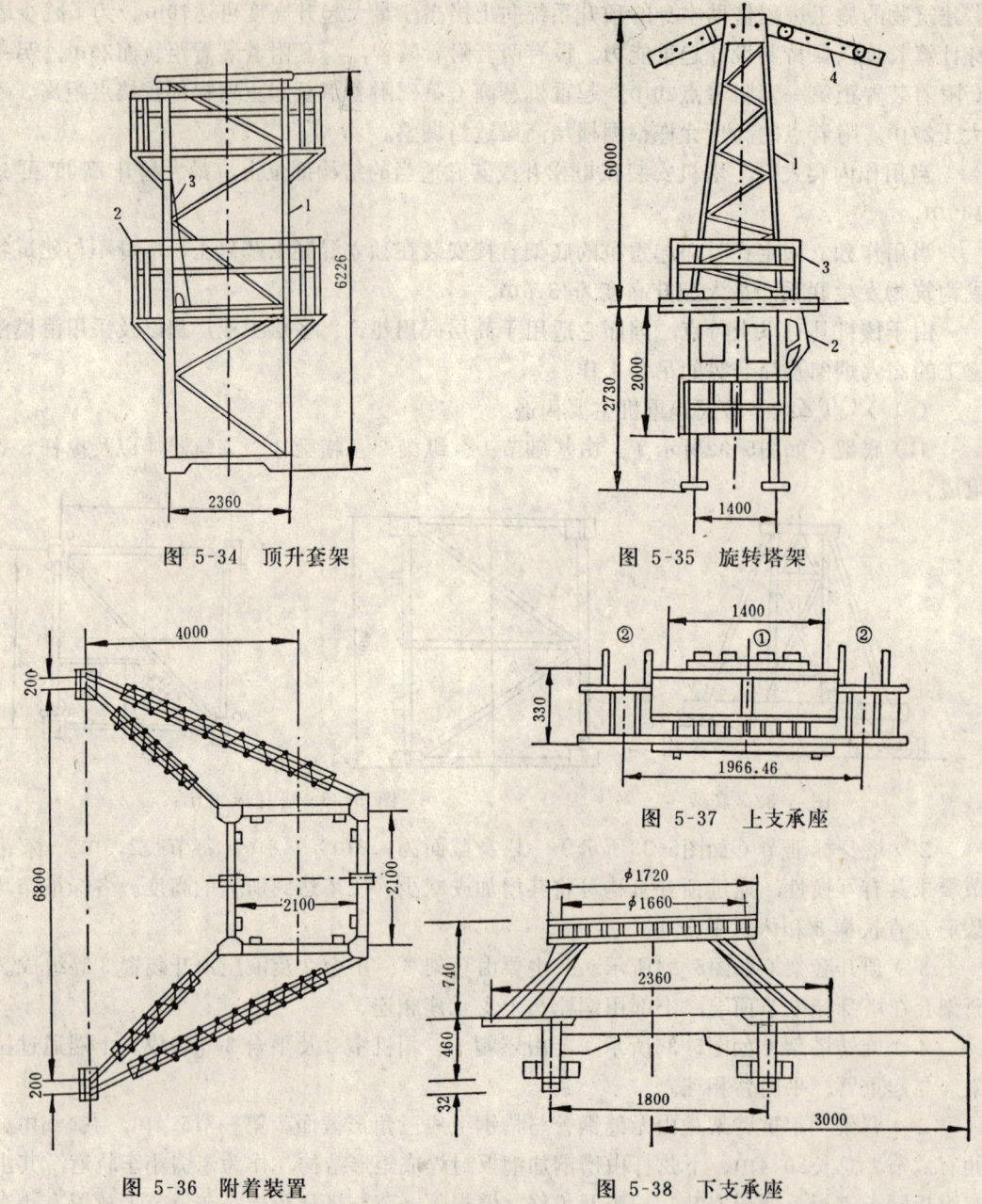

图 5-34 顶升套架

图 5-35 旋转塔架

图 5-36 附着装置

图 5-37 上支承座

图 5-38 下支承座

9）下支承座（如图5-38所示） 它的上部连接旋转塔架，下部连接顶升套架的过渡节。上部平面用螺栓与回转支承装置的外齿圈连接，支承上部结构。下部四角平面用高强度螺栓与顶升套架、塔身标准节相连。

下支承座一侧有一根由两槽钢焊成的小车引进梁，为接高塔身，引进标准节之用。

（2）工作机构：

QTZ80型塔式起重机的工作机构包括起升机构、回转机构、行走机构、小车牵引机构及液压顶升机构等装置。

1）回转机构 如图5-39所示，回转机构共两套，对称地布置在大齿圈8两旁。回转机构由电动机 1 驱动，经立式行星摆线针轮减速器 2 带动回转小齿轮 5，从而带动置于塔机上部的旋转塔架、起重臂、平衡臂等正反回转。每套回转机构均安装在两套弹簧支座 3 上，以减少刹车所带来的冲击。其中一台电机的另一端装有脚踏油压制动器，非工作时常开，工作时根据需要可刹车制动；另一台电机的另一端通过三角带 7 带动测速发电机 6，以备可控硅调速用。

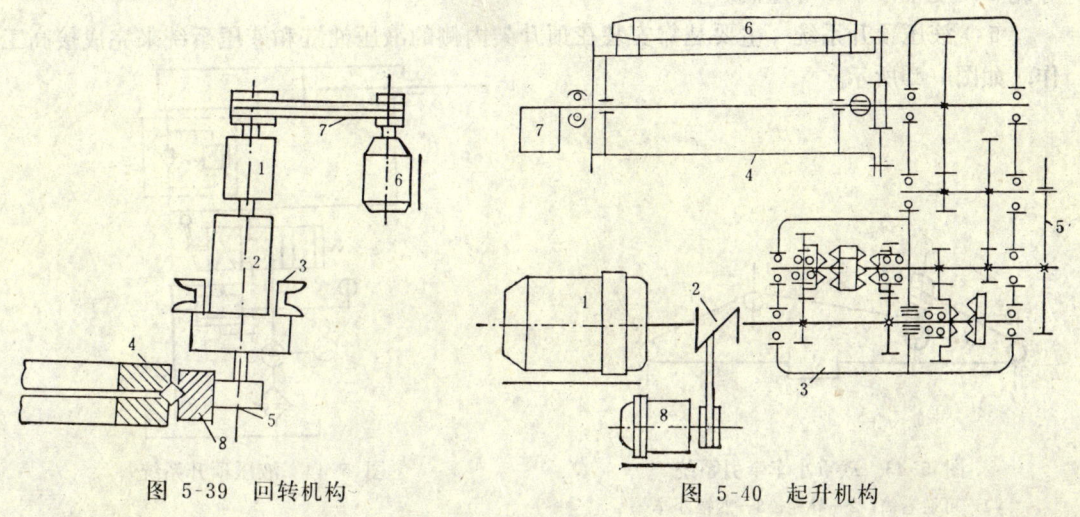

图 5-39　回转机构　　　　　　　　　　图 5-40　起升机构

回转支承装置 4 上部平面用螺栓与上支承座固定，大齿圈 8 则用螺栓固定在下支承座上。

2）起升机构　如图5-40所示，它由30千瓦的电动机 1 通过弹性联轴器 2，带动变速箱 3（此变速箱采用电动爪形离合器换档，有三种传动比），再驱动卷筒 4，使卷筒获得三种绳速。为使启动和制动迅速、平稳，在变速箱Ⅰ轴的另一端装有液压推杆制动器 5，起升机构不工作时，制动器永远处于常闭状态。为防止钢丝绳绕乱，在卷筒处设有压绳排绳器 6。在卷筒轴另一端装有高度限位器 7。利用联轴器通过一胶带轮带动测速发电机 8，以备可控硅调速用。

3）行走机构　由两个主动台车和两个被动台车所组成。主、被动台车按斜角对称布置，主动台车传动系统（如图5-41所示），由7.5千瓦的电动机 1 经液力偶合器2，蜗轮蜗杆减速器 3，开式齿轮 4，主动行走轮 5 及行走台车架 6 等组成。台车与台车之间中心距及轨距均为 5 m。

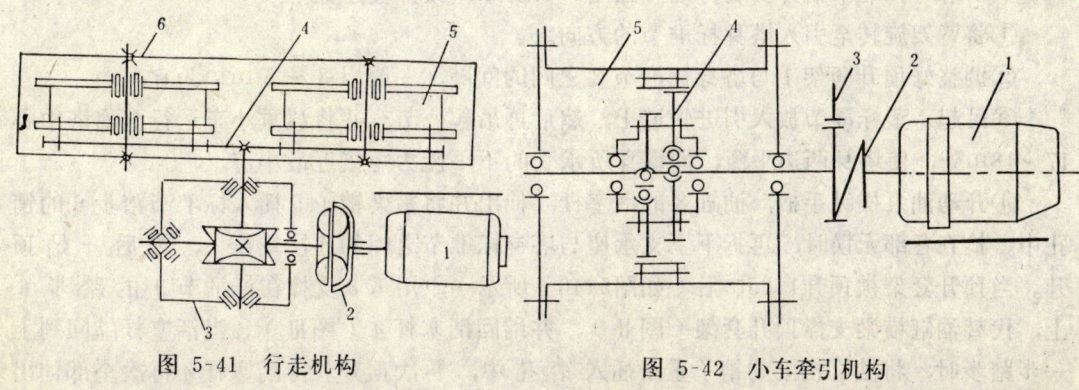

图 5-41　行走机构　　　　　　　　图 5-42　小车牵引机构

4）小车牵引机构（如图5-42所示），电动机1经联轴器2，至设在卷筒5内部的少齿差行星减速器4，带动卷筒上的钢丝绳。钢丝绳绕卷筒4～5圈后，分别固定在载重小车两侧。开动电动机带动可逆卷筒，使载重小车在起重臂轨道上来回变幅。在联轴器2的外面装有液力推杆制动器3。牵引机构的钢丝绳缠绕方式如图5-43所示。由可逆卷筒1，导轮2，变幅小车3等组成。

5）液压顶升系统　主要是靠安装在顶升架内侧的液压油缸和液压系统来完成接高工作，如图5-44所示。

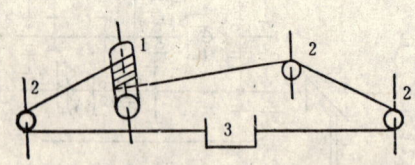
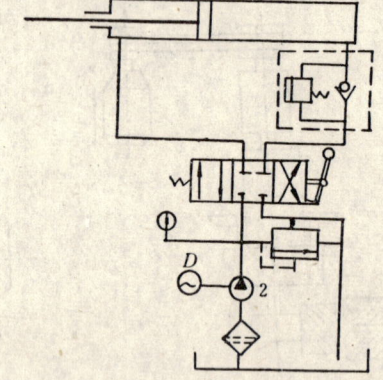

图 5-43　载重小车牵引系统

1—可逆卷筒；2—导轮；3—变幅小车

图 5-44　液压顶升系统

6）起升绳索组　如图5-45所示，它由起重卷筒1、导轮2、起重小车及滑轮组3、倍率变换滑轮4等组成。

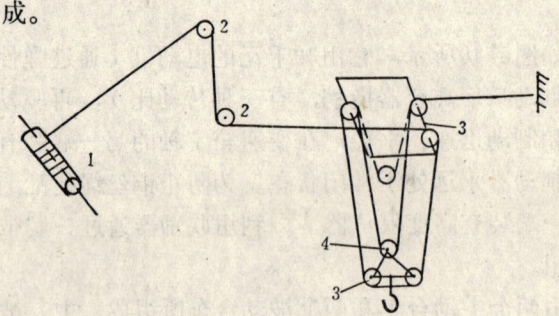

图 5-45　起升钢丝绳缠绕示意图

1—起重卷筒；2—导轮；3—起重小车及滑轮组；4—倍率变换滑轮

7）塔身标准节顶升安装方法　如图5-46所示，顶升程序如下：

①将臂架旋转至引入塔身标准节的方向。

②调整好顶升套架1与塔身标准节2之间的间隙，一般以3～5mm为宜。

③吊起一节标准节放入引进轨道上，然后再吊起一节，并将载重小车运行至离塔中心17～18m处，使塔身两边平衡，即塔身所承受的不平衡力矩接近最小值。

④开动油泵操纵手柄，油缸3的活塞杆4伸出并将横梁销子5插入标准节踏步6的销孔中。检查各部无误时，再拆下下支承座与塔身标准节之间的连接螺栓7，然后开始顶升。当顶升套架被顶升1.25m后（如图5-46Ⅰ所示），用爪8支撑在标准节2的踏步6上，代替油缸横梁支撑顶升套架（图Ⅱ），并缩回活塞杆4（图Ⅲ）。当活塞杆缩回到上一步踏步时，将油缸横梁的销子重新插入销孔中，再次顶升。待活塞杆4再次全部伸出

158

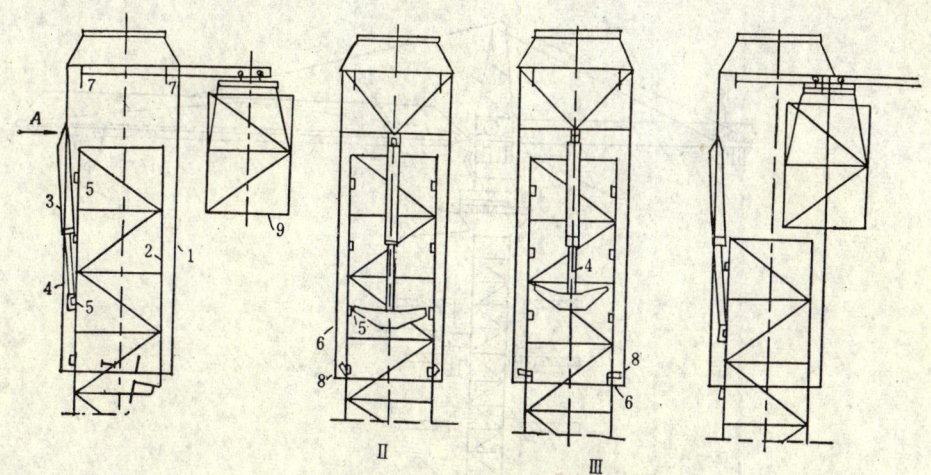

图 5-46 塔身标准节顶升程序

后，用油缸支撑着起重机上部，将标准节9引入（图Ⅳ）。

⑤将标准节9对正塔身2，操纵油缸将标准节徐徐放下，装上和拧紧与塔身连接的螺栓。这样就完成了接高一节（2.5m）的全部过程。

⑥按以上顺序直至所需高度，再将下支承座与塔身用螺栓连接好，并收回活塞杆。

（五）内爬升式塔式起重机

内爬升式塔式起重机具有用钢量少、造价低、塔机覆盖面积大、使用台班费低、占用施工场地少、爬升时停机时间短等优点。它的主要缺点是安装、拆除不太方便。

下面仅以QTP100型内爬塔式起重机为例，介绍内爬升式塔式起重机的爬升装置及爬升过程。

1.QTP100型塔式起重机的主要构造及爬升装置：

（1）构造简图 如图5-47所示，该机由内爬底座1、内爬基础节2、内爬顶升油缸3、套架爬梯4、爬升梯5、标准节6、塔身支承架7、塔身顶节8、回转支承机构9、驾驶室10、吊钩11、起重臂架12、平衡臂架13、塔顶14、起升机构15、牵引机构16、牵引小车17、塔身基础节支承梁18等组成。

（2）内爬升装置：

1）爬升架 或称上支承框架。如图5-48所示，可伸缩式四腿支撑1装在爬升梁2内。在框架四周设有八个水平支撑螺栓3，以传递爬塔水平力。在框架下方四角处焊有铰支座，供安装套架爬梯之用。

2）内爬底座 又称下支撑框架。如图5-49所示，在底座平面上焊有供安装塔身基础节用的四个支座3，框架梁内装有可伸缩的支撑用支腿1，两侧有供爬升用的梯架4。

3）内爬基础节 如图5-50所示，其断面尺寸与塔身标准节相同，与标准节连接也采用套筒螺栓。基础节长5.52m。

在基础节正中央上焊有上横梁1，用来安装顶升油缸2。油缸活塞杆3朝下并与扁担梁4铰接。扁担梁两端装有可伸缩的支承轴5，在基础节下方正中央也焊接有支承梁6。下支承梁两端同样装有可伸缩的支承轴5，在爬升过程中与油缸扁担梁交替使用，使塔随

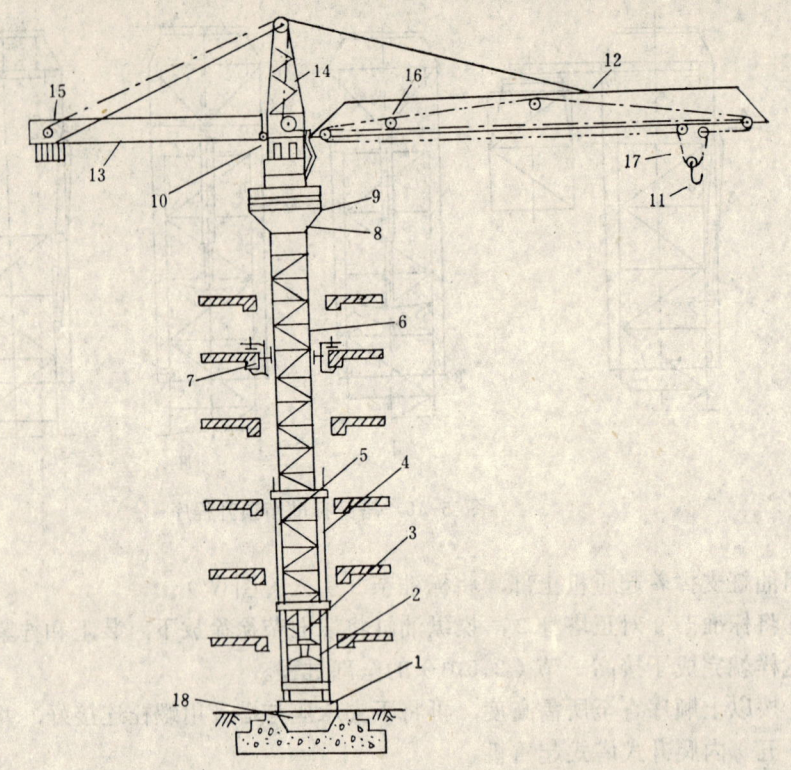

图 5-47　QTP100型塔式起重机构造简图

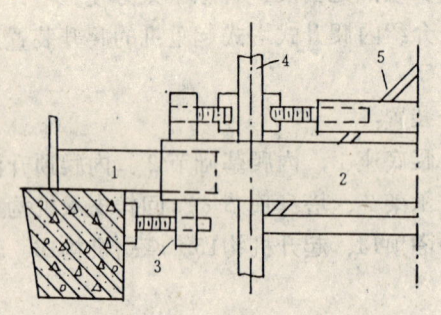

图 5-48　爬升架构造示意图

1—可伸缩支腿；2—爬升架的框架梁；3—支撑螺栓；
4—塔身；5—内支撑杆

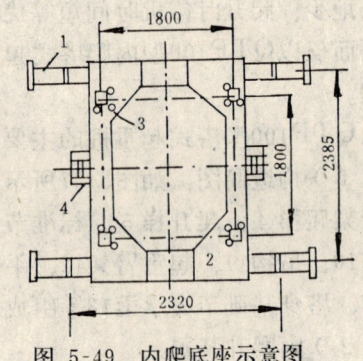

图 5-49　内爬底座示意图

1—可伸缩支腿；2—下支撑框架；3—塔
身支架；4—梯架

之上升。

　　4）爬升套架及梯架　如图5-51所示，爬升套架1的两侧各有三段梯架，最上面一段梯架与套架固焊成一体，中段2与下段3均通过铰链8相互连接在一起。套架长3m，在套架上下环梁10上各安有八个导向支承滚轮9，它与塔身标准节4的四个主肢相对应装配。导向支承滚轮可借螺旋调整其与塔身的间距，以保证平稳爬升。爬升架5内的爬升架伸缩支腿6，在爬升时缩入爬升架内，爬升完毕时伸出作支承塔身用，螺旋7作爬升架的水平支撑用。

　　5）塔身支承梁　每台内爬塔机各备有两套共16个支承架，8个一套轮番使用，可随

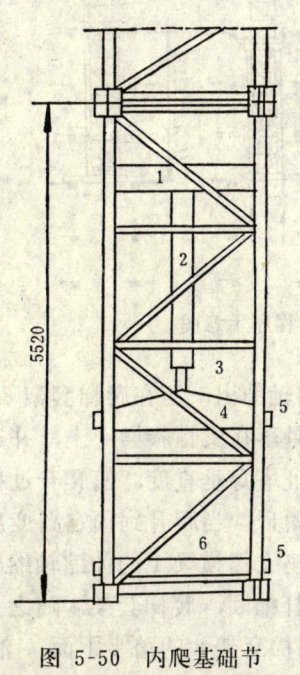

图 5-50 内爬基础节

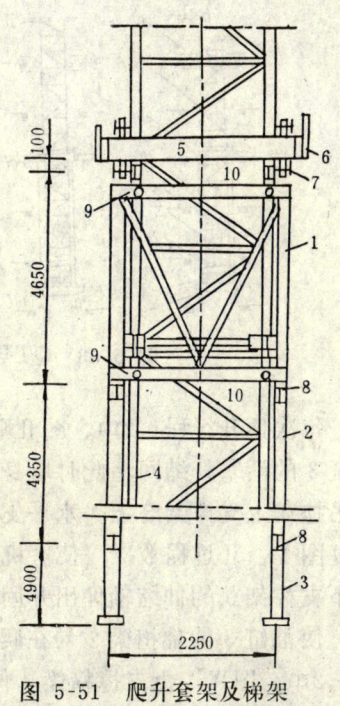

图 5-51 爬升套架及梯架

拆随装。其作用是承担爬塔不平衡力矩所分解的水平分力。工作时它安装在下框架的上方，但距上框架不小于 6 m 的任意楼层的框架梁上。爬升时则安装在上框架的上方，距离也不小于 6 m。但需注意必须先安好上框架上 8 个支承架之后，才允许拆卸下框架上方的 8 个支承架，以免解除了约束，而导致塔机倾覆。塔身支撑架见图5-52。

2.QTP100型塔式起重机的爬升及爬升前准备：

（1）爬升前准备 内爬塔机在楼层建造前，先以地脚螺栓固定在基础上。基础基准平面必须保证塔机的垂直度。当楼层建造到一定高度，塔机起升高度不能

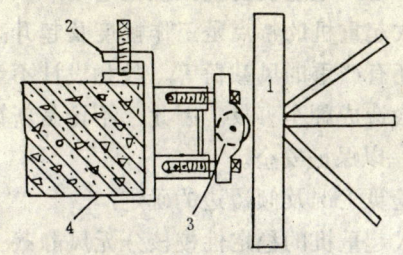

图 5-52 塔身支撑架
1—塔机主肢；2—支撑架；3—支撑导向滚轮；4—楼层框梁

满足施工要求时，则需进行爬升。爬升前，应先使塔机上回转部分保持平衡，即整机重心落在塔身中心轴线上，然后利用顶升油缸把爬升上框架抬起，拉出四条支腿支承在楼层之上。但应保证爬升完毕后，上、下框架间距大于 6 m。同时，拧紧爬升框架上八个水平支撑螺栓，并在爬升架上方楼层上设立八个塔身支撑架。支撑架的导向滚轮与塔身主肢间隙应逐个调整，经校核合格，则可用气焊割去固定塔身的地脚螺栓，再用经纬仪校正塔机垂直度，控制其在千分之一的误差范围内。与此同时，各部位进行检查清理与润滑，经认可后再进行爬升。

（2）爬升程序 爬升程序如图5-53所示，其中图Ⅰ，内爬底座支撑横梁 1 的伸缩轴缩回，油缸 3 的扁担梁 2 伸出，压在爬梯套架 8 的踏步上后，油缸 3 进油，活塞杆伸长，塔身随

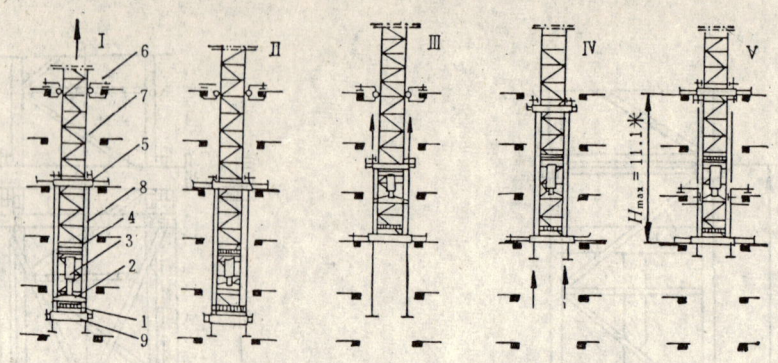

图 5-53　QTP100型塔式起重机爬升程序示意图

之顶升。每次顶升行程1.2m。图Ⅱ则支撑横梁1的伸缩轴伸出，压在爬梯套架8的踏步上。油缸3的活塞杆缩回，此时塔身7以及塔顶全部重量落在支撑横梁1上，并通过爬梯套架8吊挂在上支撑架5上。水平支撑架滚轮6则为保证塔身垂直度，使爬升过程安全可靠。重复图Ⅰ、Ⅱ过程数次，使塔机爬升到预定高度。图Ⅲ，当爬升到预定高度后，将爬升架的下支撑架9的伸缩轴伸出并固定在建筑物上。底座支撑横梁1的伸缩轴缩回，活塞杆伸长，使油缸3的扁担梁2勾在爬梯踏步下面，活塞杆缩回，爬梯套架8随之上升，每次行程1.2m。图Ⅳ，上支撑横梁4伸缩轴伸出，托在爬梯套架8的踏步下面，油缸3的横梁2伸缩轴缩回，活塞杆伸长。重复图Ⅲ过程。图Ⅴ爬升完毕，塔机转入工作状态。

（3）塔机的拆卸　工作完毕后，在建筑物顶层解体成小部件，用起重工具下降至地面。

二、塔式起重机的抗倾覆稳定性

塔式起重机的特点是工作幅度及起升高度大。在工作时除了载荷和起、制动时的惯性力外，还有严重的风载荷等。故如设计不当，或改装后未加验算，或误操作及不按要求安装等都会造成翻车事故。因此，不论是新设计还是改装的塔式起重机都必须进行倾覆稳定性校核，以保证安全。

1.验算工况及倾覆边的确定：

塔式起重机的稳定性校核分无风静载、有风动载、突然卸载或吊具脱落、暴风侵袭下的非工作状态、安装状态五种工况。按此五种工况对相应的危险倾覆边并考虑最不利条件分别进行校核。

无风静载（工况1）：此工况风压为零，吊钩处于最大幅度处，考虑最大幅度处的吊重载荷，臂架顺轨道，轨道倾角$\gamma = 0$，对A边进行倾覆校核，以A点为坐标原点（图5-54）。

有风动载（工况2）：此工况下塔机受工作风压，吊载行走制动。并考虑吊重起升、下降制动惯性力的不利影响，吊钩处于最大幅度及最大幅度处的吊重载荷、臂架顺轨道、轨道前低后高、顺臂架方向轨道倾角$\gamma = 2°$、风顺臂架吹，对A边进行倾覆校核，A点为坐标原点（如图5-54所示）。

突然卸载、吊具脱落（工况3）：此工况塔机受工作风压，吊钩处于最大幅度处，位于最大幅度处的吊重载荷呈反向作用力，臂架顺轨道、轨道倾角$\gamma = 0$、风迎臂架吹，对B边进行倾覆校核，以B点为坐标原点（如图5-55所示）。

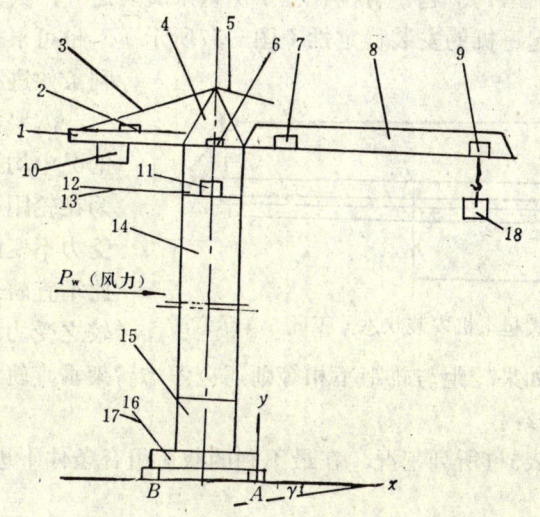

图 5-54　塔式起重机倾覆稳定性校核工况 1、工况 2 示意图

1—平衡臂；2—起升机构；3—平衡臂拉杆；4—塔顶；5—起重臂拉杆；6—力矩限制器；7—小车牵引机构；
8—起重臂；9—载重小车；10—平衡重；11—回转支承及机构；12—回转塔身；13—套架、引进机构；14—
塔身（带下塔）；15—基础节；16—底架、台车、滚筒；17—压重；18—吊重

暴风侵袭下的非工作状态（工况 4）：此工况下塔机受非工作状态最大风压，吊钩位于最小幅度处，臂架顺轨道，轨道倾角 $\gamma = 0$，风迎臂架吹。对 B 边进行 倾 覆 校核，以 B 点为座标原点（如图5-55所示）。

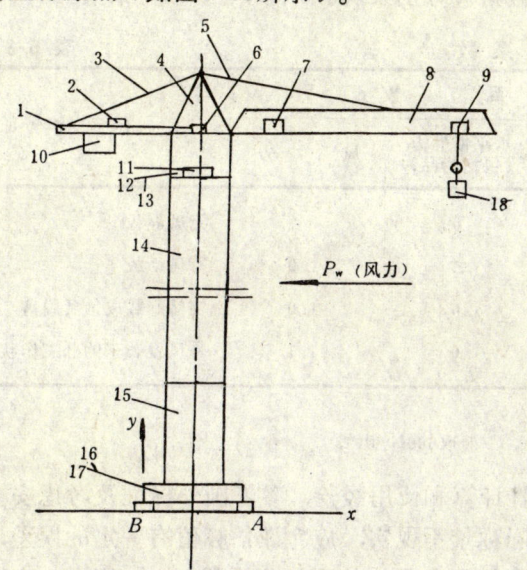

图 5-55　稳定性校核工况 3、工况 4 示意图

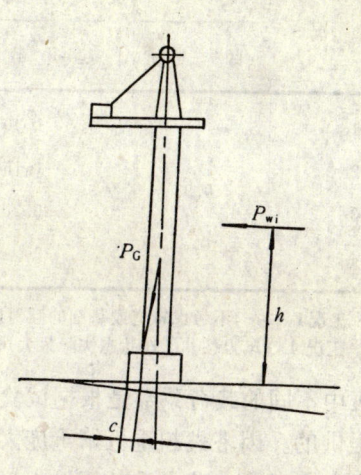

图 5-56　上回转塔式起重机安装状态
（工况 5 ）示意图

安装状态（工况 5）：此工况又可根据塔机是上回转还是下回转分为两种。

对于上回转塔式起重机立塔后的安装稳定性校核（如图5-56所示），可考虑受工作风压，平衡臂顺轨道，轨道后低前高，顺平衡臂方向轨道倾角 $\gamma = 2°$，风顺平衡臂 方向吹，

163

除起重臂、变幅机构、吊钩、起重臂拉杆、平衡重未安装之外，其余部位安装就位完毕。

对于下回转塔式起重机的安装稳定性（图5-57所示），也可根据具体情况参照上述不利条件进行校核。

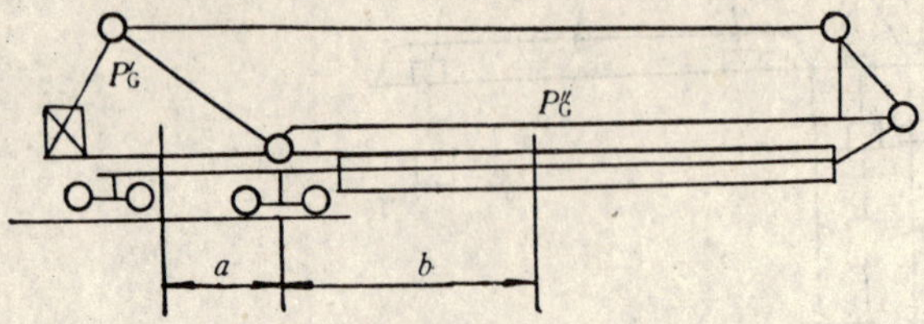

图 5-57　下回转塔式起重机安装状态（工况5）示意图

需要说明的是：在以上五种工况中均选择臂架顺轨道，是因为在轮距与轨距相同时，在其它受力不变的情况下，臂架顺轨道比垂直轨道又多一行走惯性力，较之受力恶劣，故选择臂架顺轨道做为最不利条件。如果轮距与轨距不相等则还应考虑臂架垂直轨道工况的稳定性。

2.倾覆稳定性校核：

塔式起重机应按表5-1所列工况，在最不利的载荷组合条件下进行校核其抗倾覆稳定性。

在《起重机设计规范》（GB3811-83）中规定采用稳定力矩法作为稳定性校核的依据。稳定力矩法可用下式表达

$$\Sigma M \geqslant 0 \qquad\qquad (5-2)$$

即各项载荷（包括起重机自重）对每条倾覆边的力矩之和都大于或等于零，则认为起重机是稳定的。

计算时，使起重机稳定的力矩符号取为正；使起重机倾覆的力矩符号取为负。

考虑各载荷对稳定性的实际影响，各载荷应分别乘表5-3中的一个载荷系数。

载 荷 系 数　　　　　　　　　　　　　　　　　　　表 5-3

工　况	载　荷　系　数				工　作　特　征
	自　　重	起 升 载 荷	水平惯性力 （包括物品）	风　　力	
1	0.95	1.40	0	0	无风静载
2		1.15	1	1.0	有风动载
3		-0.20	0	1.0	突然卸载或吊具脱落
4		0	0	1.1	暴风侵袭下的非工作状态

注：工况1，3，4不考虑轨道或基础的倾斜度；

　　工况4，风力按非工作状态实际最大风压计算，一般取600N/m²。

表中不同的载荷系数是根据试验、设计计算和使用经验，参考国外标准及考虑安全裕度后提供的。因塔式起重机笨重庞大，实际称量不现实，应允许估算值有一定的误差，但出于安全之考虑，若自重估算较大，则带来倾覆危险，故取载荷系数0.95，留有一定百分比的安全储备。其它诸如无风静载，起升载荷系数取值1.4，是考虑了起重机静负荷试验超载试验要求的；而有风动载，起升载荷系数取值1.15则是考虑了动载试验时不做超载试验，故取值略小，但它们都取值较大，也就是适当增大倾覆因素，以取得一定安全裕度。

塔式起重机重心较高，为保证起重机安装和拆卸时的自身稳定性，还必须对塔式起重机进行安装状态（工况5）的稳定性校核。

上回转式与下回转式塔式起重机的安装（或拆卸）方法不同，其稳定性校核公式也不相同。

（1）上回转塔式起重机立塔后的稳定性校核：

对塔身和平衡重（部分）先安装，起重臂后装的塔式起重机，必须校核起重机安装时（塔身竖立后）的稳定性。根据（图5-56）计算，公式为

$$P_{wi}h \leqslant 0.95C \cdot P_G \qquad (5-3)$$

式中 P_{wi}——工作状态最大风力（N）；

h ——风载荷合力作用点离地高度（m）；

P_G——起重机装配部分的重量（N）；

C ——考虑地面倾斜后，装配部分的重心至倾覆边的水平距离（m）。

（2）下回转塔式起重机安装（起塔）或拆卸（倒塔）时的自身稳定性校核：

对于中、小型下回转塔式起重机，均为整体安装，自行架设，因此，在安装架设时塔身的竖立过程中，必须保证其整体稳定性（图5-57）。其计算公式为

$$KbP_{G''} \leqslant aP_{G'} \qquad (5-4)$$

式中 $P_{G'}$——起重机固定部分重量（N）；

$P_{G''}$——起重机被提升部分重量（N）；

a、b——$P_{G'}$和$P_{G''}$的相应力臂（m）；

K——考虑重量估计误差和起（制）动惯性力的超载系数，取$K=1.2$。

三、塔式起重机的基本参数、参数系列及代号

（一）基本参数

塔式起重机基本参数系指直接影响塔式起重机工作性能、结构设计、制造成本的各种参数，它们是：起重力矩、起重量、工作幅度、起升高度、轨距和各工作机构的工作速度等。

起重力矩是确定和衡量塔式起重机能力的最主要参数。和轮式起重机不同，塔式起重机经常是在大幅度的情况下工作，所以用最大起重量衡量起重能力是没有意义的。必须以起重量和幅度的乘积（起重力矩）表示其能力。对铭牌上的起重力矩的计算方法目前各国很不一致，我国从实际使用出发，以基本臂的最大工作幅度与相应的额定起重量的乘积值计。

（二）塔式起重机的基本参数系列

为了使塔式起重机产品做到系列化、通用化、标准化，进一步合理扩大新品种，我国已制订出塔式起重机基本参数系列（JJ1-85），对基本参数作了如下规定（见表5-4、5、6所列）：

塔式起重机主参数系列　　　　　　　　　　　　　　表 5-4

起重力矩	(6)	(10)	16	(20)	25	(30)	40	(50)	60	80	(100)	120
(t、m)	160	(200)	250	300	(350)	400	(450)	500	(550)	600	(800)	1000

注：1.起重力矩（主参数）系指基本臂最大幅度与相应的额定起重量的乘积值（表5-4～表5-6同）。

2.带括号的参数为不优先采用参数（表5-4～表5-6同）。

基本参数	主　参　数　（t·m）											
	（6）	（10）	16	（20）	25	（30）	40	（50）	60	80	（100）	120
基本臂最大幅度(m)	12	14	16	20 (18)	25 (20)	25 (20)	25	30 (25)	30 (25)	35 (30)	40 (35)	40
基本臂最大幅度处的额定起重量(t)	0.50	0.71	1.00	1.00 (1.11)	1.00 (1.25)	1.20 (1.50)	1.60	1.67 (2.00)	2.00 (2.40)	2.29 (2.67)	2.50 (2.86)	3.00
最大额定起重量不小于(t)	1.0	1.5	2.0	2.0	2.5	3.0	4.0	5.0	6.0	6.0	8.0	8.0
起升高度不小于(m)	12	15	18	20	23	23	25	25	30	32	32	36
起升速度不小于(m/min)	15	15	20	20	25	25	35	40	45	50	50	55
微动下降速度不大于(m/min)	6.0	6.0	6.0	6.0	5.0	5.0	5.0	5.0	5.0	4.0	4.0	4.0
轨距(m)	2.4	2.4	2.8	2.8	3.2	3.2	4.0	4.0	4.5	5.0	5.5	6.0
小车行走速度不小于(m/min)	10	10	15	15	20	20	25	25	25	30	30	30
行走速度不小于(m/min)	—	—	20	20	20	20	20	20	20	20	15	15
空载回转速度不小于(r/min)	0.8	0.8	0.8	0.8	0.8	0.8	0.6	0.6	0.6	0.6	0.6	0.6

注：1.起升高度系指塔式起重机在空载情况下，塔身处于最大高度，吊钩位于最大幅度处（动臂处于最小仰角位置）的最高作业位置，钩口下表面至塔式起重机下支承面间的垂直距离（表5-5、5-6同）；

2.起升速度系指塔式起重机处于最高作业状态，空载时，吊钩的最大稳定上升（下降）速度（表5-5、表5-6同）；

3.行走速度系指吊钩在基本臂最大幅度处，起升额定起重量时，塔式起重机在平直轨道上行驶的最大稳定速度。

JJ1-85标准适用于各种体系的工业与民用建筑安装施工用的塔式起重机。主参数系列适用于各种型式的塔式起重机。自行架设的塔式起重机的基本参数还适用于，既不能整体拖运、快速安装，又不能自升接高的塔式起重机。内爬式塔式起重机的基本参数按自升式塔式起重机相应参数确定。

（三）塔式起重机的代号

表5-7所列的为我国专业标准ZBJO4008—88规定的塔式起重机代号。

四、塔式起重机的安全保护装置

塔式起重机的塔身较高，突出的大事故是"倒塔"、"折臂"以及在拆装时发生"摔

基 本 参 数	主　参　数　（t·m）										
	(25)	(40)	(50)	60	80	(100)	120	160	(200)	250	300
基本臂最大幅度(m)	25(20)	25	30(25)	30(25)	35(30)	40(35)	40	45	45	45	50
基本臂最大幅度处的额定起重量 (t)	1.00	1.60	1.67	2.00	2.29	2.50	3.00	3.56	4.40	5.60	6.00
	(1.25)		(2.00)	(2.40)	(2.67)	(2.86)					
最大额定起重量不小于(t)	2.5	4.0	5.0	6.0	6.0	8.0	8.0	10.0	12.0	12.0	16.0
(轨道式/附着式)起升高度不小于 (m)	25/45	30/60	35/80	40/100	45/100	50/120	50/120	50/120	55/120	60/120	60/120
(轨道式/附着式)起升速度不小于 (m/min)	25/50	35/70	40/80	50/100	50/100	60/120	60/120	60/120	60/120	60/120	60/130
微动下降速度不大于(m/min)	5.0	5.0	5.0	5.0	4.0	4.0	4.0	3.2	3.2	3.2	3.2
轨距(m)	3.2	4.0	4.0	4.5	5.0	6.0	6.0	6.5	7.5	7.5	8.0
小车行走速度不小于(m/min)	20	25	25	25	30	30	30	30	35	35	35
空载回转速度不小于(r/min)	0.8	0.6	0.6	0.6	0.6	0.6	0.6	0.5	0.5	0.5	0.5

塔式起重机代号（ZB J04008-88）　　　　　　　表 5-7

类		组		型		特 征	产	品		主参数代号		
名 称	名 称	代 号	名 称	代 号	代 号		名 称	代 号	名称	单 位	表示法	
建筑起重机	塔式起重机	QT (起塔)	轨道式	—	—	上回转式塔式起重机		QT	额定起重力矩	kN·m	主参数 ×10⁻¹	
					Z(自)	上回转自升式塔式起重机		QTZ				
	塔式起重机	QT (起塔)	轨道式	—	A(下)	下回转式塔式起重机		QTA	额定起重力矩	kN·m	主参数 ×10⁻¹	
					K(快)	快速安装式塔式起重机		QTK				
			固定式	G(固)	—	固定式塔式起重机		QTG				
			内爬升式	P(爬)	—	内爬升式塔式起重机		QTP				
			汽车式	Q(汽)	—	汽车式塔式起重机		QTQ				
			轮胎式	L(轮)	—	轮胎式塔式起重机		QTL				
			履带式	U(履)	—	履带式塔式起重机		QTU				

　　示例：QTZ80型起重机　表示额定起重力矩为800kN·m(80t·m)的上回转自升塔式起重机。

塔"等。根据调查分析，塔式起重机的安全事故绝大多数都是由于超载、违章作业及安装不当等引起的。因设计及制作质量低劣引起的安全事故仅占很小的比例。为此，国家规定塔式起重机必须设有安全保护装置。否则，不得出厂和使用。

　　塔式起重机常用的安全保护装置有：

　　1.起升高度限位器　用来防止因起重钩起升过度而碰坏起重臂的装置。可使起重钩在接触到起重臂头部之前，起升机构自动断电并停止工作。常用的两种型式：一是安装在起重臂头端附近（图5-58a），二是安装在起升卷筒附近（图5-58b）的限位器。

　　安装在起重臂端头的是以起重钢丝绳为中心，从起重臂端头悬挂重锤，当起重钩达到限定位置时，托起重锤，在拉簧作用下，限位开关的杠杆转过一个角度，使起升机构的控制回路断开，切断电源，停止起重钩上升。

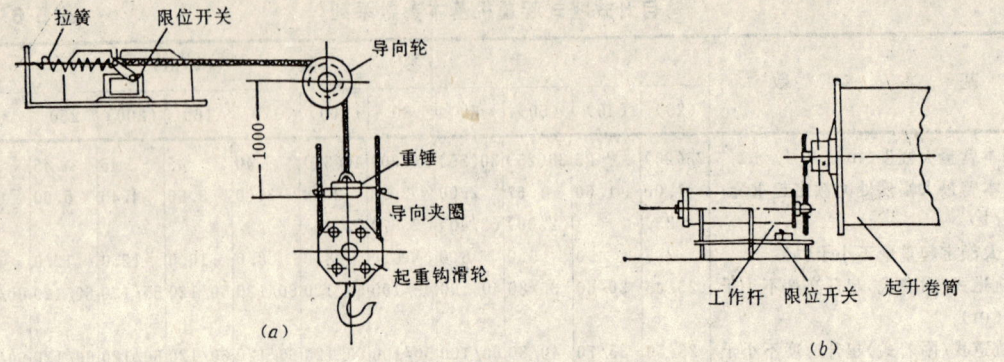

图 5-58 起升高度限位器工作原理示意图

安装在起升卷筒附近的是，卷筒的回转通过链轮和链条或齿轮带动丝杆转动，并通过丝杆的转动使控制块移动到一定位置时，限位开关断电。

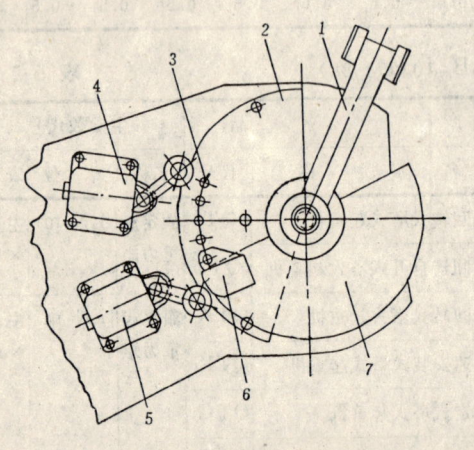

图 5-59 幅度限位器

1—拨杆；2—刷托；3—电刷；4—限位开关；5—限位开关；6—撞块；7—半圆形活动转盘

2.幅度限位器 用来限制起重臂在俯仰时不得超过极限位置（一般情况下，起重臂与水平夹角最大为60°～70°，最小为10°～12°）的装置（图5-59）。当起重臂在俯仰到一定限度之前发生警报，当达到限定位置时，则自动切断电源。

图示幅度限位器是由一个半圆形活动转盘7，拨杆1，限位器4、5等组成。拨杆1随起重臂转动，电刷3根据不同的角度分别接通指示灯触点，把起重臂的不同倾角通过灯光信号传送到操纵室的指示盘上。当起重臂变幅到两个极限位置时，则分别撞开两个限位器4、5，随之切断电路，起保护作用。

3.小车行程限位器 设于小车变幅式起重臂的头部和根部，包括 终点开关 和缓冲器（常用的有橡胶和弹簧两种），用来切断小车牵引机构的电路，防止小车越位而造成安全事故（如图5-60所示）。

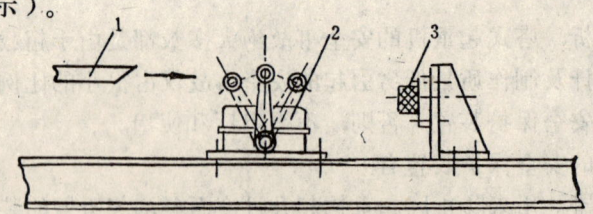

图 5-60 小车行程限位器示意图
1—起重小车止挡块；2—限位开关；3—缓冲器

4.大车行程限位器 包括设于轨道两端尽头的止动缓冲装置和止动钢轨以及装在起重机行走台车上的终点开关。用来防止起重机脱轨。

如图5-61所示是塔式起重机较为普遍采用的一种大车行程限位装置。当起重机按图示箭头方向行进时，终点开关的杠杆即被止动断电装置（如斜坡止动钢轨）所转动，电路中的触点断开，行走机构则停止运行。

5.夹轨钳　装设于行走底架（或台车）的金属结构上，用来夹紧钢轨，防止起重机在大风情况下被风力吹动自行的装置。夹轨钳（图5-62）由夹钳4和螺栓3等组成。在起重机停放时，拧紧螺栓，使夹钳紧夹住钢轨5。

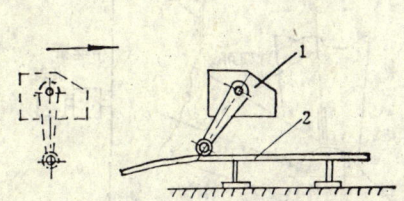

图 5-61　大车行程限位装置示意图

1—终点开关；2—止动断电装置

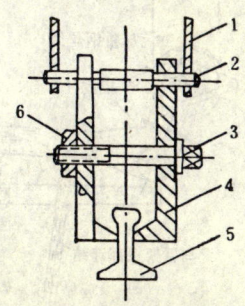

图 5-62　夹轨钳

1—侧架立柱（或行走台车箱臂）；2—轴；3—螺栓；
4—夹钳；5—钢轨；6—螺母

6.起重量限制器　起重量限制器是用来限制起重钢丝绳单根拉力的一种安全保护装置。根据构造不同，可装在起重臂根部、头部、塔顶以及浮动的起重卷扬机机架附近等多种位置。

如前面图5-18所示为安装在QTK25A整体拖运快速安装式塔式起重机塔身顶部的起重量限制器。起重钢丝绳1绕过起重量限制器的滑轮2，并通过杠杆3的作用压缩弹簧4。当起重钢丝绳的载荷达到所允许的极限值时，杠杆的右端便克服弹簧的张力而上移，进而压缩行程开关5的触头，使得起升机构电源被切断。

7.起重力矩限制器　是当起重机在某一工作幅度下起吊载荷接近、达到该幅度下的额定载荷时发出警报进而切断电源的一种装置。用来限制起重机在起吊重物时所产生的最大力矩不得超越该塔机所允许的最大起重力矩。根据构造和塔式起重机型式（动臂式或小车式）不同，可装在塔帽、起重臂根部和端部等位置。总的来说，主要有机械式和电动式两类。

由于塔式起重机是根据幅度而改变起重量的，因此起重力矩限制器必须以幅度和载荷两个方面（力矩）进行检查。

图5-63（a）所示为应用在动臂变幅起重机上的机械式起重力矩限制器。机械式装置的工作原理是，通过钢丝绳的拉力，滑轮、控制杆及弹簧的组合，检测荷载，又通过与臂架的俯仰相连动的"凸轮"的转动检测幅度，由此再使限位开关工作。

图5-63 b 所示为应用在动臂变幅起重机上的电动式起重力矩限制器。电动式装置的工作原理是，在起重臂根部附近，安装"测力传感器"以代替弹簧；安装电位式或摆动式幅度检测器以代替凸轮，进而通过设在操纵室里的力矩限制器合成这两种电信号，在过载时切断电源。其优点是可在操纵室里的刻度盘（或数码管）上直接显示出荷载和工作幅度，并可事先把不同臂长时的几根起重性能曲线编入机构内，因此使用较多。

图5-64所示为应用在小车水平变幅起重机上的机械式起重力矩限制器。其安装位置如图5-64 a 所示，构造型式如图5-64（b）所示。

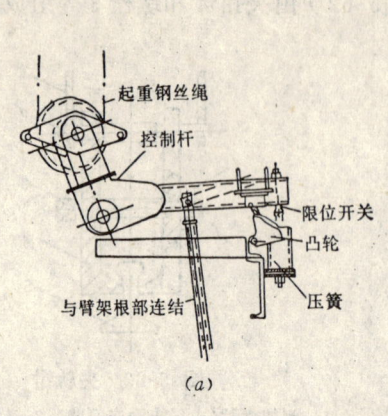
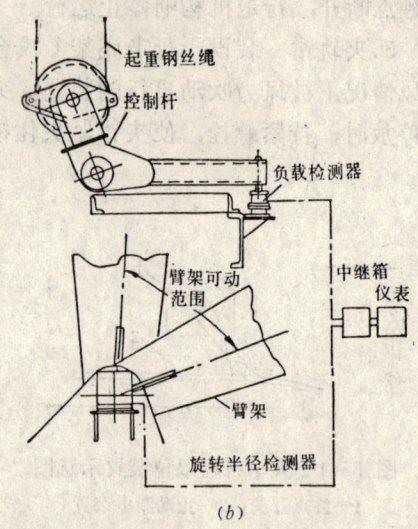

图 5-63　动臂式起重力矩限制器工作原理示意图

(a)机械式；(b)电动式

　　这种起重力矩限制器的工作过程是：当吊钩上的起重量达到最大值$(Q+q)_{max}$时，起重钢丝绳的拉力S，通过杠杆16、控制杠杆14，使弹簧13被压缩，此时控制杆8与其上面的控制块7向右移动，使螺母10上的控制开关9的触头与控制块7即将相碰（7处于Ⅱ位置，未断电，即是螺母的准确安装位置），若再在吊钩上稍加一微小载荷（一般约略大于吊重的起升惯性力）触头9即与控制块7相接触而断电，机构停止工作。当吊钩上的吊重卸去后，弹簧即复位，控制块7即随同控制杆8向左移动至0位。若开动变幅卷扬机（空钩状态），使变幅小车移至臂架前端部（处于最大幅度R_{max}），在这个过程中，通过变幅机构中的链传动副和圆锥齿轮传动副使螺杆11转动，使螺母10及控制开关9向左移动一段距离（摹仿变幅小车），即到达控制块7的Ⅰ位置。也就是变幅小车在幅度$R_1 \sim R_{max}$移动则螺母10与控制开关9就在Ⅰ～Ⅱ范围内移动。当吊钩的吊重为最小起重量（最大幅度时）$(Q+q)_{min}$时，弹簧13被压缩，若此时$(Q+q)_{min}$超过允许值，则控制块7与控制开关9接触而断电。弹簧13的压缩量（即控制块两位置的距离）是按最大起重量$(Q+q)_{max}$和最小起重量$(Q+q)_{min}$时起升钢丝绳拉力S的大小而设计、制造的，因此，变幅小车在幅度$R_1 \sim R_{max}$范围内移动。这种起重力矩限制器能控制起重力矩在给定值的范围内，起到安全作用。

　　当变幅小车在$R_{min} \sim R_1$（图5-64a）范围内移动时，螺母10在位置Ⅱ，此时若吊重超过$(Q+q)_{max}$，则由起重量限制开关17切断电源。因为在幅度$R_{min} \sim R_1$范围内，起重力矩等于定值的条件已不存在，故由起重量限制开关17控制。

　　8.夜间警戒灯和航空障碍灯　由于塔式起重机的设置位置，一般比正在建造中的大楼高，因此必须在起重机的最高部位（臂架、塔帽或人字架顶端）安装红色警戒灯，以免飞机相撞。

　　又根据航空法，设置在航线上的起重机必须装上航空障碍灯。因此，在塔式起重机安装前，必须做好调查工作。

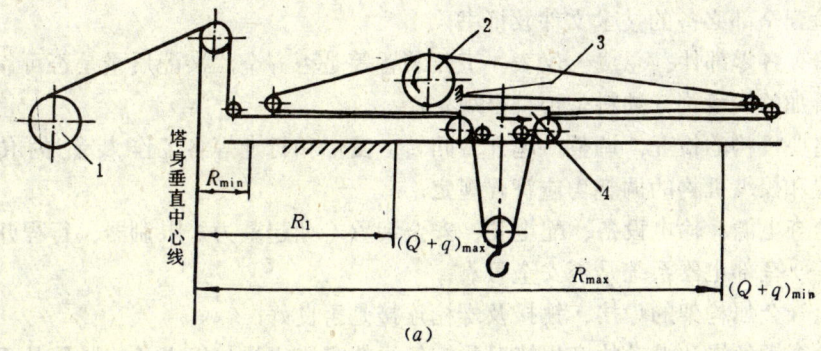

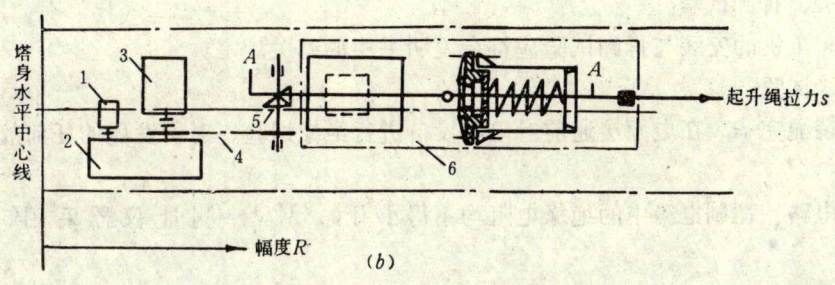

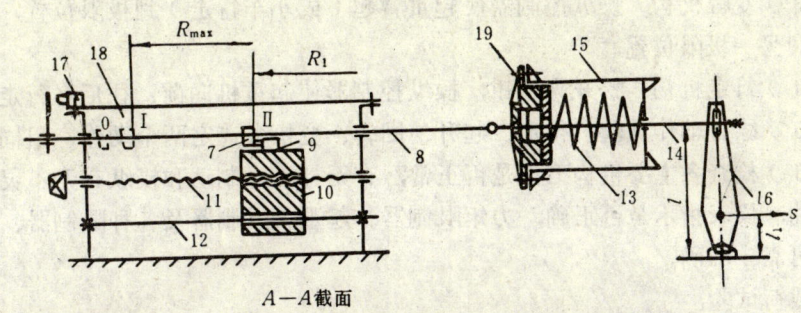

A—A截面

图 5-64　小车水平变幅起重机用机械起重力矩限制器示意图

(a)起重力矩限制器的布置位置

1—起升卷筒；2—变幅卷筒；3—载重小车；4—起重力矩限制器

(b)起重力矩限制器的结构简图

1—变幅电动机；2—变幅卷筒；3—减速器；4—链传动装置；5—圆锥齿轮副；6—起重力矩限制器；7—控制块；8—控制杆；9—控制开关；10—螺母；11—螺杆；12—导杆；13—弹簧；14—控制杆；15—弹簧筒；16—杠杆；17—起重量限制开关；18—箱体；19—螺栓

五、塔式起重机的性能试验

为保证塔式起重机的使用安全，塔式起重机在出厂前、大修后及在新的工地安装后，均须进行试运转。在建筑塔式起重机性能试验规范和方法（GB 5031—85）中规定的试验项目有：安装、拆卸试验、绝缘试验、空载试验和运输、整体拖运试验。

1.试验前的检查：

（1）检查全部必备的技术文件及证书；

（2）检查各零部件、总成、仪表、工作装置等是否齐全，装配质量是否可靠；各种装置与系统所加的润滑剂、油料是否符合规定；

（3）主要机构的检查、调整。起升、回转、变幅和行走等各工作装置的传动、制动，保险装置和操纵机构的调整均应符合规定；

（4）检查电源、输电设备、配电箱、安全装置（如起重力矩限制器、行程开关、高度限位器等等）全部电器系统是否安全可靠；

（5）检查金属构架的焊接、铆接及螺栓连接是否良好；

（6）检查钢丝绳和滑轮的磨损情况及钢丝绳的穿绕方法与绳卡子的紧固是否正确、可靠。

2.安装、拆卸试验：

塔式起重机的安装与拆卸试验应符合说明书中的有关规定。

3.绝缘试验：

整机装配完毕，在电源接通前对电器设备进行绝缘试验。对所发现的任何故障均应排除。

在主电路、控制电路中的绝缘电阻均不得小于 $0.5\mathrm{M}\Omega$。测量仪器采用 $500\mathrm{V}$ 兆欧表。

4.空载试验：

（1）起升机构　操纵控制器使起重钩升起和降落到极限位置；

（2）回转机构　操纵控制器使起重机左右回转 $360°$；

（3）变幅机构　操纵控制器使起重臂起（或小车行走）到极限位置，然后降落（或行走）到另一极限位置；

（4）行走机构　松开夹轨钳，操纵控制器使起重机向前、往后各行走 $40\mathrm{m}$；

（5）综合动作试验　行走、起升、回转、变幅各选定两个动作一组同时进行；

（6）检查各主要机构工作是否正常，有无打滑，制动和操纵有无不灵现象，各部分有无漏油，仪表指示是否正确，力矩限制器、起重量限制器及各种限制器、保护装置的动作是否可靠、准确。

5.载荷试验：

载荷试验包括额定载荷试验、超载静态试验和超载动态试验三项。

此试验应在起重机安装到设计规定的高度和幅度时进行。

（1）额定载荷试验　试验工况按表5-8进行；

（2）超载静态试验　载荷取额定起升载荷的125%，试验工况按表5-9进行。

（3）超载动态试验　载荷取额定起升载荷的110%，试验工况按表5-10进行。

6.运输、整体拖运试验：

塔式起重机的运输和整体拖运试验，应符合使用说明书中的有关规定。

进行上述试验时，应按使用说明书的要求，务必使速度与加（减）速度限制在起重机正常运转范围内，试验时每一单项动作或正常工作下的组合动作，每项不得少于三次，要求每一次动作停稳后，再进行下一次动作。

在超载25%静态试验时，允许对力矩限制器、起重量限制器、制动器进行调整。试验

序号	工　况	试　　　验　　　范　　　围					备　注
		起　升	动臂变幅	小车变幅	回　转	行　走	
1	在最大幅度时起升相应的额定起升载荷	载荷在全部起升高度内，以最低稳定速度和额定起升速度进行起升、下降。在起升、下降过程中进行不少于三次的正常制动	臂架在最大幅度和最小幅度之间，以额定速度俯仰变幅	载荷在最小幅度和最大幅度之间，以额定速度进行两个方向的变幅	载荷以额定速度进行左右回转。对不能全回转的塔式起重机，应通过最大回转角	以额定速度往返行走。臂架垂直于轨道	测量各种动作时的速度。动臂变幅测量变幅时间。测定塔身与臂架连接处的水平静位移
2	起升额定起升载荷，在该载荷相应的最大幅度时	载荷在全部起升高度内起升、下降。在起升、下降过程中进行不少于三次的正常制动	不　试	载荷在最小幅和相应于该载荷的最大幅度之间以额定速度进行两个方向的变幅			测定各种动作时的速度。测定塔身与臂架连接处的水平静位移
	对于起升机构可变速的塔式起重机，起升相应于每一种起升速度的额定起升载荷，在该载荷相应的最大幅度时		不　　　　　　　　　　试				

注：1.对于设计规定不能带载变幅的起重机，可以不按本表规定进行臂架带载变幅试验；
　　2.对于可变速的其它机构，也应进行试验并测量工作速度。

序号	工　　　　　　　　　　况	起　　　升	备　注
1	在最大幅度时，起升相应额定起升载荷的125%	载荷以安全速度起升至离地面100～200mm处，停留10min	观　察
2	起升额定起升载荷的125%，在该载荷相应的最大幅度时		
3	取1和2的中间幅度，起升相应额定起升载荷的125%		

后应重新将其调整到原规定值。

六、塔式起重机的保养

塔式起重机都是在露天作业，工作条件与工作环境较恶劣，因此对机械的保养非常重要，它直接影响到机械的正常工作和使用寿命。

塔式起重机的保养分为：日常保养、一级保养、二级保养、中修和大修。现代塔式起重机，由于结构型式、用途、使用条件各有不同，其保养内容、维修要求、修理期限的规定也各有不同。因此，对每一种塔式起重机的保养、维修，均须按其使用说明书的具体要求和规定进行。

序号	工　况	试　　　　验　　　　范　　　　围					备　注
		起　升	动臂变幅	小车变幅	回　转	行　走	
1	在最大幅度时起升相应额定起升载荷的110%	载荷在全部起升高度内,以额定速度起升、下降	臂架在最大幅度和最小幅度之间,以额定速度俯仰变幅	载荷在最小幅度和最大幅度之间,以额定速度进行两个方向的变幅	载荷以额定速度进行左右回转。对不能全回转的塔式起重机,应超过最大回转角	从两个方向进行行走试验。臂架向前、向后以及与行走方向成直角。单向行走距离不小于40m	根据设计要求,进行组合动作
2	起升额定起升载荷的110%,在该载荷相应的最大幅度时		不试	载荷在最小幅度和相应于该载荷的最大幅度之间,以额定速度进行两个方向的变幅			

七、塔式起重机的故障与排除

塔式起重机是一种在恶劣条件下工作的机械,在使用过程中必然会产生各种故障,其原因不外乎两种:一种是自然原因,如零件的自然磨损而造成间隙过大或损坏。零件的材质不好,因而不到检修期零件磨损过大或损坏。另一种是操作者的主观原因,如平时不按规定进行操作、使用、甚至违反操作规程;不按规定进行定期保养和维修以及维修、保养不符合要求等。

塔式起重机常见的故障、产生的原因及排除方法见表5-11所列。

一般塔式起重机常见的故障、产生原因及排除方法　　　　　表 5-11

部　位	故　　障	产　生　的　原　因	消　除　方　法
钢丝绳	磨损太快	1.滑轮不转动; 2.轮与绳径不符	1.检修或更换滑轮; 2.更换滑轮或钢丝绳
	经常脱槽	1.滑轮偏斜或位移; 2.钢丝绳型号不对	1.调整滑轮安装位置; 2.更换成合适的钢丝绳
滑　轮	滑轮不转	1.缺少润滑油; 2.轴承安装过紧或偏斜	1.加润滑油; 2.调整轴承
	滑轮松动	轴上定位松动	固定定位零件
吊　钩	疲劳裂纹磨损严重(危险断面磨损超过10%)	1.材料质量不均匀; 2.超过使用期限	更换吊钩
卷　筒	筒壁有裂纹壁厚磨损超过10%键磨损或松动	1.卷筒材料不均匀,使用中有过大的冲击; 2.使用时间过长; 3.装配不合要求	1.更换新卷筒; 2.更换新卷筒; 3.换键

部　位	故　　障	产　生　的　原　因	消　除　方　法
轴　承	温度过高有响声	1.润滑油过多或缺油或油型不合要求; 2.轴承原件有损坏或润滑油中有污垢、泥砂; 3.内外圈配合或轴向间隙安装不合要求	1.加、减润滑油或更换合乎要求的润滑油; 2.更换轴承或更换新油; 3.按要求重新装配
开式齿轮或减速器	工作时有噪声及磨损不一致,轮辐或轮缘上有裂纹,温升过高;整个减速器振动;漏油	1.制造不精确;安装不正确; 2.有过大的冲击载荷; 3.润滑油过多或缺乏,齿轮啮合不良; 4.联轴节安装不正确,两轴不同心; 5.分箱面不平,油封失效,轴颈磨损	1.修理调整或更新; 2.更换新齿轮或修理; 3.修理、更换,加减、润滑油; 4.校正中心,重新安装; 5.更换油封,修磨轴颈、研磨分箱面
制动器	重物下滑	1.制动瓦与制动轮间隙过大,表面有油污; 2.弹簧压力不足	1.调整间隙,清洗制动瓦块和制动轮; 2.调整弹簧压力
	制动器松开时吊钩不下落,发热冒烟	制动瓦与制动轮间隙过小,滑轮卡住不转或缺油,钢丝绳跳出槽外	调整间隙、修复滑轮,使钢丝绳入槽
旋转支承	噪音大,转动困难	大小齿轮啮合不良; 滚道表面或滚动体表面损伤	调整间隙 修磨滚道或变换滚动体
金属结构	变　形	1.超载使用; 2.拖运架设中的碰撞; 3.不正确的吊点吊装	禁止超载; 调直变形与补强
安全装置	工作失灵	1.弹簧失效; 2.拖运、架设中的碰撞,使行程开关损坏; 3.线路故障	1.更换弹簧; 2.修复或更换行程开关; 3.检修线路
液力联轴器	打　滑	1.充液量过少; 2.油号不对	1.增加充液量; 2.更换合适的油号
行走轮	轮缘严重磨损	1.轨距没有定准; 2.行走枢轴间隙过大	1.检查调整; 2.调整间隙
变幅小车	打　滑	1.牵引绳张力不够; 2.臂架坡度不对	1.调整张紧力; 2.调整臂架坡度

塔式起重机在使用中,还要注意气候的影响,特别是冬天,经过一夜的停放后,由于气温的下降,各零件尺寸有所缩小,加之制动轮上有霜,早晨工作时就特别容易打滑。所以在冬天每日工作开始前,先空转一段时间,并对制动器加以试验,然后再投入正常工作。

当提升的重物处于空中制动器突然失灵时,操纵人员必须冷静机智地加以处理。通常是继续起升,并将重物转到空旷的地方,再用电动机控制重物下降,此时必须发出警报信号,通知地面人员有所准备。

第二节 轮式起重机

一、概述

在建筑工程中，轮式起重机被广泛采用。因它具有机动性好、转移方便、用途广泛等一系列优点。随着液压技术的迅速发展。结构的不断改进，全液压轮式起重机的使用性能提高很快，全液压汽车起重机已成为工程起重机中的主要机种。

（一）轮式起重机的分类

按底盘的特点区分有：汽车起重机和轮胎起重机。把起重装置装在通用或专用汽车底盘上的起重机称为汽车起重机；由一个专用的自行轮胎底盘组成的起重机称为轮胎起重机。小型汽车起重机一般采用通用汽车底盘，以满足起重机对车架强度与刚度等方面的特殊要求。

这两种起重机在构造与性能方面有很多相同点，但也有各自的特点。详见表5-12所示。

汽车起重机和轮胎起重机的主要特点 表 5-12

序号	项目	汽 车 起 重 机	轮 胎 起 重 机
1	底盘	采用通用或专用汽车底盘	采用专用的轮胎底盘
2	发动机	中小型多用一台发动机，且装在行驶底盘上，大型一般采用两台发动机，分别驱动工作机构和行驶机构。其中行驶用发动机功率较大	采用一台发动机，一般都装在上车转台上，发动机功率以满足起重作业为主
3	行驶速度	在好路面上的行驶速度较高，大多数在60km/h以上。行驶速度高、转移方便是本机的最大特点	一般都在30km/h以下
4	起重性能	车身较长，主要在两侧和后方可吊重作业（打支腿）。由于采用弹性悬挂，一般都不能吊重行驶	轮距轴距配合较好、能四面起吊重物。在平坦地面能吊重行驶是本机的最大特点
5	通过性	转弯半径大，爬坡度较高，一般在12°～20°左右	转弯半径小，爬坡度较低，一般在8°～14°（越野式除外）
6	司机室	大多数采用两个司机室，一个用于操纵行驶，一个用于操纵起重作业	只有一个司机室，一般设在上车转台上
7	支腿	前支腿位于前桥后面	支腿一般都配置在前桥和后桥外侧
8	使用特点	可经常在较长距离的工地之间来回转移。起重和行驶并重，一般可与汽车编队行驶	适于定点作业，不宜经常长距离转移，以起重作业为主，行驶为辅，不宜与汽车编队行驶

按起重大小区分有：小型、中型、大型和特大型。

小型起重机——起重量小于12t；

中型起重机——起重量在16t～40t范围；

大型起重机——起重量在40t～100t范围；

特大型起重机——起重量大于100t以上。

按起重臂的形式区分有：桁架臂式和伸缩臂式；

按传动方式特点区分有：机械传动、电力传动及液压传动；

按用途不同区分有：通用、工业用及专用。

目前使用数量最多的为液压伸缩臂式汽车起重机，习惯上称为液压汽车起重机或简称汽车吊。

（二）轮式起重机的主要组成部件

轮式起重机的主要组成如图5-65所示，它主要由下列几大部分组成。

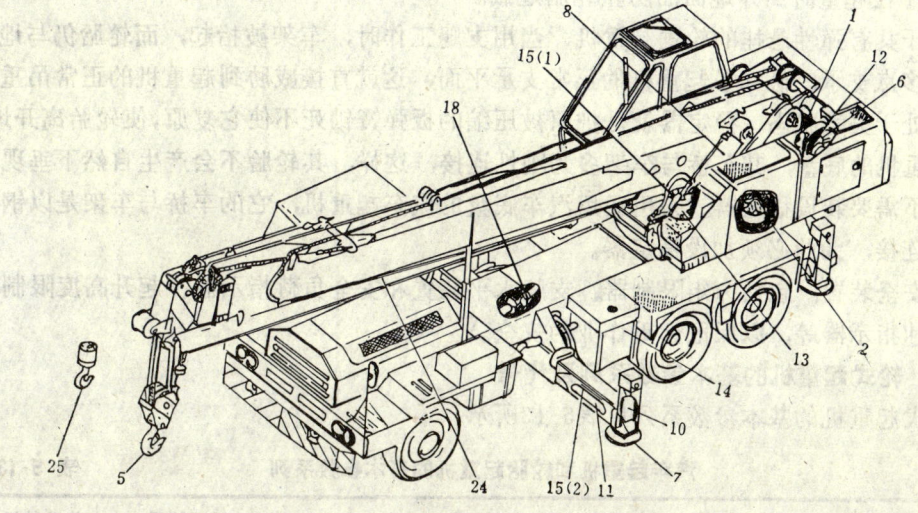

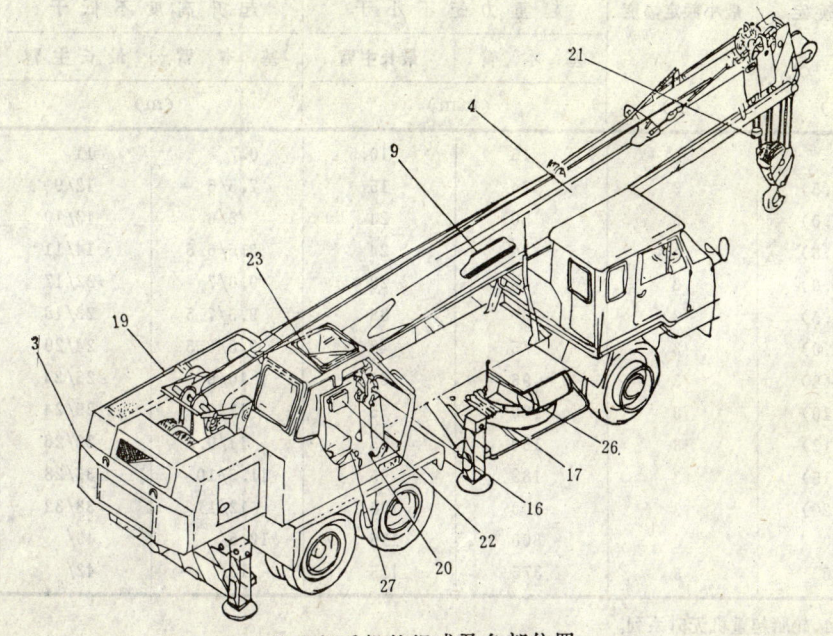

图 5-65　轮式起重机的组成及各部位置

1—起升卷扬机；2—回转机构；3—回转平台；4—起重臂；5—主吊钩；6—制动装置；7—支腿；8—变幅油缸；9—伸缩油缸；10—支腿支承油缸；11—支腿水平油缸；12—离合器油缸；13—回转接头；14—液压油箱；15(1)、15(2)—油管；16—操纵装置；17—支腿操纵装置；18—驱动轴；19—机舱；20—油门踏板；**21—起升高度限制器**；22—起重量指示器；23—雨刷；24—副臂；25—副钩；26—手油门；27—回转制动器

操纵杆

1.上车部分：它包括取物装置（吊钩）、起重臂及伸缩机构、配重、上车回转部分（包括回转支承装置），起升、变幅、回转机构。它是起重机起重作业时可以回转的部分。

2.下车部分：它是起重机的底盘，包括保证正常行驶所需要的全部机构和部件（传动、转向、制动、悬挂、车架等）。对于汽车起重机是采用标准通用底盘或专用汽车底盘，专用汽车底盘是在标准通用底盘的基础上，根据作业要求加以改造而成的。

3.支腿与稳定器：支腿的作用是增大起重机起重时的支承面，以提高起重机的稳定性和使轮胎在起重时离开地面而防止轮胎过载。

对于具有弹性悬挂的轮式起重机，当用支腿工作时，车架被抬起，而轮胎仍与地面接触形成多点支承，破坏了起重机的正常支承平面，这就直接威胁到起重机的正常吊重，使起重机处于失稳状态。稳定器就是把原被压缩的板弹簧锁死不使它复原，使轮胎离开地面。轮胎起重机的底盘，其车桥与车架多为刚性连接，这样，其轮胎不会产生自然下垂现象，所以也不需要装设稳定器。采用通用汽车底盘的汽车起重机，它的车桥与车架是以钢板弹簧悬挂连接，为此必须加设稳定器。

4.安全装置：包括力矩限制器、支腿水平装置和安全负荷指示器、起升高度限制器、卷扬转速指示器等，以保证起重作业的安全。

二、轮式起重机的基本参数系列及代号

轮式起重机的基本参数系列见表5-13所示。

汽车起重机和轮胎起重机的基本参数系列　　　　　表 5-13

最大额定起重量（t）	最小额定幅度（m）	起重力矩不小于（t·m）		起升高度不低于（m）		作业整机自重（t）
		基 本 臂	最长主臂	基 本 臂	最长主臂	
5	3	15	10.5	6.7	11	8
8.0(3.5)	3	24	15	7.5/5	12/9	13.5/15
10(4.0)	3	30	24	8/6	13/10	15/17
12(4.5)	3	36	24	8.5/6.5	14/11	17/20
16(5.0)	3	48	28	9.0/7	22/17	23/23
20(5.5)	3	60	38	9.5/7.5	23/18	25/25
25(7.0)	3	75	48	9.5/8.5	24/20	30/30
32(8)	3	96	60	10/9	25/24	35/35
40(10)	3	120	75	11/9	29/24	40/40
50(12)	3	150	85	11/9.5	32/26	48/48
63(15)	3	189	95	11.5/10	35/28	60/55
80(20)	3	240	105	12/11	38/32	72/70
100	3	300	115	12.5/	40/	85/
125	3	375	125	13/	42/	100/

注：1.轮胎起重机无5t系列。
　　2.括弧中的数值指轮胎起重机不打支腿时和起重臂前置时的吊重行驶时的起重量。
　　3.分子/分母中分母值指轮胎起重机，分子值指汽车起重机。

轮式起重机的代号及其含义见表5-14所示。

下面就以ＱＹ12型起重机为例，介绍汽车起重机的主要结构。

轮式起重机代号及其含义

表 5-14

类	组	型	特性	代　号	代　号　含　义	主　参　数	
						名　称	代号表示法
起 重 机 械	汽车起重机 Q(汽)	机械式	—	Q	机械式汽车起重机	最大额定 总起重量	t
		液压式 Y(液)	—	QY	液压式汽车起重机		
		电动式 D(电)	—	QD	电动式汽车起重机		
	轮胎起重机 Q、L (起，轮)	机械式	—	QL	机械式轮胎起重机		
		液压式 Y(液)	—	QLY	液压式轮胎起重机		
	轮胎起重机 Q、L (起，轮)	电动式 D(电)	—	QLD	电动式轮胎起重机		
		越野式 U(越)	—	QLU	越野式轮胎起重机		

示例：QY16型起重机，表示最大额定总起重量为16t的液压式汽车起重机。

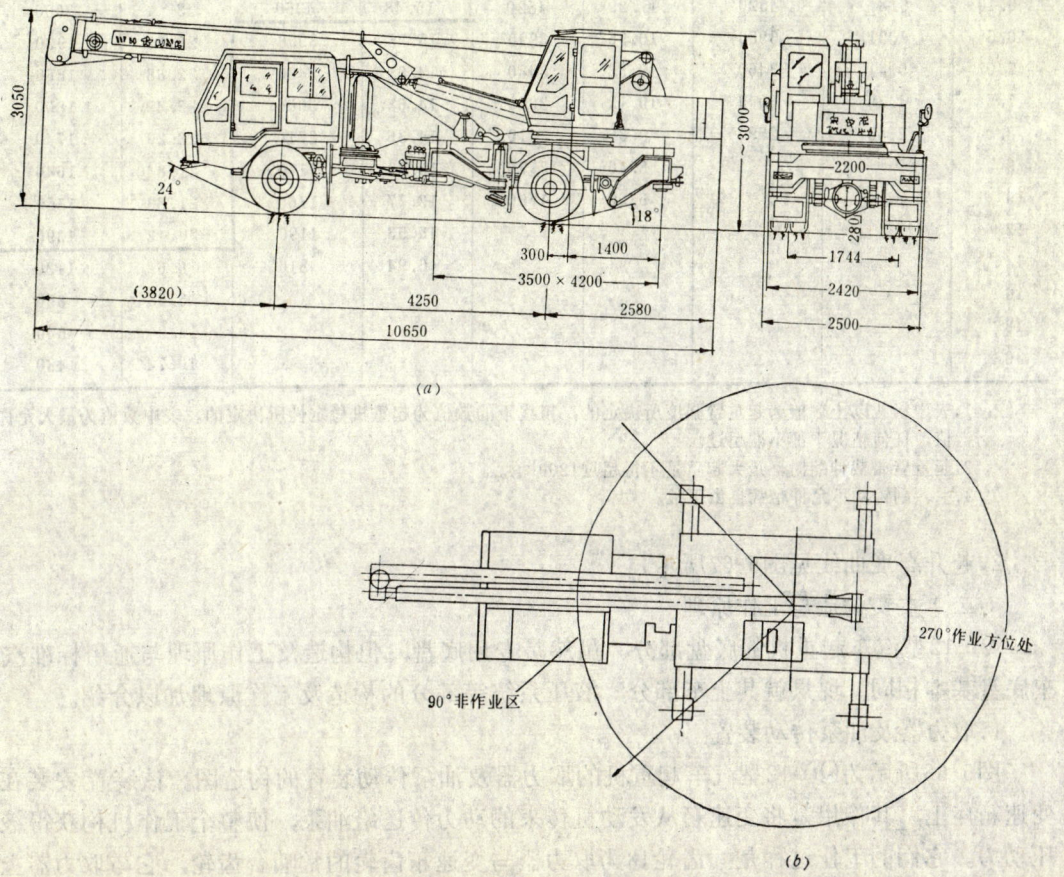

图 5-66　QY12型汽车起重机

179

三、QY12型汽车起重机

QY12型起重机为全回转、伸缩、动臂式全液压汽车起重机（图5-66所示 *a* 为行驶状态，*b* 为作业方位图）。起重部分安装在专用底盘上，架驶室为左侧半置室，采用液压动力转向。除行走以外其余工作机构均为液压传动，具有操作轻便、灵活、工作平稳、安全、可靠，可无级调速、微动性能好等特点。是建筑施工中使用较广的一种起重机械。

（一）主要技术性能参数

1.起重能力见表5-15。

表 5-15

QY12型汽车起重机的起重能力

幅度 （m）	9.15m臂长		12.5m臂长		16.15m臂长		16.15+7m（付臂）	
	起升高度 （m）	起重量 （kg）	起升高度 （m）	起重量 （kg）	起升高度 （m）	起重量 （kg）	起升高度 （m）	起重量 （kg）
3.2	9.10	12000	12.75	8050				
3.5	8.94	11320	12.62	7680	16.50	6000		
4.0	8.63	10500	12.42	7130	16.30	5580		
4.5	8.28	8170	12.18	6640	16.13	5210		
5.0	7.88	6580	11.92	6210	15.94	4880		
5.5	7.41	5460	11.64	5470	15.73	4580		
6.0	6.86	4620	11.31	4640	15.5	4320		
6.10	6.8	4520	11.29	4520	15.48	4250	23	2000
6.5	6.21	3980	10.96	3990	15.25	3990	22.87	1930
7.0	5.41	3460	10.56	3480	14.91	3480	22.68	1860
7.5	4.36	3040	10.12	3060	14.68	3060	22.49	1800
8.0	2.63	2690	9.36	2710	14.36	2710	22.29	1740
9			8.46	2170	13.63	2170	21.84	1640
10			6.90	1760	12.77	1760	21.33	1550
12					10.53	1190	20.12	1390
14					6.94	810	18.6	1130
16							16.68	850
18							14.2	640
20							10.74	480

注：1.表中粗线以上数值为起重臂强度所决定的，粗线下的数值为起重机稳定性所决定的。表中数值为最大允许值，任何情况下都不准超过。

2.起重臂带载伸缩时，最大起重量不得超过1200kg。

3.主、副钩均不允许带载自由下放。

2.起升高度曲线见图5-67所示。

（二）主要构造与工作原理

QY12型汽车起重机的底盘部分，虽然是专用底盘，但构造及工作原理与通用标准汽车底盘基本相同。现只就其上车部分，液压系统等部分的构造及工作原理加以介绍。

1.取力器及油泵传动装置：

图5-68所示为QY12型汽车起重机的取力器及油泵传动装置的构造图。该装置安装在变速箱体上，其作用是将变速箱从发动机传来的动力传送给油泵，使整个工作机构获得液压动力。它们的工作过程是：齿轮18为取力器与变速箱齿轮的常啮合齿轮，它与取力器上的空套在输出轴21上齿轮 6 相啮合。当操纵手动气阀使压缩空气进入取力器气缸10，推动

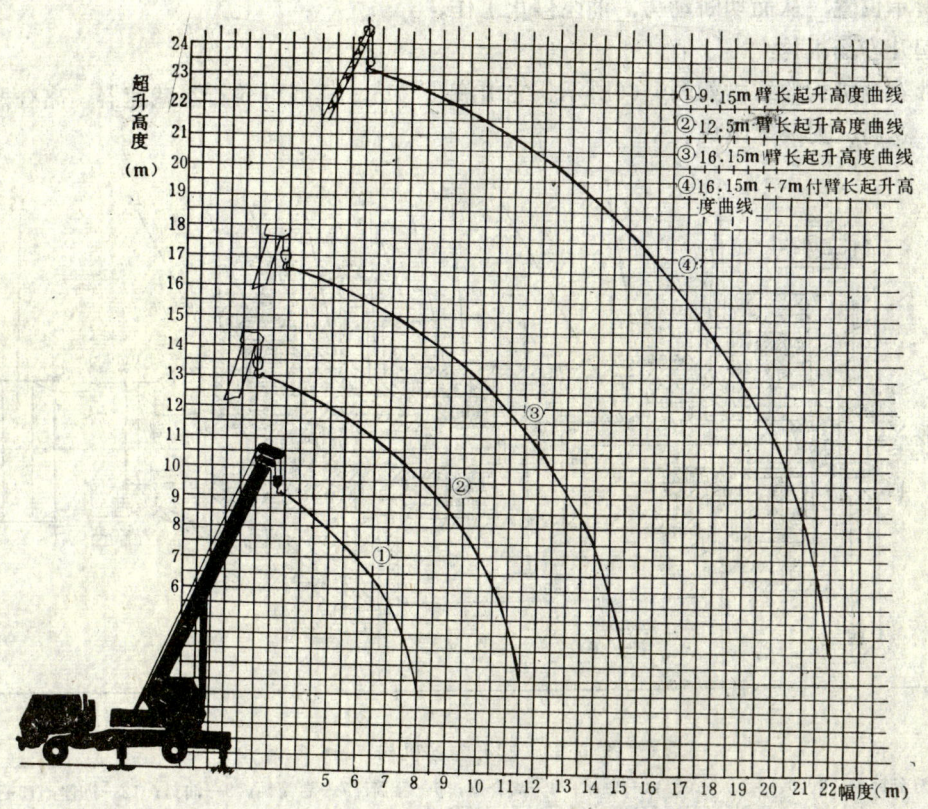

图 5-67　QY12型汽车起重机起升高度曲线

曲线图中标注：
①9.15m臂长起升高度曲线
②12.5m臂长起升高度曲线
③16.15m臂长起升高度曲线
④16.15m＋7m付臂长起升高度曲线

纵坐标：超升高度（m）
横坐标：幅度（m）

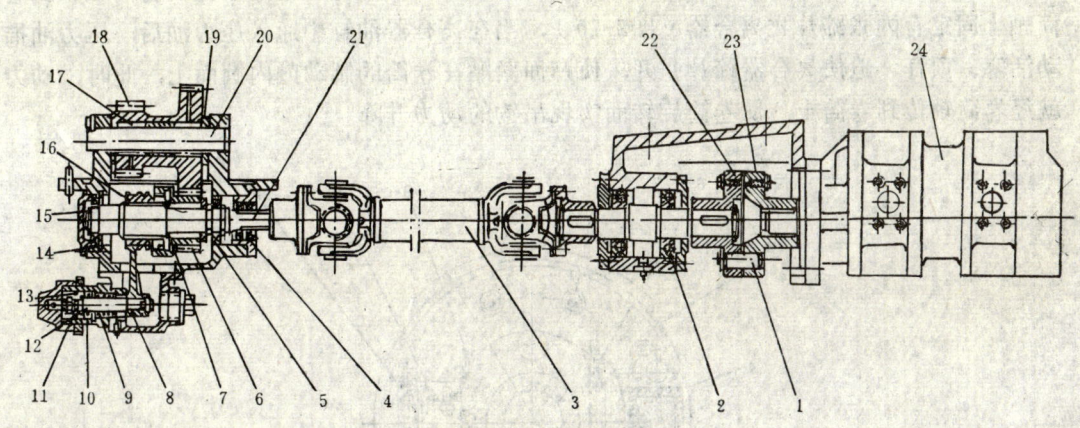

图 5-68　取力器及油泵传动装置

1—柱销；2—轴承；3—油泵传动轴；4—油封；5—轴承；6—齿轮；7—挡片；8—换挡叉；9—弹簧；10—气缸；11、12、13—密封圈；14、15—挡圈；16—滑动齿轮；17—滚针；18—中间齿轮；19—齿轮隔片；20—中间轴；21—输出轴；22、23—半联轴节；24—双联齿轮油泵

活塞使拨叉8向右移动，这样，通过滑键与轴21配合的齿轮16与齿轮6的内齿啮合。动力就可经输出轴21、油泵传动轴3、联轴节22与23传给齿轮油泵24，使齿轮油泵工作。当操纵手动气阀放掉取力器气缸10中的压缩空气（与大气相通），拨叉8被回位弹簧9推回到

图5-68所示位置，从而切断动力，油泵停止工作。

　　2.起升卷扬机构：

　　起升卷扬机构的结构如图5-69所示。它由液压马达、摆线针轮行星减速器、离合器、制动器、卷筒、支架等组成。

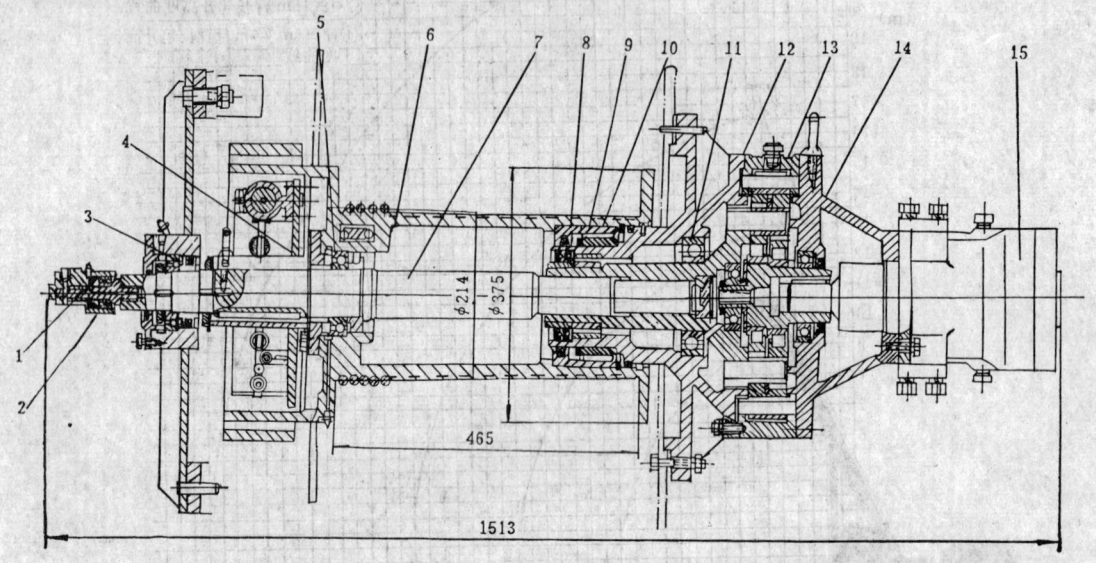

图 5-69　起升卷扬机构

1—V型密封圈；2、3、5、9、10、11—轴承；4—离合器；6—卷筒；7—卷筒轴；8—油封；12—机体；13—摆线针轮行星减速器；14—中间法兰；15—柱塞液压马达

　　当进行起升作业时，压力油驱动柱塞马达旋转，经摆线针轮减速器传动卷筒轴。在卷筒轴上固定有内张蹄片式离合器（图5-70），当在离合器油缸中通入压力油后，压力油推动活塞、顶杆，迫使离合器蹄片张开，使蹄面紧贴在卷筒的制动鼓内圆面上，此时，动力就经卷筒轴传到卷筒上，使卷筒旋转而实现吊钩的动力升降。

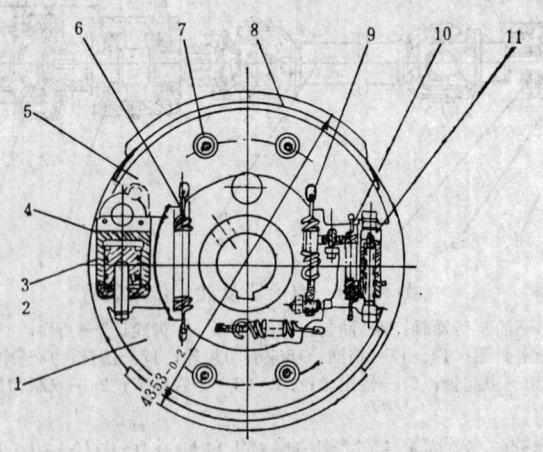

图 5-70　内胀式离合器

1—左离合蹄体；2—密封圈；3—挡圈；4—作用缸；5—右离合蹄体；6—离合体回位弹簧；7—压弹簧；8—衬带；9—拉弹簧；10—调整拉簧；11—调整套

当释放离合器油缸中的压力油后，离合器蹄片在回位弹簧 6、9、10（图5-70）的作用下脱离制动鼓内圆面，此时卷筒处于浮动状态，从而可实现吊钩的自由下放。但在吊钩的自由下放时，应脚踩制动鼓外圆上常开式带式制动器（图5-71）踏板，（严禁起重机带载自由下放）。

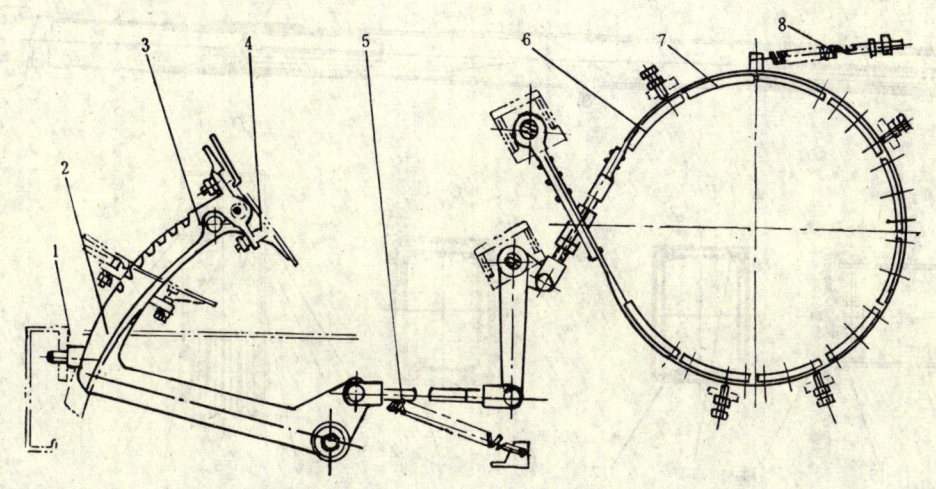

图 5-71 带式制动器

1—卡块；2—踏板架；3—制动齿板；4—弹簧；5—回位弹簧；6—钢带；7—衬带；8—拉簧

常开式带式制动器固定在转台的踏板上，在正常情况下制动带 6 在弹簧 5、8 的作用下与制动鼓保持松开状态。当重物在空中作较长时间的停留时，应踩下制动器踏板，并锁定。制动时，踏板通过杠杆、拉臂拉紧制动带，使之与制动鼓产生足够的制动力矩，从而获得可靠的制动。

离合器与制动器的操纵，均在起重机的操纵室内，通过离合器的操纵阀（图5-72）与制动器踏板进行。

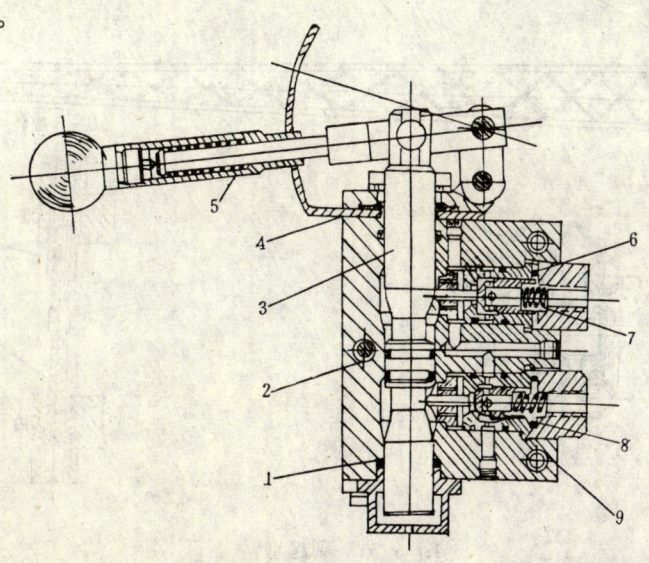

图 5-72 离合器操纵阀

1、2、6—密封圈；3—阀体；4—防尘圈；5、7—弹簧；8—单向阀；9—钢套

3.起重臂及伸缩机构：

起重臂由主臂与副臂组成。主臂为高强度低合金钢板焊接而成的箱形结构，共有两节，全部伸出为16.15m，缩回时为9.15m（图5-73）。

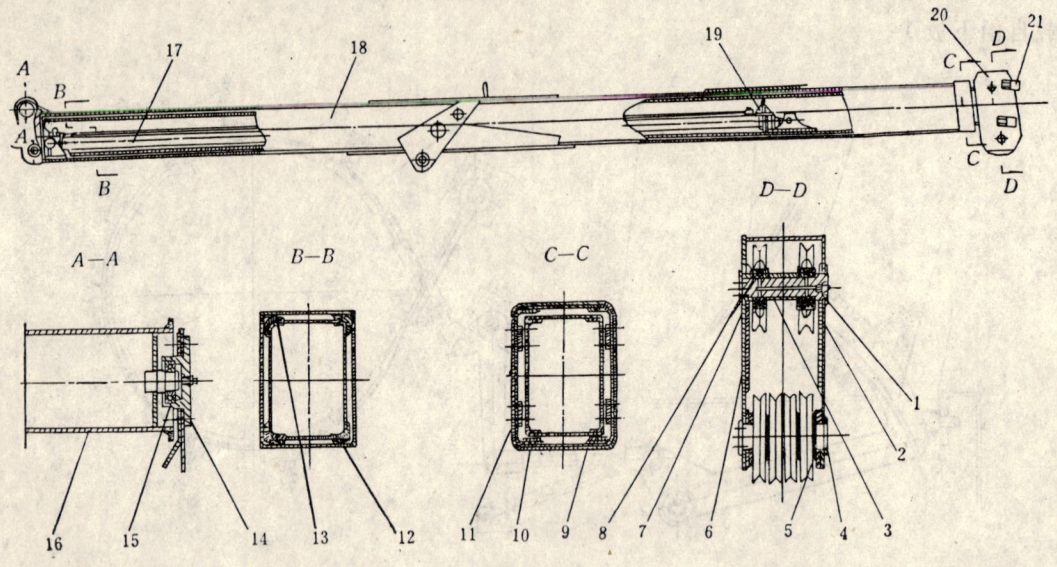

图 5-73　起重臂

1—上滑轮轴；2—挡尘环；3—长隔套；4—下滑轮轴；5—滑轮；6—卡环；7—隔圈；8、15—轴承；9—固定板；10、11、12、13—滑块；14—挡圈；16—滚筒；17—伸缩油缸；18—基本臂；19—伸缩油缸托滚；20—伸缩臂；21—连接块

副臂是由高强度低合金钢管焊接而成的桁架结构（图5-74）。全长7m，不工作时，被倒置在主臂的右侧方，靠基本臂上的收存插座和活动插销固定。

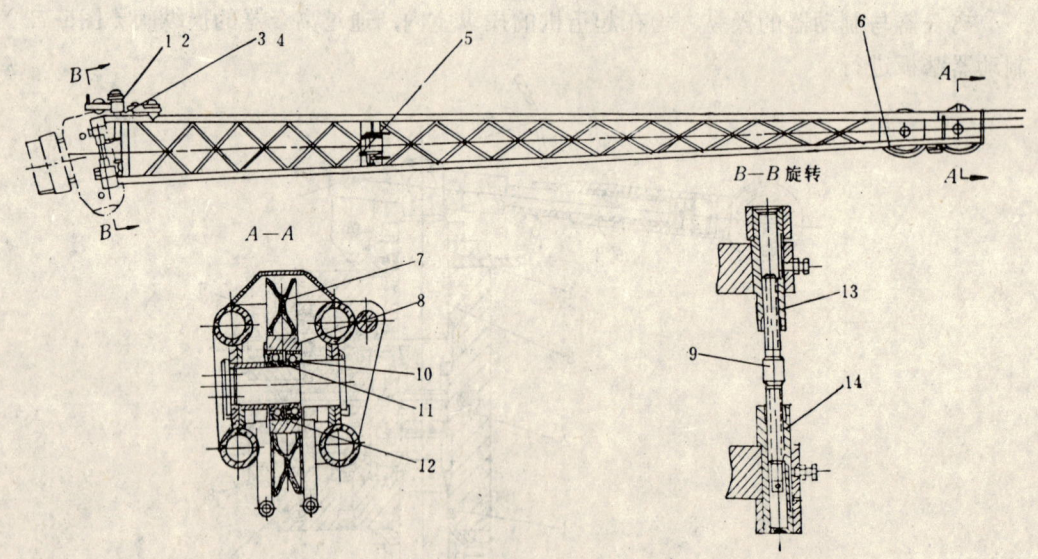

图 5-74　副起重臂

1—小滑轮；2—小滑轮铜套；3—导轮；4—导轮铜套；5—活动销；6—挡绳环；7—滑轮；8—挡尘环；9—花篮螺丝；10—轴承；11—隔套；12—卡环；13—上连接轴；14—下连接轴

起重臂的伸缩机构由一个双作用单级油缸及托滚组成（图5-75）。油缸的缸体端部用销轴固定在基本臂根部，而活塞杆的端部用销轴与伸缩臂前端固定，通过活塞杆的伸缩动作来带动伸缩臂进行伸缩。油缸前端的托滚装置是用以减少在油缸自重作用下的挠度值，当活塞杆带动伸缩臂伸缩时，托滚的上下滑轮就沿着二节臂的内臂上，下平面滚动。

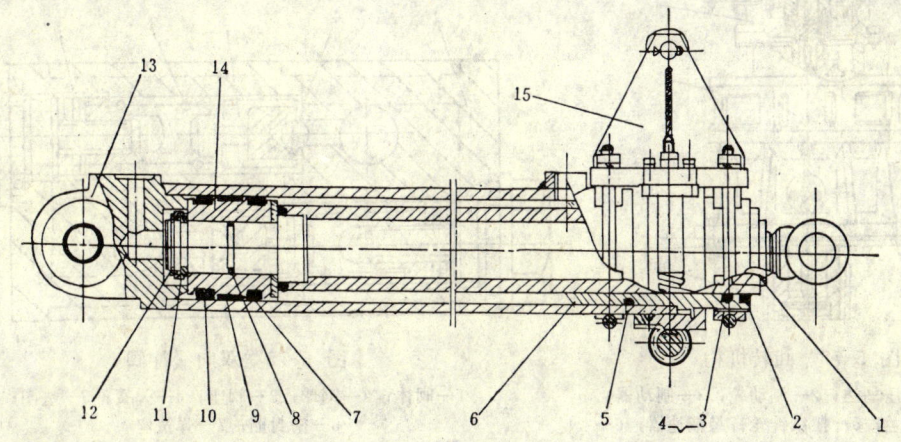

图 5-75　伸缩油缸及托滚

1—圆螺母；2—防尘圈；3、5、8、10—密封圈；4、7、12—挡圈；6—导向套；9—尼龙套；11—卡键；13—油缸；14—活塞；15—托辊

在起重臂的相对滑动面的上、下面，装有尼龙滑块，而在两侧面则装有球铁滑块，用以减少磨损，调整间隙及补偿起重臂在负荷下的挠度值和侧向挠度。上、下面之间滑块应保证在起重臂全伸、无负荷的情况下，具有一定的上翘值。

在伸缩油缸上还装有平衡阀，以保证平稳的缩臂及当软管意外破裂时，防止伸缩臂自动缩回而发生事故。

4.变幅机构：

变幅机构由一个前倾安装的双作用单级油缸组成（图5-76）。油缸活塞的伸缩改变了起重臂的仰角实现变幅。在变幅油缸上装有平衡阀，以保证起重臂平稳下落及当软管意外破裂时，防止起重臂下落而造成事故。

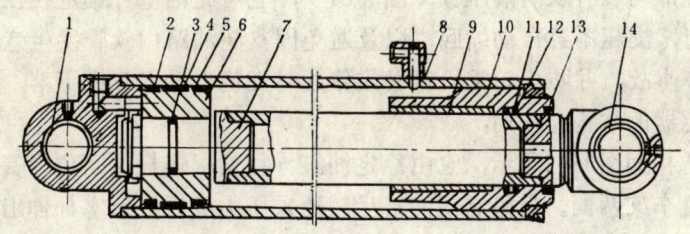

图 5-76　变幅油缸

1、14—衬套；2、3、10、11—密封圈；4—尼龙套；5—挡圈；6—活塞；7—活塞杆；8—缸筒；9—衬套；12—挡圈；13—防尘圈

5.回转机构及回转支承装置：

回转机构如图5-77所示，它被固定在回转平台上，它由定量液压马达、制动器、摆线针轮行星减速器、小齿轮等部件所组成。

当操纵旋转操纵阀使压力油通入油马达，使其旋转而通过摆线针轮行星减速器驱动小

185

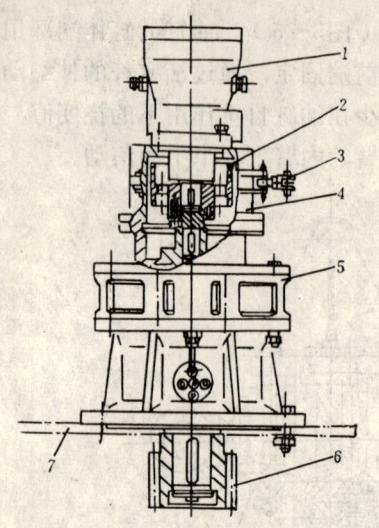

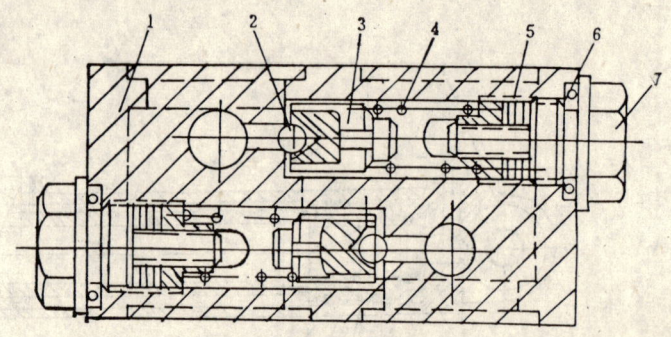

图 5-77　回转机构

1—定量液压马达；2—制动轮；3—制动器；
4—连接法兰；5—摆线针轮行星减速器；6—
小齿轮；7—回转平台

图 5-78　双向缓冲阀

1—阀体；2—钢球；3—阀座；4—弹簧；5—垫圈；
6—密封圈；7—弹簧座

齿轮，小齿轮与固定在底架回转支承装置上的大齿圈啮合，即可使回转平台左右回转。为了使摆线针轮行星减速器免于过载，在回转油马达上安装了一个双向缓冲阀（图5-78），通过增减垫圈5的数量，即可调整回转时所需要的最高压力。

采用的回转支承装置为交叉滚柱回转支承装置。

6.支腿机构及稳定器：

（1）支腿机构：

支腿机构由转腿、蛙腿、转腿油缸、蛙腿油缸、垂直油缸等组成。四个转腿（前后各两个）分别用一根主销轴和车架相联。转腿在起重作业时展开，行驶状态时收拢。收展动作由转腿油缸来完成。在前支腿（图5-79）的端部装有可将起重机升起的垂直油缸。而后支腿（图5-80）的端部则装有一蛙腿，蛙腿的收放动作是靠蛙腿油缸的伸缩来完成的。在各支腿油缸的端部均装有双向液压锁（图5-81），它可将活塞杆锁定在任意位置上，在起重机长期作业时，支腿不会自动缩回，以及避免因支腿油路中软管发生意外破裂致使支腿回缩而造成翻车事故，并防止起重机行驶或停放时支腿自动展开或下落。

（2）稳定器的结构与作用：

稳定器的结构如图5-82所示，它由稳定油缸、挂钩、连板、回位弹簧等组成。它被安装在起重机底盘车架两侧。当稳定器油缸后腔通入压力油后，活塞杆伸出带动连板，使挂钩转动，从而钩住骑马螺栓座板，这样在支腿支撑起车架后，原来被压缩的后桥板弹簧不能恢复成无负荷状态，以保证车轮能有效地脱离地面而使在起重作业时有较好的稳定性。当稳定器油缸前腔通入压力油后，挂钩就脱离骑马螺栓座板并被回位弹簧紧紧拉住，以保证起重机行驶时后钢板弹簧起到原来的缓冲作用。

由于稳定器油缸与支腿升降油缸利用同一油路，故只有收放后支腿（蛙腿）时稳定器油缸方可动作。所以，在支腿收放操作中必须注意下列操作程序：放支腿时，应先放后支腿，再放前支腿。收支腿时，则应先收前支腿，再收后支腿，否则将使稳定器失去作用而

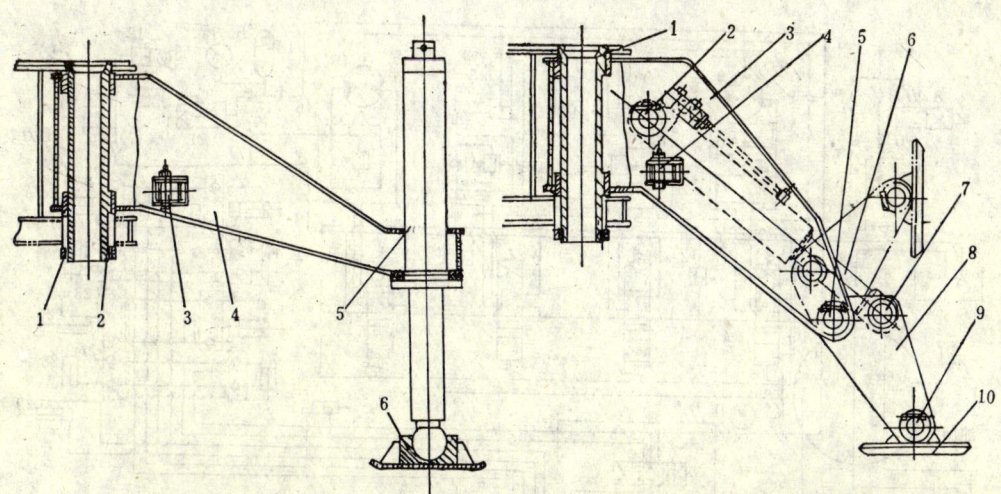

图 5-79　前支腿

1—圆螺母；2—主销；3—销；4—前转腿；5—
垂直油缸；6—支腿座

图 5-80　后支腿

1—主销；2—销轴；3—后转腿；4—销；5—销轴；
6—蛙腿油缸活塞杆；7—销轴；8—蛙腿；9—销轴；
10—支腿座

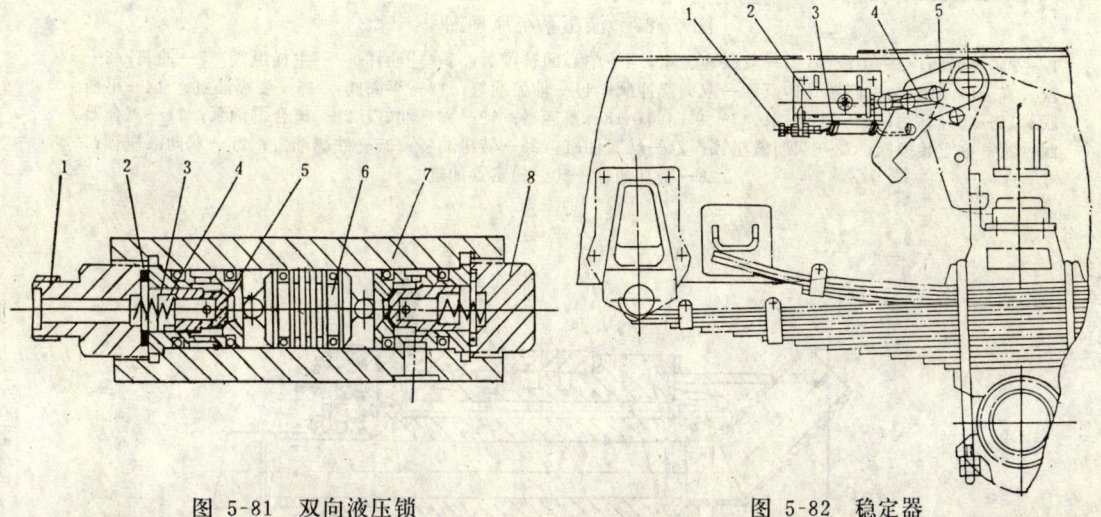

图 5-81　双向液压锁

1—接头；2—密封圈；3—钢套；4—弹簧；5—
单向阀；6—柱塞；7—阀体；8—螺塞

图 5-82　稳定器

1—调节螺栓；2—稳定器油缸；3—回位弹簧；
4—连板；5—挂钩

发生意外事故并引起机件的损坏。

7.液压系统：

　　QY12型汽车起重机的作业部分（包括起升、变幅、回转、起重臂伸缩、支腿 收放、稳定器等工作机构）均为液压驱动。各机构的工作速度的改变，是通过操纵室内的脚踏操纵的静压油门装置，控制发动机的进油量而改变其转速，从而改变了双联齿轮油泵的排油量，以达到调速的目的。液压系统的工作原理图如图5-83所示。

　　整个液压系统分为上、下车两大部分，上、下车之间是通过一个中心回转接头（图5-84）联结起来。

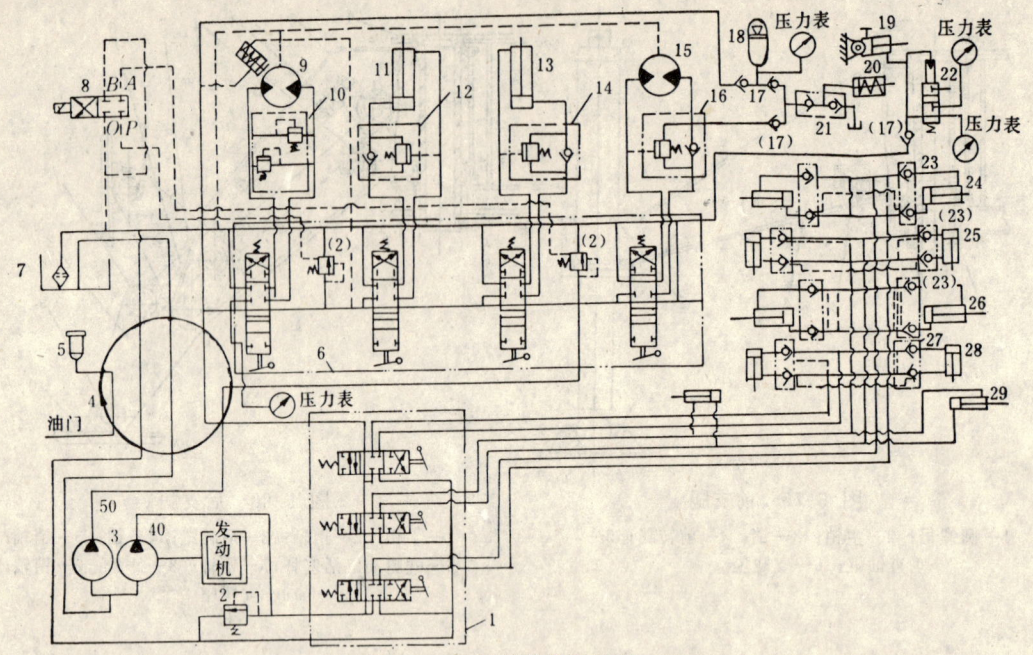

图 5-83 液压系统原理图

1—支腿操纵阀；2—溢流阀；3—双联齿轮泵；4—中心回转接头；5—补油杯；6—主操纵阀；7—油箱；8—湿式直流电磁阀；9—回转马达；10—双向缓冲阀；11—伸缩油缸；12—平衡阀；13—变幅油缸；14—平衡阀；15—起升马达；16—平衡阀；17—单向阀；18—蓄能器；19—称重油缸；20—离合器油泵；21—离合器阀；22—称重转换阀；23—双向液压锁；24—转腿油缸；25—转腿油缸；26—蛙腿油缸；27—双向液压锁；28—垂直油缸；29—稳定器油缸

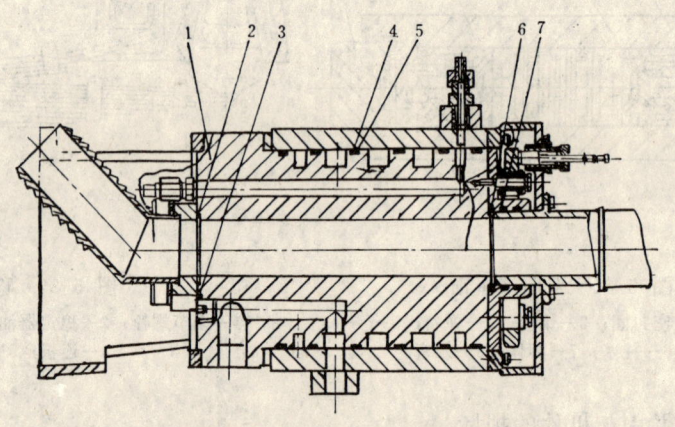

图 5-84 中心回转接头

1—固定体；2、3、5、6、7—密封圈；4—挡圈

　　下车部分由双联齿轮泵、操纵阀、溢流阀、支腿油缸、双向液压锁等组成。当接合取力器后，油泵被驱动，液压油从上车经中心回转接头被吸入齿轮泵，此时"40"油泵排出的压力油直接进入安装在车架左侧，支腿前方的支腿操纵阀。当支腿操纵阀处于中位时，压力油经中心回转接头进入上车主操纵阀后流回油箱。当支腿操纵阀处于工作位置时，压力油就从支腿收放油路进入支腿油缸，实现支腿的展收、升降动作。为防止过载，在支腿

操纵阀中装有溢流阀。

上车部分由轴向柱塞马达、主操纵阀、离合器操纵阀、溢流阀、平衡阀、液压油箱、滤油器和伸缩、变幅、回转等油路组成。当支腿安放完毕后，"40"油泵排出的压力油，经支腿操纵阀、中心回转接头后分为两路。一路经由单向阀后向蓄能器充液，另一路则进入主操纵阀组，并依次通过回转、伸缩、变幅分配阀最后通过起升阀，流入油箱中的滤油器。操纵上述各阀的操纵手柄，就能获得转台回转、起重臂伸缩和变幅的正、反动作。"50"油泵排出的压力油经中心回转接头后直接进入起升分配阀与"40"油泵排出的油液在此合流。当操纵起升分配阀的操纵手柄时，合流后的压力油就进入卷扬马达，使其正转或反转。由于液压系统中采用了带有双泵的复合油路，故起重机能完成起升与回转、起升与伸缩、起升与变幅的组合动作。

在起升卷扬、变幅、起重臂伸缩油路中，均放置了平衡阀，以保证吊钩下降、缩臂、降臂等动作平稳可靠，并可防止因软管破裂而造成意外事故。

在液压系统中还设有皮囊式蓄能器，用以补偿离合器油路系统中的内、外泄露、使离合器油缸液压不低于安全极限压力，保证系统工作可靠。

8.安全装置：

为了确保起重作业的安全可靠，除了在液压系统中装有完善的安全装置外，还设置有起升高度限位、斜覆报警、回转安全报警、副臂固定联接轴安全开关等装置。以便在发生错误操作和意外情况下能及时发生报警或自动停止液压执行元件的工作。

复习题和习题

1.为什么下回转塔式起重机可整体拖运？上回转塔式起重机则不能？

2.自升塔式起重机的上加节方式与下加节方式及其自升过程有何区别？用途有何异同？

3.塔式起重机的主要用途是什么？为什么？

4.怎样校核塔式起重机的稳定性？

5.汽车起重机和轮胎起重机工作时为什么要打支腿？

6.起重机为什么必须要设置安全装置？常用的安全装置有哪些？

7.什么是起重机的工作性能曲线？包括哪些内容？有什么用途？

8.液压支腿油缸为什么设有液压锁？

9.为什么汽车起重机设有稳定器？

10.中心回转接头有哪些用途？

附　录

附录一　6×7+FC、6×7+IWS、6×9W+FC、6×9W+IWR钢丝绳（GB8918—88）

钢丝绳公称直径		钢丝绳近似重量			钢丝绳最小破断拉力					
					1570		1670		1770	
					(N/mm^2)					
		天然纤维芯钢丝绳	合成纤维芯钢丝绳	钢芯钢丝绳	纤维芯钢丝绳	钢芯钢丝绳	纤维芯钢丝绳	钢芯钢丝绳	纤维芯钢丝绳	钢芯钢丝绳
d	允许偏差	M_{1n}	M_{1D}	M_2	F_{01}	F_{02}	F_{01}	F_{02}	F_{01}	F_{02}
(mm)	(%)	(kg/100m)			(kN)					
2	+8	1.40	1.38	1.55	2.08	2.25	2.22	2.40	2.35	2.54
3	0	3.16	3.10	3.48	4.69	5.07	4.99	5.40	5.29	5.72
4	+7	5.62	5.50	6.19	8.34	9.02	8.87	9.59	9.40	10.17
5	0	8.78	8.60	9.68	13.03	14.09	13.86	14.99	14.69	15.89
6	+6	12.64	12.38	13.93	18.76	20.29	19.96	21.58	21.16	22.88
7	0	17.20	16.86	18.96	25.54	27.62	27.17	29.38	28.79	31.14
8		22.46	22.02	24.77	33.36	36.07	35.48	38.37	37.61	40.67
9		28.43	27.86	31.35	42.22	45.65	44.91	48.56	47.60	51.47
10		35.10	34.40	38.70	52.12	56.36	55.44	59.95	58.76	63.54
11		42.47	41.62	46.83	63.07	68.20	67.09	72.54	71.10	76.89
12		50.54	49.54	55.73	75.06	81.16	79.84	86.33	84.62	91.50
13		59.32	58.14	65.40	88.09	95.25	93.70	101.3	99.31	107.4
14		68.80	67.42	75.85	102.2	110.5	108.7	117.5	115.2	124.5
16		89.86	88.06	99.07	133.4	144.3	141.9	153.5	150.4	162.7
18	+5	113.7	111.5	125.4	168.9	182.6	179.6	194.2	190.4	205.9
20		140.4	137.6	154.8	208.5	225.5	221.8	239.8	235.1	254.2
22	0	169.9	166.5	187.2	252.3	272.8	268.3	290.2	284.4	307.5
24		202.2	198.1	222.9	300.2	324.7	319.4	345.3	338.5	366.0
26		237.3	232.5	261.6	352.4	381.0	374.8	405.3	397.2	429.6
28		275.2	269.7	303.4	408.7	441.9	434.7	470.0	460.7	498.2
(30)		315.9	309.6	348.3	469.1	10.3	499.0	539.0	528.9	571.9
32		359.4	352.3	396.3	533.7	577.2	567.7	613.9	601.7	50.7
(34)		405.8	397.7	447.4	602.6	651.6	640.9	693.1	679.3	734.6
36		454.9	445.8	501.6	675.5	730.5	718.6	777.0	761.0	823.5

注：①钢丝破断拉力总和 = 钢丝绳最小破断拉力×1.112（纤维芯）或1.191（钢芯）。
　　②新设计设备不得选用括号内的钢丝绳直径。

190

附录二　6×19S＋FC、6×19S＋IWR、6×19W＋FC、6×19W＋IWR钢丝绳（GB8918—88）

钢丝绳公称直径		钢丝绳近似重量			钢丝绳最小破断拉力					
					1570		1670		1770	
					(N/mm²)					
		天然纤维芯钢丝绳	合成纤维芯钢丝绳	钢芯钢丝绳	纤维芯钢丝绳	钢芯钢丝绳	纤维芯钢丝绳	钢芯钢丝绳	纤维芯钢丝绳	钢芯钢丝绳
d	允许偏差	M_{1n}	M_{1p}	M_2	F_{01}	F_{02}	F_{01}	F_{02}	F_{01}	F_{02}
(mm)	(%)	(kg/100m)			(kN)					
8		23.59	23.03	25.95	33.16	33.77	35.27	38.05	37.38	40.33
9		29.86	29.15	32.84	41.97	45.27	44.64	48.16	47.31	51.04
10		36.86	35.99	40.55	51.81	55.89	55.11	59.45	58.41	63.01
11		44.60	43.54	49.06	62.69	67.63	66.68	71.94	70.68	76.24
12		53.08	51.82	58.39	74.61	80.48	79.36	85.61	84.11	90.74
13		62.29	60.82	68.52	87.56	94.46	93.14	100.5	98.71	106.5
14		72.25	70.53	79.47	101.5	109.5	108.0	116.5	114.5	123.5
16		94.36	92.13	103.8	132.6	143.1	141.1	152.2	149.5	161.3
18		119.4	116.6	131.4	167.9	181.1	178.6	192.6	189.2	204.2
20	+5	147.4	143.9	162.2	207.2	223.6	220.4	237.8	233.6	252.0
22	0	178.4	174.2	196.2	250.8	270.5	266.7	287.7	282.7	305.0
24		212.3	207.3	233.5	298.4	321.9	317.4	342.4	336.4	362.9
26		249.2	243.3	274.1	350.2	377.8	372.5	401.9	394.9	426.0
28		289.0	282.1	317.9	406.2	438.2	432.1	466.1	457.9	494.0
(30)		331.7	323.9	364.9	466.3	503.0	496.0	535.1	525.7	567.1
32		377.4	368.5	415.2	530.5	572.3	564.3	608.8	598.1	646.2
(34)		426.1	416.0	468.7	598.9	646.1	637.1	687.3	675.2	728.4
36		477.7	466.4	525.5	671.5	724.4	714.2	770.5	757.0	816.6
(38)		532.3	519.7	585.5	748.1	807.1	795.8	858.5	843.4	909.9
40		589.8	575.8	648.7	829.0	894.3	881.8	951.2	934.6	1008.2

注：①钢丝破断拉力总和＝钢丝绳最小破断 拉力×1.191（纤维芯）或1.283（钢芯）。

②新设计设备不得选用括号内的钢丝绳直径。

附录三　6×37S＋FC、6×37S＋IWR、6×25Fi＋FC、6×25Fi＋IWR钢丝绳（GB8918—88）

钢丝绳公称直径		钢丝绳近似重量			钢丝绳最小破断拉力					
					1570		1670		1770	
					(N/mm²)					
		天然纤维芯钢丝绳	合成纤维芯钢丝绳	钢芯钢丝绳	纤维芯钢丝绳	钢芯钢丝绳	纤维芯钢丝绳	钢芯钢丝绳	纤维芯钢丝绳	钢芯钢丝绳
d	允许偏差	M_{1n}	M_{1p}	M_2	F_{01}	F_{02}	F_{01}	F_{02}	F_{01}	F_{02}
(mm)	(%)	(kg/100m)			(kN)					
12		54.72	53.42	60.19	74.61	80.48	79.36	85.61	84.11	90.74
13		64.22	62.70	70.64	87.56	94.46	93.14	100.5	98.71	106.5
14		74.48	72.72	81.93	101.5	109.5	108.0	116.5	114.5	123.5
16		97.28	94.98	107.0	132.6	143.1	141.1	152.2	149.5	161.3
18		123.1	120.2	135.4	167.9	181.1	178.6	192.6	189.2	204.2
20		152.0	148.4	167.2	207.2	223.6	220.4	237.8	233.6	252.0
22		183.9	179.6	202.3	250.8	270.5	266.7	287.7	282.7	305.0
24		218.9	213.7	240.8	298.4	321.9	317.4	342.4	336.4	362.9
26		256.9	250.8	282.6	350.2	377.8	372.5	401.9	394.9	426.0
28	+5	297.9	290.9	327.7	406.2	438.2	432.1	466.1	457.9	494.0
(30)	0	342.0	333.9	376.2	466.3	503.0	496.0	535.1	525.7	567.1
32		389.1	379.9	428.0	530.5	572.3	564.3	608.8	598.1	645.2
(34)		439.3	428.9	483.2	598.9	646.1	637.1	687.3	675.2	728.4
36		492.5	480.8	541.7	671.5	724.4	714.2	770.5	757.0	816.6
(38)		548.7	535.7	603.8	748.1	807.1	795.8	858.5	843.4	909.9
40		608.0	593.6	668.8	829.0	894.3	881.8	951.2	934.6	1008.2
(42)		607.7	654.4	737.4	913.9	985.9	972.1	1048.7	1030.4	1111.5
44		735.7	718.3	809.2	1003.0	1082.1	1066.9	1151.0	1130.8	1219.9
(46)		804.1	785.0	884.5	1096.3	1182.7	1166.1	1258.0	1236.0	1333.3
48		875.5	854.8	963.1	1193.7	1287.8	1269.7	1369.8	1345.8	1451.8

钢丝绳公称直径		钢丝绳近似重量			钢丝绳最小破断拉力					
					1570		1670		1770	
					(N/mm^2)					
		天然纤维芯钢丝绳	合成纤维芯钢丝绳	钢芯钢丝绳	纤维芯钢丝绳	钢芯钢丝绳	纤维芯钢丝绳	钢芯钢丝绳	纤维芯钢丝绳	钢芯钢丝绳
d	允许偏差	M_{1n}	M_{1p}	M_2	F_{01}	F_{02}	F_{01}	F_{02}	F_{01}	F_{02}
(mm)	(%)	(kg/100m)			(kN)					
(50)		950.0	927.5	1045.0	1295.2	1397.3	1377.8	1486.3	1460.2	1575.3
52		1027.5	1003.2	1130.3	1400.9	1511.3	1490.2	1607.6	1579.4	1703.8
(54)	+5	1108.1	1081.8	1218.9	1510.8	1629.8	1607.0	1733.6	1703.2	1837.4
56	0	1191.7	1163.5	1310.8	1624.8	1752.8	1728.2	1864.4	1831.7	1976.1
(58)		1278.3	1248.0	1406.2	1742.9	1880.2	1853.9	2000.0	1964.9	2119.7
60		1368.0	1335.6	1504.8	1865.2	2012.1	1984.0	2140.3	2102.8	2268.4
(62)		1460.7	1426.1	1606.8	1991.6	2148.5	2118.4	2285.3	2245.3	2422.2
64		1556.5	1519.6	1712.1	2122.1	2289.3	2257.3	2435.2	2392.5	2581.0

注：①钢丝绳破断拉力总和＝钢丝绳最小破断拉力×1.191(纤维芯)或1.283(钢芯)。

②新设计设备不得选用括号内的钢丝绳直径。

附录四 8×19S＋FC、8×19S＋IWR、8×19W＋FC、8×19W＋IWR钢丝绳(GB8918—88)

钢丝绳公称直径		钢丝绳近似重量			钢丝绳最小破断拉力					
					1570		1670		1770	
					(N/mm^2)					
		天然纤维芯钢丝绳	合成纤维芯钢丝绳	钢芯钢丝绳	纤维芯钢丝绳	钢芯钢丝绳	纤维芯钢丝绳	钢芯钢丝绳	纤维芯钢丝绳	钢芯钢丝绳
d	允许偏差	M_{1n}	M_{1p}	M_2	F_{01}	F_{02}	F_{01}	F_{02}	F_{01}	F_{02}
(mm)	(%)	(kg/100mm)			(kN)					
10		34.63	33.37	42.20	46.00	54.32	48.93	57.78	51.86	61.24
11		41.90	40.38	51.06	55.66	65.73	59.21	69.92	62.75	74.10
12		49.87	48.05	60.76	66.24	78.22	70.46	83.21	74.68	88.19
13		58.52	56.39	71.31	77.74	91.80	82.69	97.65	87.65	103.5
14		67.87	65.40	82.70	90.16	106.5	95.90	113.3	101.6	120.0
16		88.65	85.42	108.0	117.8	139.1	125.3	147.9	132.8	156.8
18		112.2	108.1	136.7	149.0	176.0	158.5	187.2	168.0	198.4
20		138.5	133.5	168.8	184.0	217.3	195.7	231.1	207.4	245.0
22		167.6	161.5	204.2	222.6	262.9	236.8	279.7	251.0	296.4
24		199.5	192.2	243.0	265.0	312.9	281.8	332.8	298.7	352.8
26		234.1	225.6	285.2	311.0	367.2	330.8	390.6	350.6	414.0
28	+5	271.5	261.6	330.8	360.6	425.9	383.6	453.0	406.6	480.1
(30)	0	311.7	300.3	379.8	414.0	488.9	440.4	520.0	466.7	551.2
32		354.6	341.7	432.1	471.1	556.3	501.1	591.7	531.1	627.1
(34)		400.3	385.7	487.8	531.8	628.0	565.6	668.0	599.5	708.0
36		448.8	432.4	546.8	596.2	704.0	634.1	748.9	672.1	793.7
(38)		500.0	481.8	609.3	664.3	784.4	706.6	834.4	748.9	884.3
40		554.1	533.9	675.1	736.0	869.2	782.9	924.5	829.8	979.9
(42)		610.9	588.6	744.3	811.5	958.2	863.1	1019.3	914.8	1080.3
44		670.4	646.0	816.9	890.6	1051.7	947.3	1118.7	1004.0	1185.6
(46)		732.7	706.1	892.8	973.4	1149.5	1035.4	1222.7	1097.4	1295.9
48		797.9	768.8	972.2	1059.9	1251.6	1127.4	1331.3	1194.9	1411.0

注：①钢丝绳破断拉力总和＝钢丝绳最小破断拉力×1.191(纤维芯)或1.334(钢芯)。

②新设计设备不得选用括号内的钢丝绳直径。

附录五 8×25Fi+FC、8×25Fi+IWR、8×55SWS+FC、8×55SWS+IWR钢丝绳(GB8918—88)

钢丝绳公称直径		钢丝绳近似重量			钢丝绳最小破断拉力					
					1570		1670		1770	
					(N/mm^2)					
		天然纤维芯钢丝绳	合成纤维芯钢丝绳	钢芯钢丝绳	纤维芯钢丝绳	钢芯钢丝绳	纤维芯钢丝绳	钢芯钢丝绳	纤维芯钢丝绳	钢芯钢丝绳
d	允许偏差	M_{1n}	M_{1p}	M_2	F_{01}	F_{02}	F_{01}	F_{02}	F_{01}	F_{02}
(mm)	(%)	(kg/100m)			(kN)					
14		69.97	67.42	85.26	90.16	106.5	95.90	113.3	101.6	120.0
16		91.39	88.06	111.4	117.8	139.1	125.3	147.9	132.8	156.8
18		115.7	111.5	140.9	149.0	176.0	158.5	187.2	168.0	198.4
20		142.8	137.6	174.0	184.0	217.3	195.7	231.1	207.4	245.0
22		172.8	166.5	210.5	222.6	262.9	236.8	279.7	251.0	296.4
24		205.6	198.1	250.6	265.0	312.9	281.8	332.8	298.7	352.8
26		241.3	232.5	294.1	311.0	367.2	330.8	390.6	350.6	414.0
28		279.9	269.7	341.0	360.6	425.9	383.6	453.0	406.7	480.1
(30)		321.3	309.6	391.5	414.0	488.9	440.4	520.0	466.7	551.2
32		365.6	352.3	445.4	471.1	556.3	501.1	591.7	531.1	627.1
(34)		412.7	397.7	502.9	531.8	628.0	565.6	668.0	599.5	708.0
36		462.7	445.8	563.8	596.2	704.0	634.1	748.9	672.1	793.7
(38)	+5	515.5	496.7	628.1	664.3	784.4	706.6	834.4	748.9	884.3
40		571.2	550.4	696.0	736.0	869.2	782.9	924.5	829.8	979.9
(42)	0	629.7	606.8	767.3	811.5	958.2	863.1	1019.3	914.8	1080.3
44		691.2	666.0	842.2	890.6	1051.7	947.3	1118.7	1004.0	1185.6
(46)		755.4	727.9	920.5	973.4	1149.5	1035.4	1222.7	1097.4	1295.6
48		822.5	792.6	1002.2	1059.9	1251.6	1127.4	1331.3	1194.9	1411.0
(50)		892.5	860.0	1087.5	1150.0	1358.1	1223.3	1444.6	1296.5	1531.0
52		965.3	930.2	1176.2	1243.9	1468.9	1323.1	1562.4	1402.3	1656.0
(54)		1041.0	1003.1	1268.5	1341.4	1584.0	1426.8	1684.9	1512.3	1785.8
56		1119.6	1078.8	1364.2	1442.6	1703.5	1534.5	1812.0	1626.4	1920.5
(58)		1200.9	1157.2	1463.3	1547.5	1827.4	1646.0	1943.8	1744.6	2060.2
60		1285.2	1238.4	1566.0	1656.0	1955.6	1761.5	2080.2	1867.0	2204.7
(62)		1372.3	1322.3	1672.1	1768.3	2058.1	1880.9	2221.1	1993.5	2354.1
64		1462.3	1409.0	1781.8	1884.2	2285.0	2004.2	2366.8	2124.2	2508.5

注：①钢丝破断拉力总和 = 钢丝绳最小破断拉力×1.191(纤维芯)或1.334(钢芯)。
②新设计设备不得选用括号内的钢丝绳直径。

附录六 18×7+FC、18×7+IWS、18×19W+FC、18×19W+IWS钢丝绳(GB8918—88)

钢丝绳公称直径		钢丝绳近似重量	钢丝绳最小破断拉力		
			1570	1670	1770
			(N/mm^2)		
d	允许偏差	M	F_0		
(mm)	(%)	(kg/100m)	(kN)		
6	+6	14.04	18.54	19.72	20.90
7	0	19.11	25.23	26.84	28.45
8		24.96	32.96	35.06	37.16
9		31.59	41.71	44.37	47.03
10		39.00	51.50	54.78	58.06
11		47.19	62.31	66.28	70.25
12	+5	56.16	74.15	78.88	83.60
13	0	65.91	87.03	92.57	98.11
14		76.44	100.9	107.4	113.8
16		99.84	131.8	140.2	148.6
18		126.4	166.8	177.5	188.1
20		156.0	206.0	219.1	232.2

钢丝绳公称直径		钢丝绳近似重量	钢丝绳最小破断拉力		
			1570	1670	1770
			(N/mm^2)		
d	允许偏差	M	F_0		
(mm)	(%)	(kg/100m)	(kN)		
22		188.8	249.2	265.1	281.0
24		224.6	296.6	315.5	334.4
26		263.6	348.1	370.3	392.5
28		305.8	403.7	429.4	455.2
(30)		351.0	463.5	493.0	522.5
32	+5	399.4	527.3	560.9	594.5
(34)	0	450.8	595.3	633.2	671.1
36		505.4	667.4	709.9	752.4
(38)		563.2	743.6	791.0	838.3
40		624.0	823.9	876.4	928.9
(42)		688.0	908.4	966.2	1024.1
44		755.0	997.0	1060.5	1124.0

注：①钢丝绳破断拉力总和＝钢丝绳最小破断拉力×1.283。

②新设计设备不得选用括号内的钢丝绳直径。

附录七　6V×18＋FC、6V×18＋IWR钢丝绳（GB8918—88）

钢丝绳公称直径		钢丝绳近似重量			钢丝绳最小破断拉力					
					1570		1670		1770	
					(N/mm^2)					
		天然纤维芯钢丝绳	合成纤维芯钢丝绳	钢芯钢丝绳	纤维芯钢丝绳	钢芯钢丝绳	纤维芯钢丝绳	钢芯钢丝绳	纤维芯钢丝绳	钢芯钢丝绳
d	允许偏差	M_{1n}	M_{1p}	M_2	F_{01}	F_{02}	F_{01}	F_{02}	F_{01}	F_{02}
(mm)	(%)	(kg/100m)			(kN)					
20		164.8	161.6	174.8	235.5	249.9	250.5	265.9	265.5	281.8
22		199.4	195.5	211.5	285.0	302.4	303.1	321.7	321.3	341.0
24		237.3	232.7	251.7	339.1	359.9	360.7	382.8	382.3	405.8
26		278.5	273.1	295.4	398.0	422.4	423.3	449.3	448.7	476.2
28	+7	323.0	316.7	342.6	461.6	489.9	491.0	521.1	520.4	552.3
(30)	0	370.8	363.6	393.3	529.9	562.4	563.6	598.2	597.4	634.0
32		421.9	413.7	447.5	602.3	639.9	641.3	680.6	679.7	721.4
(34)		476.3	467.0	505.2	680.6	722.3	723.9	768.3	767.3	814.4
36		534.0	523.6	566.4	763.0	809.8	811.6	861.4	860.2	913.0

注：①钢丝绳破断拉力总和＝钢丝绳最小破断拉力×1.156(纤维芯)或1.191(钢芯)。

②新设计设备不得选用括号内的钢丝绳直径。

附录八　6V×21+7FC钢丝绳（GB8918—88）

钢丝绳公称直径		钢丝绳近似重量		钢丝绳最小破断拉力		
				1570	1670	1770
				(N/mm²)		
		天然纤维芯钢丝绳	合成纤维芯钢丝绳	纤维芯钢丝绳		
d	允许偏差	M_{1n}	M_{1p}	F_{01}		
(mm)	(%)	(kg/100m)		(kN)		
11		45.08	44.19	62.92	66.93	70.93
12		53.65	52.59	74.88	79.65	84.42
13		62.97	61.73	87.88	93.47	99.07
14		73.03	71.59	101.9	108.4	114.9
16		95.39	93.50	133.1	141.6	150.1
18		120.7	118.3	168.5	179.2	189.9
20	+7	149.0	146.1	208.0	221.2	234.5
22		180.3	176.8	251.7	267.7	283.7
24	0	214.6	210.4	299.5	318.6	337.7
26		251.9	246.9	351.5	373.9	396.3
28		292.1	286.3	407.7	433.6	459.6
(30)		335.3	328.7	468.0	497.8	527.6
32		381.5	374.0	532.5	566.4	600.3
(34)		430.7	422.2	601.1	639.4	677.7
36		482.9	473.4	673.9	716.8	759.7

注：①钢丝破断拉力总和 = 钢丝绳最小破断拉力×1.177。

②新设计设备不得选用括号内的钢丝绳直径。

附录九　YZR系列电动机的主要技术数据（摘录）

型　号	额定功率 (kW)	额定电压 (V)	额定电流 (A)	同步转速 (r/min)	功率因数 (cosφ)	转子电流 (A)	转子开路电压 (V)	最大转矩倍数	转子转动惯量 (kg·m²)	电机中心高 (mm)	外形尺寸 长×宽×高 (mm)
YZR-112M	1.5	380	4.6	1000	0.78	10.9	100	2.3	0.11	112	670(590)×250×325
YZR-132MA	2.2		5.9		0.77	11.5	130	2.3	0.23	132	727(645)×285×355
YZR-132MB	3.7	(Y)	9.2		0.79	13.6	180	2.3	0.25	132	727(645)×285×355
YZR-160MA	5.5	380	14.7	1000	0.74	27.9	139	2.3	0.46	160	868(758)×325×410
YZR-160MB	7.5		18		0.80	26.4	185	2.5	0.58		868(758)×325×410
YZR-160L	11	(Y)	24.6		0.81	28	249	2.5	0.76		912(800)×325×410
YZR-180L	15	380	33		0.80	43.5	216	2.8	1.5	180	980(870)×360×460
YZR-200L	22			1000			200	2.5	2.5	200	1118(975)×405×490
YZR-225M	30	(Y)	62		0.84	74	251	2.8	3.2	225	1190(1050)×455×520
YZR-250MA	37		70		0.88	91.5	249	2.8	5.8	250	1337(1195)×515×565
YZR-250MB	45	380	85	1000	0.89	95	290	2.8	6.8	250	1337(1195)×515×565
YZR-280S	55		103		0.90	121.5	278	2.8	9.0	280	1438(1265)×575×655
YZR-280M	75	(Y)					370	2.8	11.0	280	1489(1315)×575×655

型号	额定功率(kW)	额定电压(V)	额定电流(A)	同步转速(r/min)	功率因数(cosφ)	转子电流(A)	转子开路电压(V)	最大转矩倍数	转子转动惯量(kg·m²)	电机中心高(mm)	外形尺寸 长×宽×高(mm)
YZR-160L	7.5	380(Y)	19.2	750	0.75	23.4	206	2.5	0.76	160	912(800)×325×410
YZR-180L	11		26		0.79	41.2	172	2.5	1.50	180	980(870)×360×460
YZR-200L	15		33.3		0.79	53.4	178	2.8	2.60	200	1118(975)×405×490
YZR-225M	22	380(Y)	46.7	750	0.82	59	232	2.8	3.2	225	1190(1050)×455×520
YZR-250MA	30						275	2.8	5.8	250	1337(1195)×515×565
YZR-250MB	37		76		0.83	69	328	2.8	7.0	250	1337(1195)×515×565
YZR-280S	45	380(Y)	110	750	0.84	92.5	305	2.8	9.0	280	1438(1265)×575×655
YZR-280M	55						360	2.8	11.0	280	1489(1315)×575×655
YZR-315S	75						295	2.8	27.5	315	1562(1390)×640×720
YZR-315M	90		174		0.87	164	344	2.8	33.2	315	1613(1440)×640×720

附录十　YZR系列电动机不同负载持续率时的功率与电流参考值

型号	同步转速(r/min)	负载持续率 15% 功率(kW)	15% 电流(A)	25% 功率(kW)	25% 电流(A)	40% 功率(kW)	40% 电流(A)	60% 功率(kW)	60% 电流(A)	100% 功率(kW)	100% 电流(A)
YZR-112M		2.2	6.9	1.8	5.3	1.5	4.6	1.2	4	0.75	3.55
YZR-132MA	1000	3.5	9.4	2.8	7.2	2.2	5.9	1.7	5.2	1.1	4.2
YZR-132MB		5.5	14.1	4.5	11	3.7	9.2	3	7.8	2.2	6.28
YZR-160MA		7.5	18.9	6.3	16.2	5.5	14.7	5	13.9	4	12.5
YZR-160MB	1000	11	27	8.5	20	7.5	18	6.3	16.1	5.5	15
YZR-160L		16	41	13	29.7	11	24.6	9	21.3	7.5	19.7
YZR-180L		20	43	17	36.6	15	33	13	30.5	11	27
YZR-200L	1000	32		26		22		19		16	
YZR-225M		40	83	34	69	30	62	26	55.2	22	49.2
YZR-250MA		50	102	42	81	37	70	32	61	28	54
YZR-250MB	1000	63	123	52	100	45	85	39	75	33	65
YZR-280S		75	149	65	125	55	103	48	89	40	75
YZR-280M		105		90		75		63		50	
YZR-160L		11	28.3	9	22.4	7.5	19.2	6	16.6	5	15
YZR-180L	750	16	39	13	30.4	11	26	9	22.4	7.5	19.7
YZR-200L		22	48	18.5	40	15	33.3	13	29.8	11	27
YZR-225M		33	71	26	54.5	22	46.7	19	41.7	17	39
YZR-250MA	750	42		35		30		26		22	
YZR-250MB		52	109	42	86	37	76	32	67.3	27	58

附录十一 YZ系列电动机性能数据（摘录）

| 每小时等效
起动次数 | 6次/h | | | | | | | | | | | 飞轮
转矩 | 质量 |
| | JC=25% | | | JC=40% | | | | | | | | | |
型 号	功率 (kW)	转速 (r/min)	定子 电流 (A)	功率 (kW)	转速 (r/min)	定子 电流 (A)	功率因数 (cosφ)	效率 (%)	起动电流 额定电流	起动转矩 额定转矩	最大转矩 额定转矩	(kg·m²)	(kg)
YZ-112M-6	1.8	892	4.9	1.5	920	4.3	0.77	69.5	4.5	2.4	2.7	0.1	58
132MA-6	2.5	920	6.5	2.2	935	5.9	0.75	74	5.2	3.1	2.9	0.21	80
132MB-6	4	915	9.2	3.7	912	8.8	0.79	79	5.5	3.0	2.8	0.23	92
160MA-6	6.3	922	14.1	5.5	933	12.5	0.83	80.6	4.9	2.5	2.7	0.41	119
160MB-6	8.5	943	18	7.5	948	15.9	0.86	83	5.5	2.4	2.9	0.52	132
160L-6	13	936	28.7	11	953	24.6	0.85	84	6.2	2.7	2.9	0.71	152
YZ-160L-8	9	694	21	7.5	705	18	0.77	82.4	5.1	2.5	2.7	0.76	152
180L-8	13	675	30	11	694	25.8	0.81	80.9	4.9	2.6	2.5	1.21	205
200L-8	18.5	697	40	15	710	33.1	0.8	86.2	6.1	2.7	2.8	2.29	276
225M-8	26	701	53.5	22	712	45.8	0.83	87.5	6.2	2.9	2.9	2.88	347
250MA-8	35	681	74	30	694	63.3	0.84	85.7	5.5	2.7	2.5	5.28	462

附录十二 Y系列（IP$_{44}$）三相异步电动机（摘录）

型 号	额定功率 (kW)	额定电流 (A)	转 速 (r/min)	效 率 (%)	功率因数 (cosθ)	堵转转矩 额定转矩	堵转电流 额定电流	最大转矩 额定转矩
			同步转速3000r/min(2极)					
Y801-2	0.75	1.8	2825	75	0.84	2.2	7.0	2.2
Y802-2	1.1	2.5	2825	77	0.86	2.2	7.0	2.2
Y90S-2	1.5	3.4	2840	78	0.85	2.2	7.0	2.2
Y90L-2	2.2	4.7	2840	82	0.86	2.2	7.0	2.2
Y100L-2	3	6.4	2880	82	0.87	2.2	7.0	2.2
Y112M-2	4	8.2	2890	85.5	0.87	2.2	7.0	2.2
Y132S1-2	5.5	11.1	2900	85.5	0.88	2.0	7.0	2.2
			同步转速1500r/min(4极)					
Y90S-4	1.1	2.7	1400	78	0.78	2.2		6.5	2.2
Y90L-4	1.5	3.7	1440	79	0.79	2.2	62	67
Y100L1-4	2.2	5	1420	81	0.82	2.2	65	70
Y100L2-4	3	6.8	1420	82.5	0.81	2.2	65	70
Y112M-4	4	8.8	1440	84.5	0.82	2.2	68	74
Y132S-4	5.5	11.6	1440	85.5	0.84	2.2	70	78
Y132M-4	7.5	15.4	1440	87	0.85	2.2	71	78
Y160M-4	11	22.6	1460	88	0.84	2.2	75	82
			同步转速1000r/min(6极)					
Y132S-6	3	7.2	960	83	0.76	2.0	6.5	2.0
Y132M1-6	4	9.4	960	84	0.77	2.0	6.5	2.0
Y132M2-6	5.5	12.6	970	85.3	0.78	2.0	6.5	2.0
Y160M-6	7.5	17	970	86	0.78	2.0	6.5	2.0

主 要 参 考 文 献

1 起重机设计规范 GB3811—83.1984
2 张质文.起重运输机械.北京：中国铁道出版社，1983
3 哈尔滨建工学院.工程起重机.北京：中国建筑工业出版社，1981
4 大连工学院.杨长骙.起重机械.北京：机械工业出版社，1982
5 陈道南.起重运输机械.北京：机械工业出版社，1982
6 朱德爵、窦汝伦.起重运输机械.1983
7 山东建筑工程学院.起重运输机械.北京：中国建筑工业出版社，1979
8 田维铎.机械零件及建筑机械.北京：中国建筑工业出版社，1987
9 杨文柱.重型设备吊装工艺与计算.第二版.北京：中国建筑工业出版社，1984
10 杨文柱.设备起重工.北京：中国建筑工业出版社，1980
11 孙桂林.起重安全.北京：劳动人事出版社，1990
12 钢丝绳术语和钢丝绳标记代号 GB8706～8707—88.1988
13 优质钢丝绳 GB8918—88.1989
14 杨国先.大型装卸机械.北京：人民铁道出版社，1980
15 张锡璋.设备起重与搬运.北京：中国建筑工业出版社，1990
16 建筑机械与设备分类 ZBJ04007—88.1988
17 建筑机械与设备产品型号编制方法 ZBJ04008—88.1988

ISBN 7-112-01648-7

（6681）定价：13.00 元

9 787112 016488 >